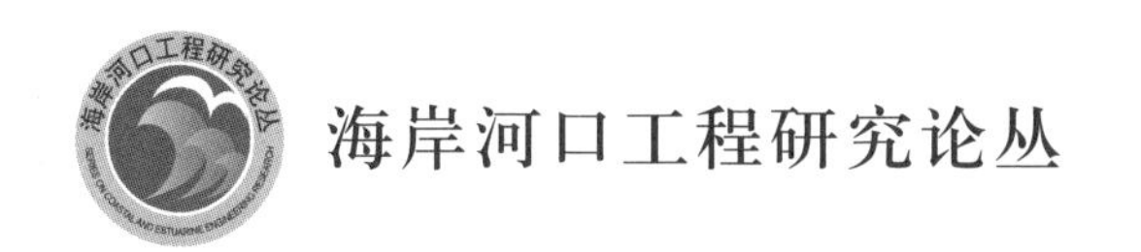

海上风电基础
最大冲刷深度研究

袁春光　著

STUDY OF THE MAXIMUM SCOUR DEPTH FOR OFFSHORE WIND TURBINE FOUNDATION

人民交通出版社股份有限公司
北　京

内 容 提 要

本书就桩基在恒定流(河流)、往复流(潮流)、波浪和波流共同作用(海岸区域)下的基础冲刷过程、平衡冲刷深度和影响因素等问题进行了深入的探讨,在总结了以往研究的基础上提出了新的精度更高,理论性更强的预测方法。

本书适合海洋工程设计人员和相关科研人员参考。

图书在版编目(CIP)数据

海上风电基础最大冲刷深度研究 / 袁春光著. — 北京 : 人民交通出版社股份有限公司, 2020.10

ISBN 978-7-114-15412-6

Ⅰ. ①海… Ⅱ. ①袁… Ⅲ. ①海上—风力发电—发电厂—桩基础—冲刷—研究 Ⅳ. ①TM62

中国版本图书馆 CIP 数据核字(2019)第 054121 号

海岸河口工程研究论丛

Hai Shang Fengdian Jichu Zui Da Chongshua Shendu Yanjiu

书　　名:海上风电基础最大冲刷深度研究

著 作 者:袁春光

责任编辑:崔　建

责任校对:赵媛媛

责任印制:刘高彤

出版发行:人民交通出版社股份有限公司

地　　址:(100011)北京市朝阳区安定门外外馆斜街 3 号

网　　址:http://www.ccpcl.com.cn

销售电话:(010)59757973

总 经 销:人民交通出版社股份有限公司发行部

经　　销:各地新华书店

印　　刷:北京交通印务有限公司

开　　本:720×960　1/16

印　　张:13.25

字　　数:246 千

版　　次:2020 年 10 月　第 1 版

印　　次:2020 年 10 月　第 1 次印刷

书　　号:ISBN 978-7-114-15412-6

定　　价:48.00 元

序

海岸、河口是陆海相互作用的集中地带，自然资源丰富，是经济发达、人口集居之地。以我国为例，我国大陆海岸线北起辽宁省的鸭绿江口，南至广西的北仑河口，全长18000km；我国海岸带有大大小小的入海河流1500余条，入海河流径流量占全国河川径流总量的69.8%，其中流域面积广、径流大的河流主要有长江、黄河、珠江、钱塘江、瓯江等。海岸河口地区居住着全国40%左右的人口，创造了全国60%左右的国民经济产值，长三角、珠三角、环渤海等海岸河口地区是我国经济最为发达的地区，是我国的经济引擎。

人类在海岸河口地区从事经济开发的生产活动涉及很多的海岸河口工程，如建设港口、开挖航道、修建防波堤、围海造陆、保护滩涂、治理河口、建设人工岛、修建跨(河)海大桥、建造滨海火电厂和核电厂等，为了使其经济、合理、可行，必须要对环境水动力泥沙条件有一详细的了解、研究和论证。人类与海岸河口工程打交道是永恒的主题和使命。

交通运输部天津水运工程科学研究院海岸河口工程研究中心的前身是天津港回淤研究站，是专门从事海岸河口工程水动力泥沙研究的专业研究队伍。致力于为港口航道(水运工程)建设和其他海岸河口工程等提供优质的技术咨询服务，多年来，海岸河口工程研究中心科研人员的足迹遍布我国大江南北及亚洲的印尼、马来西亚、菲律宾、缅甸、越南、柬埔寨、伊朗和非洲的几内亚等国家，研究范围基本覆盖了我国海岸线上大中型港口及各种海岸河口工程及亚洲、非洲一些国家的海岸河口工程，承担了许多国家重大科技攻关项目和863项目，多项成果达到国际先进水平和国际领先水平并获国家及省部级科技进步奖。海岸河口工程研究中心对淤泥质海岸泥沙运动规律、粉沙质海岸泥沙运动规律和沙质海岸泥沙运动规律有深刻的认识,在淤泥质海岸适航水深应用技术、水动力泥沙模拟技术、悬沙及浅滩出露面积卫星遥感分析技术等方面无论在理论上还是在实践经验上均有很高的水平和独到的见解。中心的一代代专家们为大型的复杂的项目上给出正确的技术论证和指导,使经优化论证的工程方案得以实施。如珠江口伶仃洋航道选线研究、上海洋山港选址及方案论证研究、河北黄骅港的治理研究、江苏如东辐射沙洲西太阳沙人工岛可行性及建设方案论证、瓯江口温州浅滩围涂工程可行性研究、港珠澳大桥对珠江口港口航道影响研究论证、天津港各阶段建设回淤研究、田湾核电站取排水工程研究等等,事实证明这些工程是成功的。在积累的成熟技术基础上,主编了《淤泥质海港适航水深应用技术规范》《海岸与河口潮流泥沙模拟技术规程》《海港水文规范》泥沙章节,参编了《海港总体设计规范》和《核电厂海工构筑物设计规范》等。

本论丛是交通运输部天津水运工程科学研究所海岸河口工程研究中心老一辈少一辈专家学者多年来的水动力泥沙理论研究成果、实用技术和实践经验的总结,内容丰富、水平先进、科学性强、技术实用、经验珍贵,涵盖了水动力泥沙理论研究,物理数学模型试验模拟技术研究,水沙研究新技术、水运工程建设、河口治理、人工岛开发建设实例介绍等海岸河口工程研究的方方面面,对从事本行业的技术人员学习和拓展思路具有很好的参考价值,是海岸河口工程研究领域的宝贵财富。

本人在交通运输部天津水运工程科学研究院工作20年(1990—2009年),曾经是海岸河口工程研究中心的一员,我深得老一代专家的指导，同辈人的鼓励和青年人的支持，我深得严谨治学、求真务实氛围的熏陶、留恋之情与日俱增。今天，非常乐见同事们把他们丰富的研究成果、实践经验、成功的工程范例著书发表，分享给广大读者。相信本论丛的出版将会进一步丰富海岸河口水动力泥沙学科内容，对提高水动力泥沙研究水平，促使海岸河口工程研究再上新台阶有推动作用。希望海岸河口工程研究中心的专家们有更多的成果出版发行，使本论丛的内容越来越丰富，也使广大读者能大受裨益。

赵冲久

2012 年 11 月

前　言

随着我国经济不断发展,社会不断进步,人民对能源的需求日益增长,环境问题越来越突出。为了解决人类对能源的需求和环境污染之间的矛盾,我国加大了对新能源的开发利用力度。风能作为一种绿色能源,越来越受到关注。海上风能资源较陆地更为丰富,合理地开发利用海上风能资源有助于缓解我国对于煤炭等不可再生资源的依赖,促成我国能源行业的产业结构调整和供给侧改革。

要利用海上丰富的风能资源,首先需要建设海上风电场。风电场的建立会对周围海域的水动力情况和泥沙运动情况造成一定的影响。特别是在风电基础附近会出现明显的冲刷坑。冲刷坑的存在将会导致风电基础应力重新分布,对整个风电机的稳定性构成严重的威胁。然而目前国内外的海上风电机设计规范对于基础冲刷的规定非常模糊,不能适用于复杂的风电基础形式。而且相对于河流而言,由于波浪的存在,海洋环境的水动力环境更为复杂,这也增加了海洋环境中风电基础冲刷预测的难度。因此,对海上风电基础冲刷进行研究不仅在理论层面加深了我们对海洋建筑物基础周围冲刷过程的认识,还为在建的实际风电场设计提供参考依据,具有一定的实用价值。

本书主要创新点有:

(1)基于 Stokes 定理,首次全面考虑了不同底床粒径、不同底床级配和床面形式对桩基冲刷的影响,提出了恒定流条件下圆桩冲刷的半经验半理论公式,准确性更高。通过理论分析,揭示了雷诺数 Re 不仅表现了水流尾涡的紊动情况,还体现了桩前马蹄涡旋度的重要来源这一性质。

(2)揭示了潮流条件下圆桩冲刷的回填方式主要由水流转向引起和由动床推移质输沙引起组成。根据潮流冲刷过程的实验资料和理论分析,首次提出了查图法和微分迭代法对潮流引起的局部冲刷进行预测。

(3)依据能量守恒原理,首次提出了可以同时适用于大直径和小直径圆桩的波浪冲刷半经验半理论公式和波流共同作用桩基冲刷半经验半理论公式。经大量的冲刷实验数据验证,公式具有更高的准确性。

(4)通过恒定流冲刷物理模型实验,发现三桩导管架风电基础最大冲刷深度可达3.2倍导管桩直径。这一值远大于现有规范中推荐的1.3倍或2.5倍桩径的冲刷极限,指出直接应用单圆桩的冲刷成果可能对复杂风电基础形式带来危险。

(5)基于物理模型冲刷实验和数值模拟冲刷实验,根据江苏辐射沙脊群海域底床泥沙特点,首次提出了三桩导管架风电基础在恒定流、波浪、波流共同作用和海啸条件下的最大冲刷深度计算公式,对国内外风电机设计规范中的基础冲刷部分提供了补充。

感谢国家科技支撑计划“海岸动力特征及沿海围垦布局关键技术研究”(No. 2012BAB03B01)对本书的支持。

袁春光

2017年于清凉山麓

目　　录

1 绪　论

1.1 研究意义

风能是一种清洁的可再生能源，与传统的燃煤发电相比，风力发电没有二氧化碳的排放，是理想的绿色能源。早在20世纪90年代，我国就研究制定了一批旨在鼓励新能源发展的政策和法规，并于2003开始推行风电项目特许权建设方式。2005年2月，我国出台了《中华人民共和国可再生能源法》(2006年1月1日施行)。2008年，《可再生能源发展"十一五"规划》指出：在沿海地区近岸海域进行近海示范风电场建设，主要是在苏沪海域和浙江、广东沿海，探索近海风电勘查、设计、施工、安装、运行、维护的经验，在积累一定近海风电运行经验的基础上，逐步掌握近海风电设备的制造技术。

近年来，随着经济的不断发展，能源的需求量与日俱增。江苏省作为我国的经济强省，位于我国沿海中部，海岸线约954km，风能资源非常丰富。尤其是东台、如东、大丰三市所辖的辐射沙脊群海域，70m高平均风速均达到8m/s以上，来风量大而稳，同时相对较浅的水深条件更加便于进行风电设备安装。在辐射沙洲海域进行风电场建设，不仅节约了土地资源，而且充分利用了滩涂和风能资源，对调整能源结构、改善环境、保护生态具有积极作用。为此江苏省一直大力开展海上风电项目的建设(图1-1)，发展海上风电的规模水平一直位列东南沿海省市之首(表1-1)。

我国东南沿海省市海上风电发展规划　　表1-1

地　区	规划装机容量(万kW)					
	2015年			2020年		
	潮间带	近海	总计	潮间带	近海	总计
江苏	260	200	460	290	655	945
山东	120	180	300	120	580	700
浙江	20	130	150	50	320	370
上海	10	60	70	20	135	155
福建	10	30	40	30	80	110

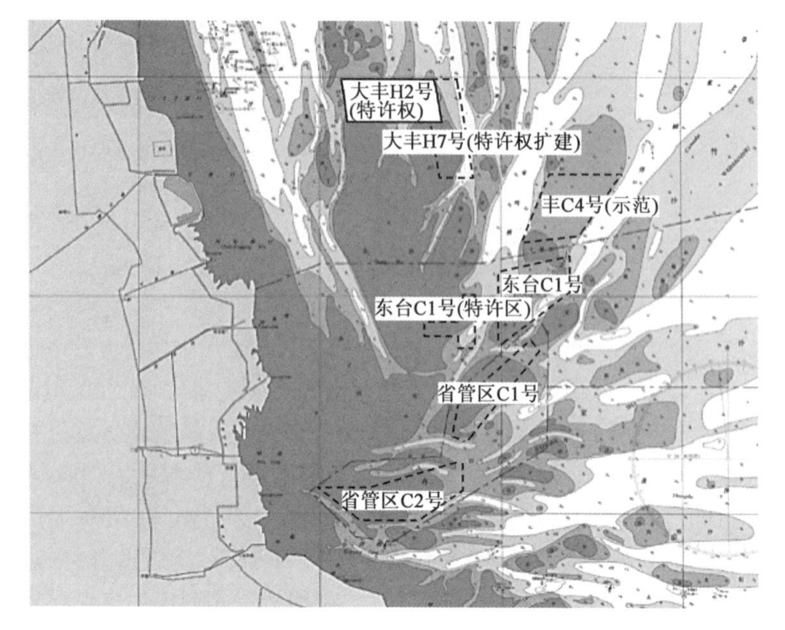

图1-1　江苏辐射沙脊海域风电场分布示意图(粗框为风电场规划区域)

注:摘自《江苏省风力发电发展规划(2006—2020年)》,江苏省发展和改革委员会,2008年5月。

江苏省目前已经建成的海上风电机组有:①如东潮间带32MW海上试验风电场,这是国内第一个潮间带试验风电场;②响水县近海并网运行的1台2.5MW机组、2台2MW机组和2台3MW机组。在建和拟建的海上风电机组项目数量很多,例如:①如东一期100MW海上风电场;②如东二期100MW海上风电场;③大丰300MW海上风电场;④响水200MW海上风电场;⑤东台一期200MW海上风电场;⑥滨海300MW海上风电场;⑦射阳200MW海上风电场等。在海洋中建立人工建筑物必然会对周围的水体产生一定的影响,同时由于结构物的存在,在其周围也可能相应地产生一些冲刷。然而,目前无论是国际上还是国内对风电基础的冲刷的研究还十分少见。因此,要合理、安全地开发和利用海洋风能,就必须明确风电场建设对周围水动力和地貌自然环境的影响机制。

1.2　风电基础简介

一般而言,海上风电机由4个主要部分构成:基础、塔身、下部结构、机舱和转子。机舱和转子共同组成风机部分,如图1-2所示。风电基础形式的种类有很多,如单桩结构、重力式基础结构、三桩导管架结构、导管架结构和浮式结构等,如图 1-3 所示。不同的基础形式适应不同的水深,如单桩结构和重力式基础结构一般适用于水深小于 25m 的浅水,而对于更大的水深,三桩导管架结构、导管架结构和浮式结构更加适宜。此外,高桩承台式风电基础结构也比较常用。

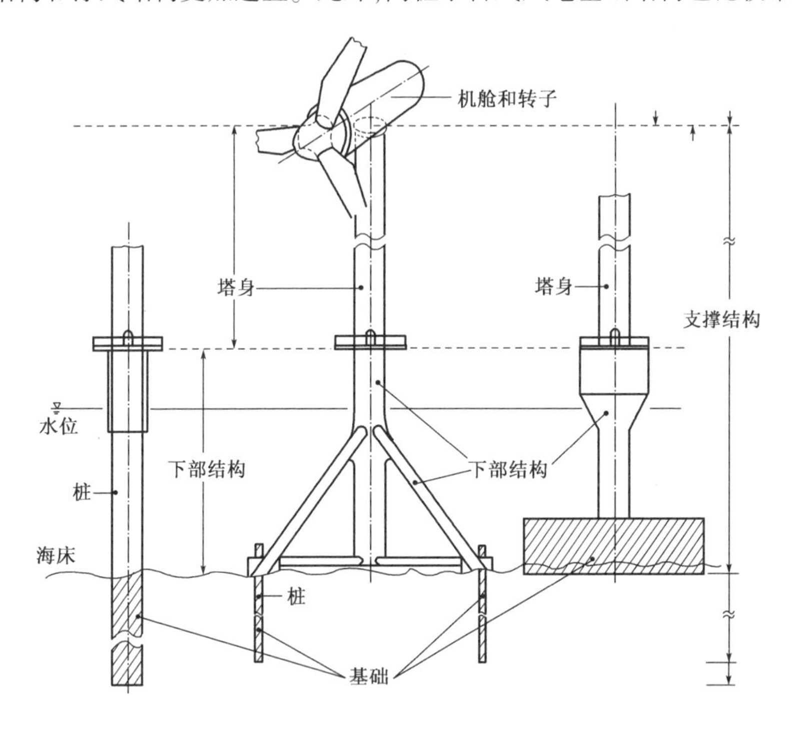

图 1-2 海上风电桩基结构示意图

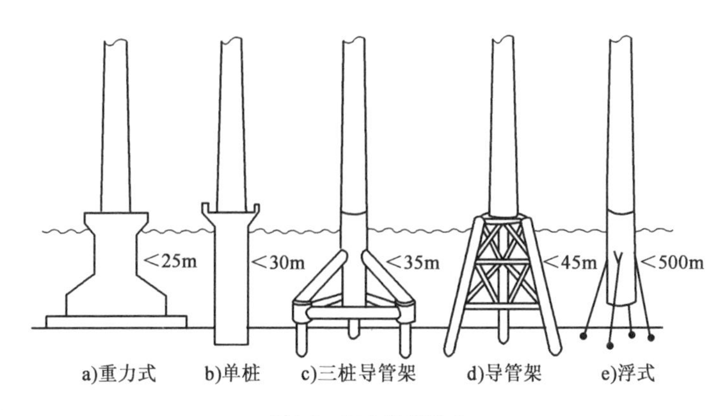

图 1-3 风电基础形式

深海区域的风能资源较近岸地区更加丰富,三桩导管架基础形式(图1-4)由于其适用的水深较大以及稳定性方面的优势,成为风电基础设计的重要研究方向。三桩导管架基础一般包括一根直径较大的主桩和三根直径较小的导管桩,每根管桩和主桩之间由一根水平横桩和一根斜桩相连接,各种圆桩桩径互不相等。4种桩型共同构成复杂的桩群效应。

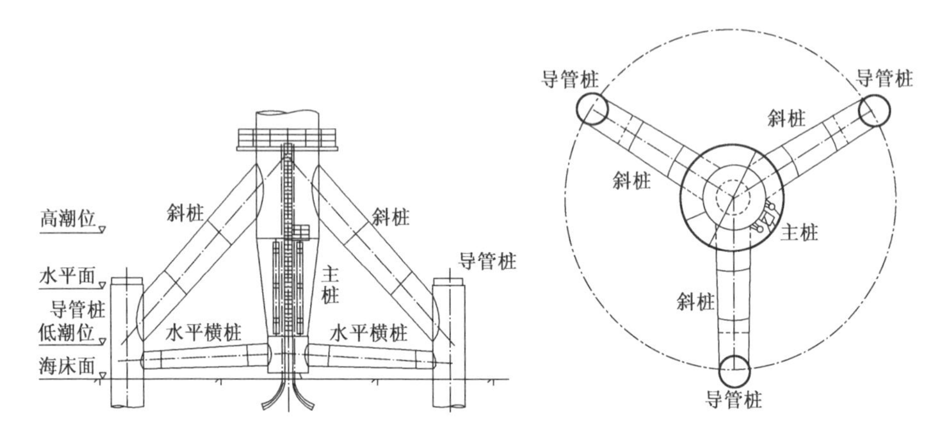

图1-4 三桩导管架基础细节示意图

1.3 国内外研究现状、水平和发展趋势

丹麦于1991年建成的Vindeby风电场是世界上第一个海上风电场,在随后的二十多年中,海上风电技术不断发展完善。与其他设计技术的高速发展相反,针对海上风电基础冲刷问题的研究,在很长时间范围内没有得到重视。这是由于风电基础的形状和工作环境与以往研究的桩基、桥墩冲刷比较相似,因此在海上风电基础冲刷的设计和预测过程中,经常直接引用桩、墩冲刷的成果。

桩、墩根据其所在的水动力环境的不同可以分为:水流单独作用下的冲刷过程、波浪单独作用下的冲刷过程以及波流共同作用下的冲刷过程。由于海上风电场一般建设在风能资源比较丰富的海域,因此在考虑基础冲刷的过程时,风生浪是不可忽略的因素,这也是与河流桥墩冲刷的重大区别。

引起桩、墩周围的冲刷过程主要与三种水流因素有关:桩前下降流形成的马蹄涡,桩两侧挤压水流产生的加速水流以及桩后由水流分离造成的尾涡涡脱。对于恒定流、细桩波浪冲刷而言,马蹄涡是控制最终冲刷深度的最主要因素;而对于波浪单独作用下的大直径桩、墩冲刷,决定冲刷深度的是两侧束水和尾涡涡脱。此外,波浪作用下对底床施加的周期性荷载有可能使底床泥沙液化,从而造成冲刷的加剧。

1.3.1 冲刷分类

根据我国《公路工程水文勘测设计规范》(JTG C30—2015)[1]墩台冲刷可分为三种不同形式:河床自然演变冲刷、桥下一般冲刷和桥墩局部冲刷。水流和泥沙相互作用,使河床平面及过水断面处于不断发展变化之中,即所谓河床自然演变冲刷,这种冲刷与桥墩的存在与否无关,可以理解为自然条件下河流引发的河道冲刷。一般冲刷是指建桥后桥孔压缩水流在桥下河床断面内发生的冲刷。流向桥墩的水流受到桥墩阻挡,桥墩周围的水流结构发生急剧变化,从而导致的冲刷现象为局部冲刷。河床的自然演变是一个相当复杂的过程,我国的很多学者都对该课题进行了研究,这里不做详细介绍。相对于河流而言,海洋环境的空间更加宽广,桩、墩之间的束流冲刷现象较河道中微弱很多。

根据来流流速与底床泥沙的临界起动流速之间的关系,桩、墩冲刷还可以分为清水冲刷和动床冲刷。当来流流速 V 小于底床泥沙的临界起动流速 V_c 时,所形成的桥墩冲刷为清水冲刷;当来流流速 V 大于或等于底床泥沙的临界起动流速 V_c 时,所形成的冲刷为动床冲刷。

根据底床泥沙的特性还可以将桥墩冲刷分为非黏性土河床桥墩局部冲刷和黏性土河床桥墩局部冲刷。

1.3.2 马蹄涡

要形成马蹄涡需要两个前提条件:①来流有一定的边界层厚度;②具有一定的逆压梯度(由桩、墩引起)。根据来流底床边界层的流态,桩前马蹄涡可分为层流马蹄涡和紊流马蹄涡。

1)层流马蹄涡

Schwind[2]在观测层流马蹄涡时,发现了5种形式(图1-5)。图1-5a)流速最低,稳定的分离,但是旋涡很弱并不可见;图1-5b)流速增加,一个稳定的顺时针涡出现,伴随一个反向的三角涡,由于流速梯度具有连续性,在三角涡之上游还存在一个和主涡相同方向的涡旋,只是尺度太小,无法清晰可见;当图1-5b)中上游涡清晰可见时,定义此阶段为图1-5c),并且在其上游产生了一个更小的反向涡;当流速进一步增大时,两个顺时针涡之间将发生振荡,而且振荡幅度将随流速增加而增大,图1-5d)和图1-5e)阶段即处于高流速下,可以观察到主涡有规律的振荡动作,先是移向桩前,而后反向退回上游。图1-5d)和图1-5e)阶段的区别在于图 1-5d）型流态中的主涡和次涡是结合的，而到图 1-5e）时，主涡将经过次涡下方直接移向上游。因为主涡不可能向上移出分离区域，所以可以想见，可能存在一个无法看到的顺时针第三涡。虽然速度增加可以使流态从一个阶段转向另一个阶段，但是阶段之间的临界流速并不容易测得，往往是在同一流速下，可能出现不同阶段的形式。

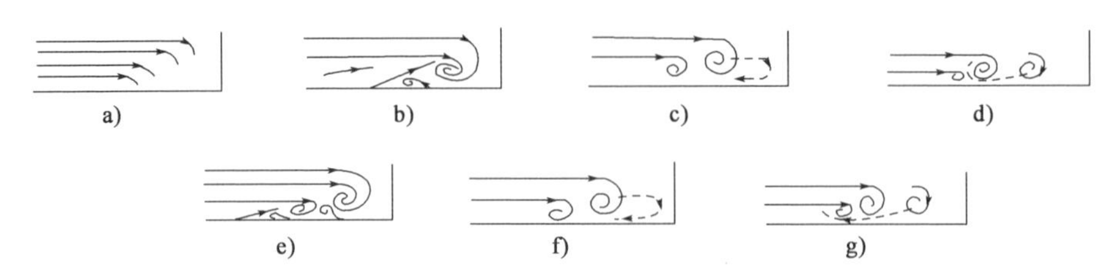

图 1-5　Schwind[2] 实验马蹄涡五种形态

Baker[3] 通过风洞实验，详细地研究了层流马蹄涡的物理性质。如图 1-6 所示，展示了三种最为常见的层流马蹄涡形态，S、S_0、S_1 为分离点，A_0、A_1、A_2 为附着线，SP1、SP2 是自由驻点。随着 $Re=\frac{VD}{\nu}$ 增加，（V 为来流流速，D 为障碍物直径，ν 为运动黏度），马蹄涡体系的涡数也不断增加，然后呈现出规律进而发展到无规律的振荡。对于障碍物上游底床压力的分布而言，表现出两种情况：出现最小值和不出现最小值。当上游底床压力出现最小值时，最小值的位置即位于马蹄涡中心；当上游底床不出现最小值时，马蹄涡常表现出振荡不稳定的状态。马蹄涡中心到结构物中心的相对距离 X_v/D 将随着 Re 增加而增大，随 D/δ_* 的增加而减小，其中 δ_* 为位移边界层厚度，D 为结构物直径，并且还和分离点位置等因素有关。马蹄涡的振荡发展过程十分复杂，当 Re 增加时，马蹄涡先发生间歇性振荡；随着 Re 进一步增加，振荡的持续时间变得更长，高频振荡变得更加常见；当 Re 继续增加，马蹄涡振荡变得毫无规律并且整个涡系全部进入紊动状态。这些振荡与尾涡涡脱或者风洞的微小扰动无关，因为实验表明其振荡频率只与 Re 和 D/δ_* 有关。

2）紊动马蹄涡

Baker[4] 对来流边界层为紊流的马蹄涡进行了研究，在长时间曝光的摄影结果（1/60 ~ 1/15s）中，出现了马蹄涡的轮廓，但是对于短时间曝光（1/1000 ~ 1/500s）的结果，并没有发现明显的马蹄涡，这说明马蹄涡的几何特征已经淹没于强烈的紊动之中，马蹄涡的物理性质只能通过时均来体现。同时可以看到在上游边界层出现了大尺度的紊动结构，这些结构在对流过程中发生扭曲，形成涡

系。桩前底床压力的最小值仍然出现在马蹄涡中心，压力分布虽然还与 D/δ_* 有关，但是已经不随 Re 发生变化。紊动马蹄涡的相对中心距离 $|X_v/D|$ 将随着 D/δ_* 的增加而减小，而相对分离点距离 $|X_s/D|$ 也将随着 D/δ_* 和 $U\delta_*/\nu$ 的增加而减小，X_s 为分离点 s 距离圆桩中心的距离。

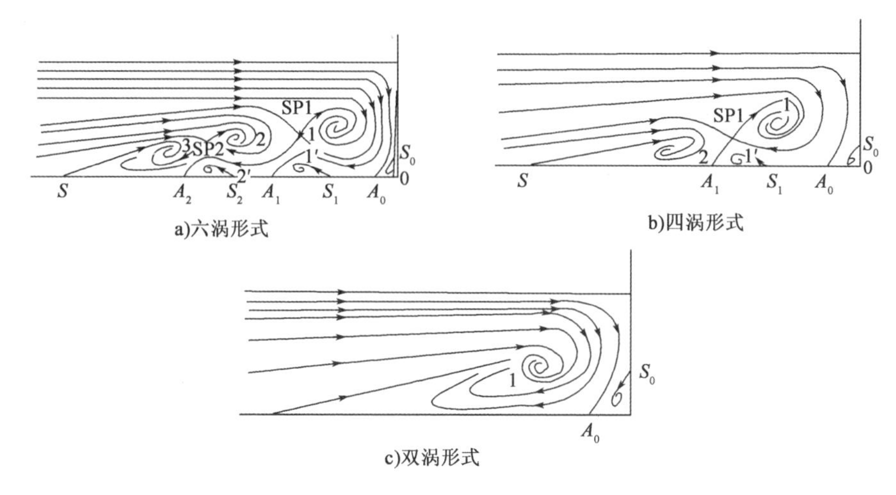

图 1-6 层流马蹄涡结构形式(Baker[3])

1.3.3 尾涡涡脱

圆桩表面的绕流分离与雷诺数 Re 有着密切的关系，如图 1-7 所示，可以分为明显的 6 个阶段：

(1)当 $Re \leqslant 1$ 时，流动呈层流状态，水流不发生分离现象，绕流阻力完全来自圆柱表面摩擦力，绕流阻力系数 C_D 与雷诺数 Re 成反比。

(2)当 $3 \sim 5 < Re < 30 \sim 40$ 时，在圆柱背部形成驻涡，没有涡脱产生，圆柱绕流阻力由圆柱表面摩擦力和圆柱前后压差共同组成，并且两种阻力同等重要。

(3)当 $30 \sim 40 < Re < 60 \sim 90$ 时，圆柱背流分离区逐渐变宽，尾涡开始摆动，总阻力虽然仍然由表面摩擦阻力和压差阻力共同组成，但是压差阻力变得越来越显著。

(4)当 $60 \sim 90 < Re < 1.5 \times 10^5$ 时，圆柱背流分离区进一步变宽，分离点位置大约在圆柱的 100°位置，随着 Re 的增加，尾涡开始交替脱落，向下游传播，压差阻力已经占据圆柱阻力的绝大部分。

(5)当 $1.5 \times 10^5 < Re < 50 \times 10^5$ 时，分离点边界层开始从层流转变为紊流状态，混合效应使得分离点后移，尾涡区缩窄，由于此时总阻力以压差阻力为主，所

以压差阻力减小导致总阻力显著降低。

(6)当 $Re>50\times10^5$ 时,此时分离点已经后退至圆桩140°位置,绕流阻力系数 C_D 基本不再随雷诺数 Re 改变,绕流进入阻力平方区。

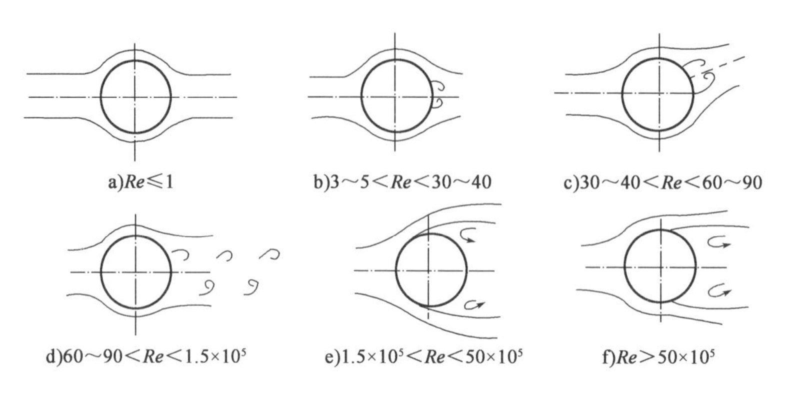

图1-7　圆桩绕流分离随雷诺数 Re 变化

1.3.4　水流单独作用下的冲刷过程

1)恒定流作用下冲刷机理

恒定流单独作用时,由于圆柱的存在,其周围的水流结构和来流相比存在着巨大的差异,主要包括柱前下降水流、柱前冲击波和圆柱周围绕流的旋涡体系。相对于在无穷远处未受到圆桩影响的底床,建筑物周围的底床受旋涡体系的影响,拖曳力大大增加,进而引起局部冲刷,因此旋涡体系是预测圆柱周围局部冲刷的主要因素。旋涡体系一般包括在柱前冲刷坑边缘形成,绕圆柱内侧流向下游的马蹄形旋涡,圆柱两侧由于流速梯度产生边界分离,形成的立轴旋涡,以及从圆柱两侧不断释放出来,向下游移动的尾流旋涡。每个旋涡形成一个低压中心,牵动马蹄形旋涡区内的流体不断地进行横向、竖向和前后摆动,剧烈淘刷圆柱迎水面和周围底床的泥沙,形成局部冲刷坑。

2)影响局部冲刷的因素

(1)来流流速对局部冲刷深度的影响

一般,当来流垂线平均流速 V 达到0.4～0.5倍临界底床起动流速 V_c 时,建筑物周围开始出现冲刷。当来流流速 V 进一步增大至底床临界起动流速 V_c 时,桩基、桥墩处于清水冲刷阶段,此时局部冲刷深度将随着流速的增加而线性增加。随着来流流速继续增加,V 超过临界起动流速 V_c,整个底床的泥沙普遍进入运动状态,沙垄和沙波将会产生,底床床面由平整转而变为起伏不平。一方面,床面形状摩阻的增加会导致水流阻力的增大；另一方面，床面泥沙将会以推移质的形式不断输入冲刷坑内。当单位时间内马蹄涡从坑内淘刷出的泥沙量与输入的泥沙量相等时，冲刷深度达到平衡，冲刷坑不再发展。因此，当来流流速 V 稍稍超过 V_c 时，平衡冲刷深度将随着流速的增加而有所减小，来流流速在达到 V_c 时取得第一个冲刷深度极大值，如图 1-8 所示。如果流速进一步增强，根据 Chee[5] 的实验研究，局部冲刷深度将在床面处于动平床阶段达到第二个极大值。显然对于同一结构物而言，最大局部冲刷深度将在这两个极值中取得。控制两极值之间相对关系的主要因素为是否出现沙纹现象，当底床泥沙能产生沙纹时（$d_{50} \leqslant 0.7$mm），动平床极值将大于临界起动流速极值；当底床泥沙不能产生沙纹现象时（$d_{50} > 0.7$mm），临界起动流速极值大于动平床极值。

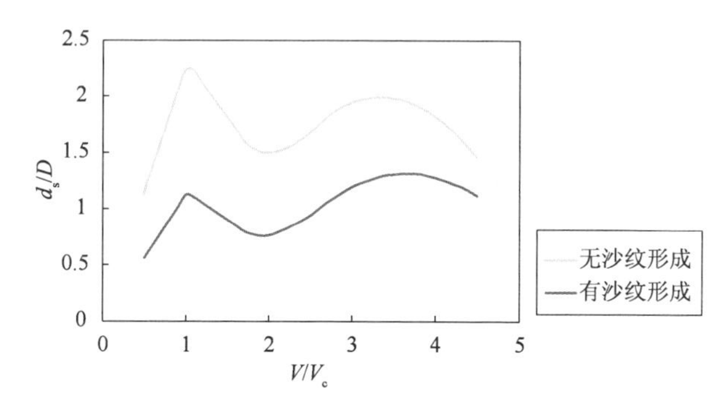

图 1-8 局部冲刷深度随流速的变化

（2）水深对冲刷深度的影响

水深只能在一定范围内对局部冲刷产生影响，在这一范围内，平衡冲刷深度将随着水深的增加而增加。但是超过这一范围后，即使水深继续增加，平衡冲刷深度也将保持不变。Breuser 和 Raudkivi[6] 认为水流在桩前形成的垂直旋涡有两个：位于底床的马蹄涡和位于水面的涌波。当马蹄涡和涌波之间的垂直距离很大时，两涡无法相互影响，因此大水深时局部冲刷深度与水深无关。随着水深的降低，在表面涌波的干扰下，下降流减弱，进而使马蹄涡能量降低，冲刷深度减小。

水流深度对局部冲刷深度的影响还与底床粒径有关[7]，对于细颗粒泥沙，水深超过两倍桩径 D 后便对冲刷深度没有影响；而对于粗颗粒底床，这一比例将接近于 6，如图 1-9 所示。Ettema[7] 还指出，当水深变浅时，下降流和马蹄涡的流量占来流流量的比例也在减小，特别是当水深很小时，在桩基下游形成的堆积沙堆也会对冲刷坑的发展产生抑制作用。

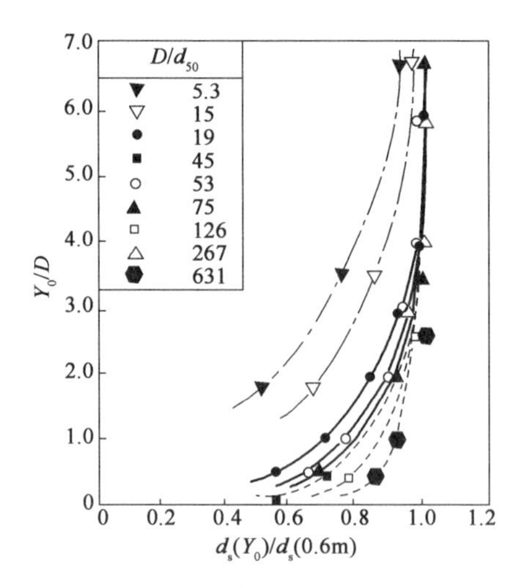

图 1-9　局部冲刷深度随水深的变化[8]

注：Y_0 为水深，D 为圆桩直径，$d_s(Y_0)$ 为水深为 Y_0 下的平衡冲刷深度，$d_s(0.6\text{m})$ 为 0.6m 水深时的局部冲刷深度。

(3)底床粒径对局部冲刷深度的影响

Krishamurthy[9]认为对于较大的弗劳德数 Fr 和大直径圆桩冲刷而言，底床泥沙粒径的影响可以忽略不计。Ettema[8]认为在清水冲刷过程中，当圆桩相对粒径 D/d_{50} 小于 20 ~ 25 时，泥沙粒径对平衡冲刷深度的影响非常明显，但是如果相对粒径超过这一范围，冲刷深度与粒径无关。他还根据不同的相对粒径范围提出了 4 种不同的冲刷方式：

①当 $D/d_{50}>130$ 时，底床泥沙粒径较细，床沙可由下降流和马蹄涡直接带起进入运动。

②当 $30<D/d_{50}\leqslant 130$ 时，底床泥沙粒径处于中等水平，床沙的起动完全是由下降流冲击导致的。

③当 $8<D/d_{50}\leqslant 30$ 时，泥沙颗粒相对于桩径较大，冲刷坑内的粗质底床消耗了大量的下降流动能，此时的冲刷现象十分微弱。

④当 $D/d_{50}<8$ 时，底床泥沙的颗粒已经达到非常大的水平，以至于完全不会发生任何局部冲刷现象。

Melville[10]在总结了 Chiew[11]的动床冲刷实验结果和 Ettema[8]的清水冲刷实验结果的基础上得出，当 $D/d_{50}\leqslant 50$ 时，无量纲冲刷深度 d_s/D 将随着 D/d_{50} 的增加而增大；当 $D/d_{50}>50$ 时，局部冲刷深度与泥沙粒径无关，如图 1-10a)所示。但是 Sheppard[12]认为，清水冲刷深度将在 $D/d_{50}\approx 46$ 时取得最大值，随着 D/d_{50}

进一步增加，相对冲刷深度 d_s/D 将逐渐减小，如图 1-10b）所示。

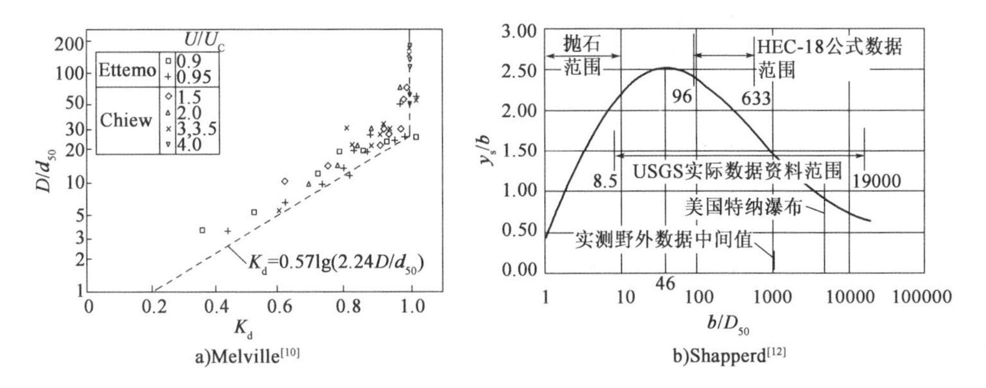

图 1-10 相对泥沙粒径对冲刷深度的影响

注：a）中横坐标为 $K_d = d_s(D/d_{50})/d_{smax}$，$d_{smax}$ 为相同水动力条件下实验冲刷深度结果最大值；b）中 b 为圆桩直径，y_s 为冲深度，D_{50} 为底床中值粒径。

（4）粒径级配对冲刷深度的影响

Ettema[8] 通过清水冲刷实验发现，桩基的局部冲刷深度总体上表现出随着粒径级配系数 σ_g 增加而减小的趋势。对于可以形成沙纹的细颗粒底床（$d_{50} \leq 0.7$mm）而言，级配系数 $K_\sigma = d_{s(非均匀沙)}/d_{s(均匀沙)}$ 在 $\sigma_g = 1.5$ 时取得极值，这是因为在冲刷过程中，当水流拖曳力接近于临界起动拖曳力时，均匀的细颗粒底床床面无法继续保持平整，形成的沙纹对局部冲刷深度具有一定的抑制作用；而对于不可产生沙纹的粗颗粒底床（$d_{50} > 0.7$mm）而言，K_σ 将随着 σ_g 的增加而逐渐减小。

Baker[13] 通过实验发现，随着 σ_g 的增加，无论是动床冲刷还是清水冲刷，桩基的局部冲刷深度都出现了减小的趋势，但是清水冲刷实验结果的减小趋势更为显著。特别是当 $V/V_c > 4$ 时，桩基的冲刷深度已经表现出不受 σ_g 的影响。对于非黏性土而言，细颗粒泥沙往往比粒径较粗的泥沙更加容易起动。在一定的水流条件下，细颗粒泥沙可能已经进入运动状态，而粗颗粒底床仍然无法起动，这样便导致底床的粗化现象，从而抑制冲刷坑的发展。当来流流速超过底床最不易起动粒径泥沙的临界起动流速时，全部底床泥沙都将进入运动状态，此时最大冲刷深度受床面粗化的影响已经非常微弱，因此表现出与 σ_g 无关的现象。

（5）水流交角和墩型对局部冲刷深度的影响

在实际工程中，很多桥墩或者涉水建筑物的截面形状都不是圆形，一般需要通过一系列的物理模型实验来确定水流交角和墩型因素对桩基局部冲刷深度的影响。

水流交角的对冲刷深度的影响主要体现在阻水面积的改变上，如图 1-11 所示，随着角度 α 的增加，长方形截面桥墩的阻水面积也相应增加，即等效直径 D 不断增大，从而导致局部冲刷深度增大。值得注意的是，由于相对水深 h/D 可以在一定范围内影响桩基的局部冲刷深度，随着等效直径 D 的增加，这一水深范围也将扩大。

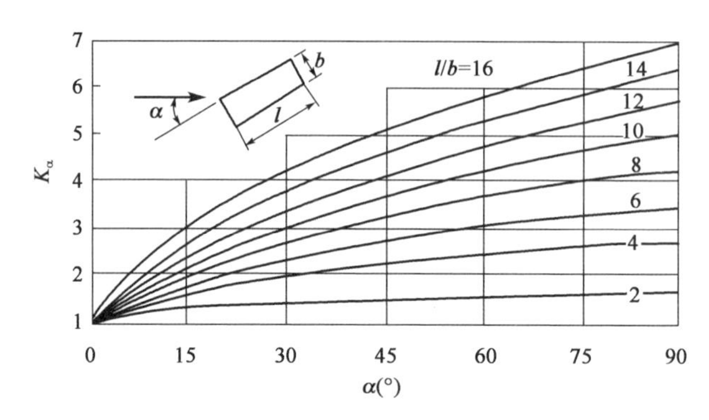

图 1-11　水流交角 α 对局部冲刷深度的影响（Laursen[14]）

注：纵坐标 $K_\alpha = d_s(\alpha)/d_s$，$d_s$ 为相同水动力条件下阻水宽度为 b 时的最大冲刷深度。

不同截面形状的桩、墩对局部冲刷的影响非常明显，一般需要通过物理实验来获得墩型影响系数 $K_\xi = d_{s(\text{墩型})}/d_{s(\text{具有相同等效直径的圆桩})}$。具体数值可根据我国《公路工程水文勘测设计规范》（JTG C30—2015）查取，未在规范中列出的墩型应根据物理模型冲刷实验结果确定。

（6）潮流（往复流）对局部冲刷深度的影响

依据《公路工程水文勘测设计规范》（JTG C30—2015），在预测往复流（感潮河段）条件下的桥梁冲刷时应考虑设计条件下各种水动力情况的组合，以及潮汐水流对桥梁的不利影响，按照恒定流冲刷公式进行计算。王冬梅[15]建议在计算潮流作用下的桥墩冲刷时，墩前流速应选取一个潮周期内的最大流速替代，当底床有沙纹时，应该用沙纹起动流速代替沙粒起动流速。张景新[16]和王佳飞[17]认为在往复流最大流速与单向流相等的情况下，两者最大冲刷深度相当，但是往复流的冲刷坑形状更加对称，冲刷平衡历时更长。韩海骞[18]、韩玉芳[19]和卢中一[20]认为由于往复流周期性的回填作用，在潮流作用下，平衡冲刷深度略小于单向恒定流，折减系数在 0.75～0.95 之间。李梦龙[21]在潮流冲刷实验中发现，在泥沙粒径小于 0.15mm 的情况下规范中 65-1 式计算结果与实验相差较大。

1.3.5 波浪单独作用下的桩基冲刷过程

1)波浪引起的桩基冲刷分类

随着建筑物尺度的改变,波浪场受到的影响将发生变化,从而引起不同的冲刷过程和冲刷深度,如表1-2所示。其中,D为建筑物尺度,L_w为波长。

建筑物尺度对波浪场及局部冲刷的影响(黄建维[22]) 表1-2

D/L_w	反射系数K	建筑物对波浪场的影响	建筑物形态分类	建筑物对局部冲刷的影响
$D/L_w<0.2$	$K<1.1$	影响很小,可忽略不计	桩式	基本没有冲刷
$0.2<D/L_w\leq0.75$	$1.1<K<1.9$	引起波浪绕射或反射	墩式	有影响
$D/L_w>0.75$	$K=1.91\sim2.0$	轴线部位近似立墙前的全反射	近似直立墙	近似立墙前的冲刷形态

2)直立墙前波浪冲刷

谢世楞[23]和高学平[24]对直立墙前的波浪冲刷进行了研究,认为水深和波要素对于冲刷坑深度的影响较为明显,而底床粒径对冲刷深度的影响比较微弱。高学平[24]还结合传质速度沿水深的变化关系对直立墙前的冲刷机理进行了阐述:由于传质速度的方向随水深变化,不同类型泥沙的运动方向也不尽相同,表现为底沙由腹点向节点运动,而悬沙由节点向腹点运动。

3)波浪作用下小直径圆桩局部冲刷

在波浪条件下,水质点周期性的往复运动导致底床边界层不能充分发展,较薄的边界层不利于马蹄涡的形成。相比于恒定流冲刷而言,由波浪引起的桩基局部冲刷无论是从冲坑形态还是冲刷过程方面都更加复杂。Sumer[25,26]在实验中发现,细圆桩的波浪冲刷与尾涡涡脱现象往往同时出现。波浪先把圆桩周围的底床泥沙清扫至旋涡中心,然后由圆柱背水面的尾涡涡脱输送至下游,因此波浪导致的尾涡涡脱现象是影响局部冲刷的关键因素。随着$KC=U_mT_w/D$的增加(U_m为海底水质点轨迹速度的最大值,T_w为波浪周期,D为圆柱直径),一方面,桩后的尾涡范围和冲刷范围都有所扩大,桩前马蹄涡的持续时间和能量尺度增强；另一方面，波周期的增长将引起桩基背后的尾涡涡脱、桩前的马蹄涡以及周围绕流瞬变性质的减弱，稳定的性质相对增强，波浪冲刷的过程逐渐向恒定流冲刷靠拢。目前，大部分细圆桩冲刷的研究都是围绕 KC 展开的。Sumer[25]认为当 $KC<6$ 时，桩前不会形成马蹄涡，所以不能形成局部冲刷；当 $KC\geqslant6$ 时，最大冲刷深度与 KC 呈指数关系；当 $KC=\infty$ 时，冲刷过程近似于恒定流冲刷，冲刷深度为1.3倍圆桩直径。Sumer[26]还对不同截面形状的单桩在波浪作用下的局部冲刷深度进行了研究，并提出了相应的冲刷计算公式。Sumer[27]通过不规则波作用下的桩基冲刷实验得出，用 $\sqrt{2}\sigma_{\mathrm{U}}$ 和谱峰周期 T_{p} 分别替换 U_{m} 和 T_{w} 后，将计算得到的 KC 带入规则波桩基冲刷公式可以得到良好的计算效果，其中 σ_{U} 为波浪作用下底床水质点运动速度的均方根值，$\sigma_{\mathrm{U}}^{2}=\int_{0}^{\infty}S(f)\mathrm{d}f$，$f$ 为频率，$S(f)$ 为 U 的能量谱，U 为近底层水质点运动速度。Sumer[28]进一步考虑了泥沙相对重度对最大冲刷深度以及冲刷历时的影响。陈兵[29]认为波浪作用下，管桩的冲刷深度先随波高增加而增大，达到一定值后保持不变，但是随水深增加而逐渐减小。

4）波浪作用下大直径圆桩局部冲刷

对于大直径圆墩，大致可将圆柱面分为5个区域（图1-12）：

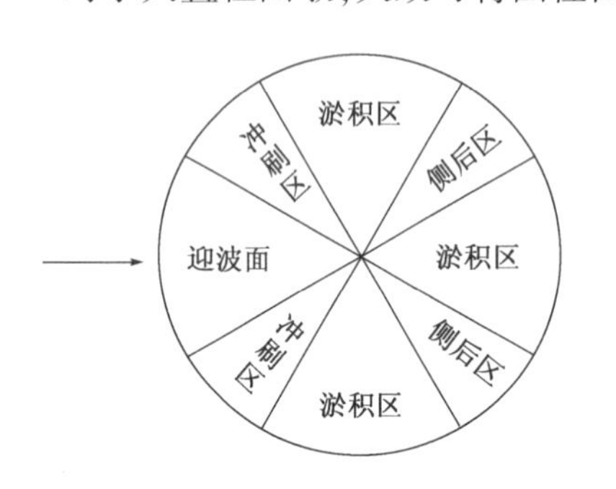

图1-12　波浪作用下大直径圆桩冲刷分布示意图

（1）$\theta=0\sim\pi/6$ 为圆柱的迎波面，波浪经反射形成二维立波，冲刷淤积规律与波浪正向入射条件下防波堤前的情况相同。

（2）$\theta=\pi/6\sim\pi/3$ 为圆柱的侧前方，属于冲刷区。

（3）$\theta=\pi/3\sim2\pi/3$ 为圆柱的侧面，属于淤积区。

（4）$\theta=2\pi/3\sim5\pi/6$ 为圆柱的侧后方，波浪水质点速度的空间变化率较大时，局部会造成较强的冲刷。

（5）$\theta=5\pi/6\sim\pi$ 为圆柱的后方，属于淤积区。

大连理工大学海工教研室进行了多组试验，考虑不同波高、流速、直径和水深的组合情况，提出了波流共同作用下沙质海床大直径圆柱建筑物的最大冲刷深度公式。黄建维[22]在总结了谢世楞[23]、高学平[24]等研究者实验资料的基础上，推导出可以满足工程实际需要的最大冲深公式，公式中考虑了波周期 T_{w}、水深 h、波高 H、冲刷坑形态和床沙起动流速 V_{c} 的影响。陈国平[30]通过实验发现，波浪作用下冲刷坑形态可以分为三种情况:浑水冲刷、对称的角状分布冲刷和环向冲刷。并且得到了最大冲刷深度随波数的变化规律,指出弗劳德数、波陡、泥沙沉积数、桩柱雷诺数等因素对冲刷深度影响很大。周益人[31]认为波浪作用下圆柱周围冲刷深度与床面粒径并不成反比的关系,而是在某一粒径附近达到最小值,这与水质点的运动尺度有关。

1.3.6 波流共同作用下的桩基局部冲刷

"波浪掀沙,潮流输沙",由于海洋环境的复杂性,在不同的波流组合情况下,圆柱周围的冲刷程度也有所不同。当波流逆向时,由于波流流速反向,能量有所抵消,冲刷坑的范围和深度都比波流同向时小。因此,人们通常重点研究波流同向时的冲刷情况。波流共同作用时,无论是冲刷深度还是冲刷范围均比纯水流或纯波浪的情况大得多。而且其总的冲刷量往往超过纯水流和纯波浪情况的冲刷量之和,说明两者共同作用的冲刷能力不是两者单独冲刷能力的简单相加。

Rance[32]通过物理模型实验,在$D/L_w>0.1$的情况下,对不同截面形状桩基的冲刷深度和冲刷范围进行了研究,如图1-13所示,发现截面形状对冲刷的影响很大。Eadie和Herbich[33]的研究结果表明,对于直径相对较小的桩柱,波浪的作用主要是加快冲刷的进程,波流共同作用下的最大冲刷深度比单独水流作用下的最大冲刷深度大10%左右,冲刷形态也大致相同。李林普[34]对浅海大直径圆桩在波流共同作用下的冲刷深度进行了研究,并在圆柱迎波面发现了W形的冲刷坑,结果表明冲刷深度主要影响因素是圆柱体直径D、波高H、波长L_w、水流速度V以及有关床质的一些参数。曲立清[35]认为,由波浪主导和由潮流主导的冲刷坑在最大冲刷深度、位置和冲坑形状方面均有很大不同,李林普[34]的波流冲刷实验属于前者,Eadie和Herbich[33]则属于后者,实际工程中应加以区分。Sumer[36]指出波浪叠加入水流后,桩前的逆压梯度增加,使得可以产生马蹄涡的临界KC降低,增强了马蹄涡的效果。Sumer和Fredsøe[27]还进行了一系列不规则波与水流共同作用的冲刷实验,发现冲刷深度不仅与KC关系密切,还与相对速度率$U_{cw}=V_c/(V_c+U_m)$有关,其中V_c代表由水流产生的近底流速,可用距床面$0.5D$处的恒定流流速代替,U_m代表由波浪导致近底水质点的最大流速,当$U_{cw}>0.7$时,冲刷趋于固定值。Rudolph和Bos[37]在$1<KC<10$范围内进行了一系列冲刷实验,研究了不同波、流交角的情况,丰富了Sumer[25]的公式。Petersen[38]认为波流状态下的冲刷时间尺度与U_{cw}、KC和相对切应力有关。Qi[39]和Li[40]指出波谷导致泥沙中向上的空隙力使得泥沙更加容易发生冲刷,

尤其在底床是粉沙的情况下。

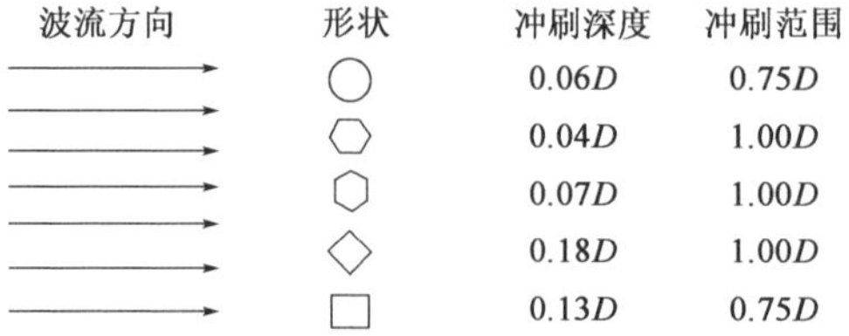

波流方向	形状	冲刷深度	冲刷范围
→	○	0.06D	0.75D
→	⬣	0.04D	1.00D
→	⬡	0.07D	1.00D
→	◇	0.18D	1.00D
→	□	0.13D	0.75D

图 1-13　波流共同作用下不同截面形状冲刷深度和范围（Rance[32]）

注：D 为等效桩径。

1.3.7　桩群效应

1）恒定流条件下桩群效应

（1）桩群周围的水流和冲刷特点

根据 Breusers 和 Raudkivi[6] 的实验研究发现，与单桩情况相比，桩群对周围水流和冲刷的特殊影响包括 4 个方面：

①当两桩的冲刷范围有重叠时，受到另一桩的影响，冲刷深度将在单桩的基础上增加一部分由其他桩基冲刷导致的冲深。

②当上游桩对下游桩产生掩护作用时，这一作用表现在两个方面：一是下游桩处于上游桩尾涡范围，桩前来流时均流速减小，影响马蹄涡的尺寸和能量；二是上游冲起的泥沙可能在下游桩附近堆积，抑制下游冲刷坑的形成。

③当下游桩处于上游桩尾涡涡脱路线上时，由于对流流速的增加，会对下游桩冲刷起到促进作用。

④当两桩并排放置时，两桩相邻一侧的马蹄涡将受到挤压，导致马蹄涡内流速增加，冲刷效果增强。

（2）两桩形式

如图 1-14 所示，两桩沿流线分布，如果两桩相互接触即 $L/D=1$ 时，前桩（上游桩）冲刷深度与单桩一致。随着 L/D 的增加，前桩的局部冲刷深度先增大，在 $L/D=2.5$ 时达到最大值，随后逐渐减小至单桩冲刷水平。后桩（下游桩）的冲刷深度总是比前桩小，这主要是由于受到前桩的掩护作用，下游桩的马蹄涡尺度和能量相对薄弱。可以看出即使在 $L/D=21$ 处，后桩的冲刷深度仍然没有恢复到与上游一致，这说明前桩对后桩的掩护可达到一个很远的范围。两桩中心点处的冲刷深度随着 L/D 的增加而减小，当达到 $O(10)$ 时冲刷深度为 0，说明此时前后桩冲坑范围均已不能达到两桩的中心点位置。

如图 1-15 所示，呈现了并排两桩（桩心连线与流线夹角 90°）和斜交两桩（桩心连线与流线夹角 45°）的冲刷深度与桩间距之间的关系。实验圆桩直径 $D=3.3\text{cm}$，上游流速 $V=0.285\text{cm/s}$，水深 $h=0.14\text{m}$，底床泥沙粒径 $d_{50}=0.75\text{mm}$。对于并排两桩而言，桩前最大冲刷深度随着桩间距 L/D 的增加而减小，当 $L/D>8$ 时，并排桩桩前冲刷与单桩无异。同样，并排两桩中心点处的冲刷深度也随着桩间距的增加而减小。

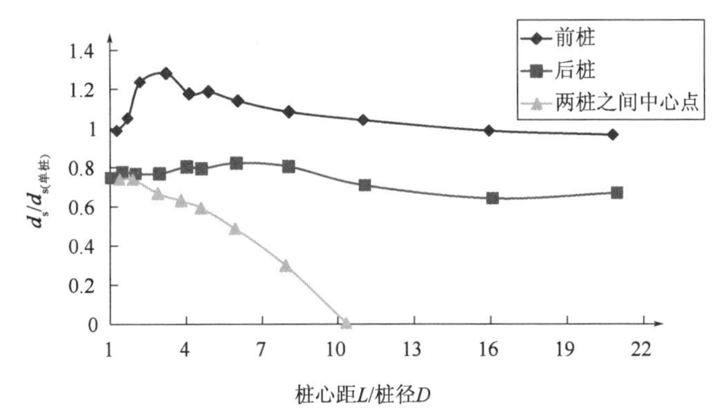

图 1-14 串联双桩冲刷随桩间距变化

注：桩心连线与流线平行，L 为桩心距，Breusers 和 Raudkivi[6]。

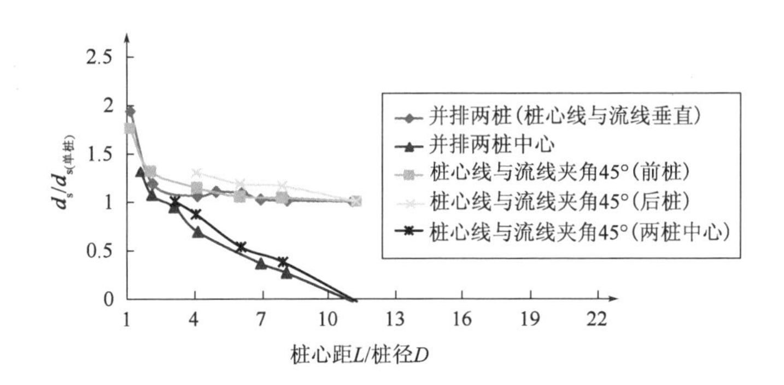

图 1-15 单排圆桩冲刷随桩间距变化

注：桩心线与流线夹角 90°和 45°，Breusers 和 Raudkivi[6]。

当桩心连线与流线夹角为 45°时，与并排桩类似，冲刷深度随着桩间距的增加而减小，不过可以看出后桩的冲刷深度始终大于前桩，这与前桩的涡脱和后桩桩前的马蹄涡压缩有着直接联系。

图 1-16 表现了桩间距 $L/D=5$ 时不同水流交角情况下前后桩冲刷深度的变化趋势。总体而言，前桩受水流交角的影响并不明显，变化幅度较小；后桩受水

流交角变化的影响较大，特别是当夹角超过45°后，下游桩冲刷深度开始超过上游桩。这是由于当夹角较小时，后桩受到前桩的掩护作用，马蹄涡尺度和能量小于前桩，随着角度的增加，掩护作用逐渐减弱，上游桩引起的涡脱对后桩冲刷具有促进作用，从而后桩的冲刷深度逐渐超越前桩。

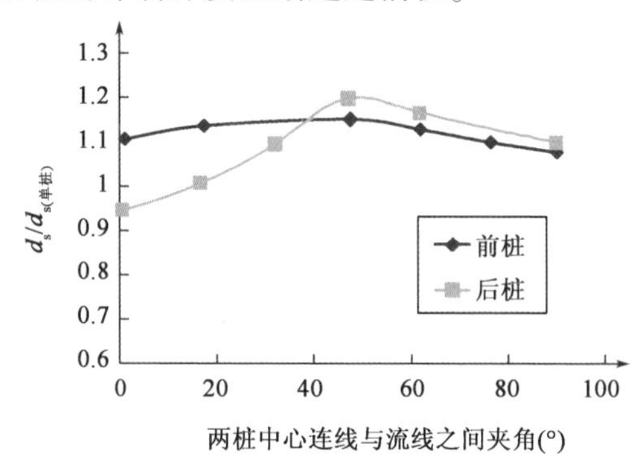

图1-16　不同水流交角对双圆桩冲刷的影响（Breusers 和 Raudkivi[6]）

（3）三桩形式

一般三桩群的布置形式为等边三角形，这种形式类似于梅花形桩群的一个子单元。Gormsen 和 Larsen[41]设置了两种三桩形式，如表1-3所示。实验圆桩直径$D=7.5\text{cm}$，来流流速$V=0.56\text{m/s}$，水深$h=0.225\text{m}$，动床中值粒径$d_{50}=0.55\text{mm}$。可以看出最大冲刷深度一般都会出现在两桩一侧，但是由于实验组次有限，实验规律可能有一定的局限性。

三桩群冲刷（Gormsen 和 Larsen[41]）　　表1-3

布置形式	相对桩间距 G/D	$d_{s(G/D)}/d_{s(\infty)}$
② ① ←水流方向 ③	0.75	1.04（1号桩）
	2	1（1号桩）
	5	1.17（1号桩）
② ① ←水流方向 ③	0.75	1.03（2、3号桩）
	2	1（2、3号桩）
	5	1.22（2、3号桩）

续上表

布置形式	相对桩间距 G/D	$d_{s(G/D)}/d_{s(\infty)}$
① ③ ← 水流方向 ②	0.75	1(3 号桩)
	2	1(3 号桩)
	5	0.92(3 号桩)
① ③ ← 水流方向 ②	0.75	1.12(1、2 号桩)
	2	1.08(1、2 号桩)
	5	1.03(1、2 号桩)

2)波浪条件下桩群效应

(1)两桩形式

如图 1-17 所示,只有波浪作用下,随着相对桩间距 G/D 逐渐增大,并排双桩和 45°波浪交角双桩的最大冲刷深度呈现出先增大后减小的趋势,最终回归到单桩冲刷。桩间距减小时,导致冲刷深度增加的原因有两个:桩间距压缩水流增强和尾涡涡脱加剧。

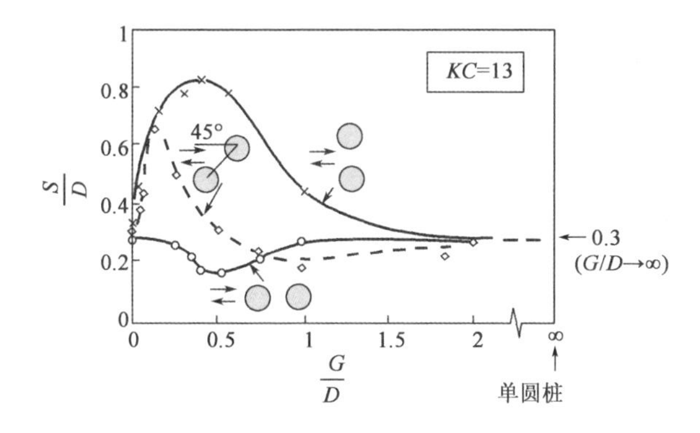

图 1-17　波浪单独作用下两桩冲刷深度随桩间距变化

注:纵坐标中 S 为冲刷深度,D 为圆桩直径,横坐标中 G 为桩间距,Sumer 和 Fredsøe[42]。

桩间距 G/D 对串联双桩(桩心连线与波浪传播方向平行)冲刷的影响趋势与并排双桩恰好相反,随着桩间距的增加,冲刷深度先减小后增加。冲刷深度出现减小是因为后桩所在的位置抑制了上游桩尾涡的涡脱。

(2)三桩形式

并排三桩冲刷深度随桩间距变化的冲刷趋势,如图 1-18a)所示,与两桩相同,只是最大值较双桩稍大 20% ~30%;串联三桩的最小冲刷深度和双桩基本持平,如图 1-18b)所示,只是达到最小冲刷深度时的桩间距相对缩小;当三桩呈三角布置时,冲刷深度随 G/D 的变化规律与并排双桩类似,不过冲刷深度整体小于并排桩。Sumer 和 Fredsøe[42] 认为波浪作用下当 $G/D<0.1$ 时,桩群表现出整体性质;当 $G/D>3$ 时,桩之间的相互作用已经很弱,桩群冲刷实际上更多地体现出单桩性质。桩群冲刷和单桩类似,KC 仍然是最重要的影响参数。

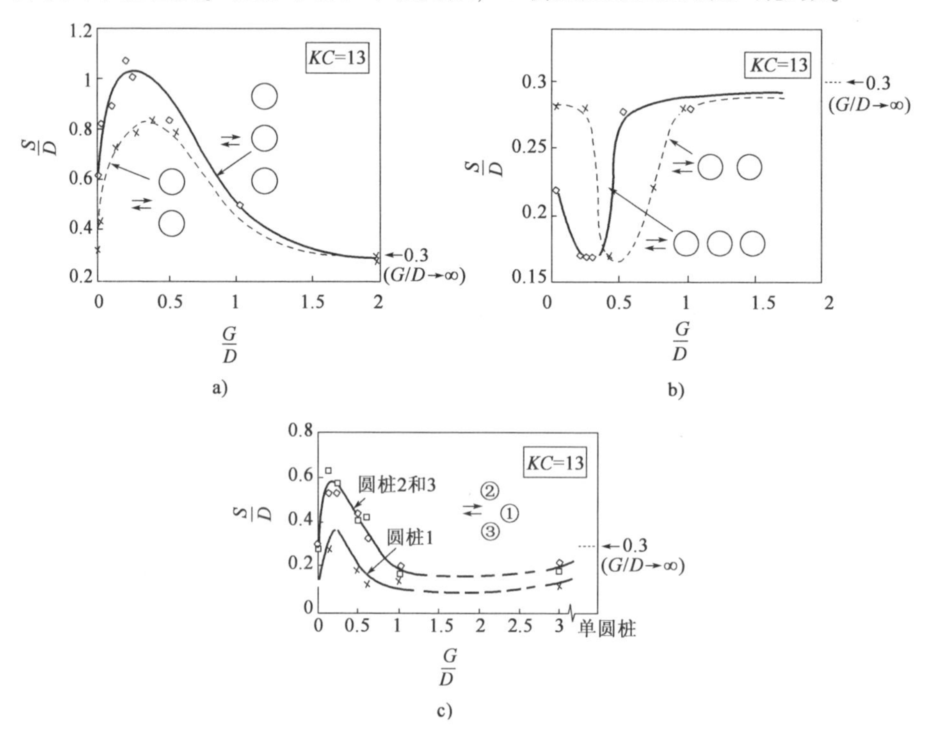

图 1-18 波浪作用下桩间距对三桩形式的冲刷影响(Sumer 和 Fredsøe[42])

1.3.8 海上风电基础冲刷实验研究

1)海上风电基础设计规范

目前国际上比较常用的风电设计规范有:德国船级社推荐的 Guideline forthe Certification of Offshore Wind Turbine[43]、挪威船级社推荐的 DNV-

OS-J101[44],以及国际电工委员会推荐的IEC 61400[45]。我国现行的风电设计规范主要参照了IEC 61400的相关内容。对于风电基础冲刷,IEC 61400[45]规范认为应通过物理实验或者同等环境下已建工程的冲刷实例加以衡量;DNV[44]规范建议采用Sumer[25]公式进行预测;Guideline for the Certification of Offshore Wind Turbine[43]规范则比较笼统地认为等于2.5倍桩径。显然各家规范对于海上风电基础冲刷的预测有很大不同,有的仅给出了一个概化的固定数值,缺乏理论依据;有的则是直接引用波浪作用下单圆桩的冲刷公式,没有考虑细颗粒底床、复杂水动力条件和基础形式对冲刷的影响。

2)基于物理模型或实测资料的风电基础冲刷研究

Høgedal和Hald[46]利用英国的Scroby Sands海上风电场的实测冲刷数据,对比了HEC-18公式、Sumer[25]公式、Breusers[47]和Den Boon[48]公式的计算结果,发现Sumer公式计算值偏大,Breusers和den Boon公式计算结果良好。Whitehouse[49]对于三种连接形式不同的沉箱式单桩风电基础进行了波流共同作用下的动床冲刷实验,结果显示无论是冲刷的深度还是速度对于连接方式的变化都十分敏感,在水流为主导的波流共同作用下,这种情况更加突出。Harris[50]建立了STEP(The Scour Time Evolution Predictor)模型,该模型总结了前人大量的研究成果,适用于单纯水流、单纯波浪以及波流共同作用的水动力环境,不仅可以计算平衡冲刷深度,而且能够提供冲刷历时曲线,既可用于预测海上风电机基础冲刷,还适用于桥墩冲刷的情况,但缺点是只适合单桩的基础形式。Whitehouse[51]通过物理模型对爱尔兰的Arklow Bank风电场单桩基础冲刷进行了模拟,冲刷结果在1.4D左右。并且对4种护底形式进行试验,发现浅水条件下,凸出底床的护底形式冲刷比较明显。Whitehouse[52]对欧洲6个海上风电场的水深、流速、波高、冲刷深度等实测数据进行了概括,发现冲刷深度一般都在1.8D以下,这是目前较为完整风电场冲刷的实测资料汇总。Zhao. M[53]通过物理实验发现,在海上风电基础沉箱垂直高度小于水平宽度时,冲刷过程主要由建筑物对周围水流流线的挤压造成,马蹄涡作用很小,冲刷方式对基础的形态、水流交角等因素十分敏感。

3)基于数学模型的冲刷研究

G. Besio和M. A. Losada[54]建立了波浪数学模型,讨论了波浪的衍射和反射对位于西班牙的Trafalgar风电场养鱼笼内水流流速的影响。León[55]还通过数学模型模拟了挪威的HAVSUL-Ⅱ风电场对周围海域波浪场的影响,指出风电机表达的精确程度对波浪场的分布影响很大。赵雁飞[56]利用三维数学模型,对海上风电机单桩基础结构和桶形基础结构的冲刷进行了模拟,但是计算时间较短,冲刷没有稳定,借鉴意义有限。张玮[57]和阳磊[58]利用二维数学模型分别对上海和大丰海上风电场对周围水动力环境的影响进行了研究,其中张玮[57]还利用韩海骞和王汝凯公式对江苏响水风电场的冲刷进行了预测。

1.4 本书研究的目的和主要内容

综上所述,目前对于恒定水流作用下桩墩冲刷问题的研究相对丰富,冲刷机理比较明确,各冲刷影响因子作用清晰,具有一定的可靠度,但是大部分公式经验性较强,不同公式之间计算结果差异较大。而对于往复流(潮流)而言研究相对较少,通过现有的文献可以看出,学者普遍认为往复流作用下的冲刷深度将稍小于恒定流的情况,有关潮流冲刷的过程和机理的研究比较缺乏。由于波浪运动本身具有一定的尺度,该尺度与建筑物尺度和水深尺度之间不同大小关系的组合将引起桩前波浪形态的变化,导致底床冲刷坑复杂的分布形式。当波流共同作用时,由于涉及波浪传播、变形、破碎等过程以及与水流的非线性耦合,近底层水质点的运动方式发生很大变化,底床冲刷形态将变得更加复杂。整体而言,在有波浪的条件下,对于桩基冲刷的研究还比较少见,冲刷公式准确性和通用性较差。因此,论文将分别对恒定流、波浪和波流共同作用下圆桩冲刷的机理进行研究,并建立准确度更高,通用性更好,理论性更强的圆桩冲刷公式。

可以肯定的是,无论在以上何种水动力条件下,建筑物基础的形态对于冲刷过程的影响都是巨大的。然而目前常用的各种海上风电建设规范对于冲刷的规定都比较简单,有的[43]概化为固定值,有的[44]只是简单地引用波浪作用下单桩冲刷公式的研究成果,没有考虑不同水动力条件,不同底床泥沙类型以及复杂的风电基础形式对冲刷过程的影响。在现有海上风电装机基础冲刷的研究中,国外主要侧重于物理模型实验,而国内研究则侧重于数值模拟。但是,无论国内还是国外,研究基本上都是针对单桩简单基础形式,而对于在我国设计中大规模采用的三桩导管架基础冲刷方式的研究仍处于空白状态。同时,海上风电场未来将向深海发展,三桩导管架的基础形式更加适合深海的情况,对复杂风电基础冲刷的研究符合风电场向深海发展的大方向。因此,本书将专门针对三桩导管架风电基础这种复杂的基础形式进行多种水动力条件冲刷研究,为国内外风电机设计规范在基础冲刷深度方面提供补充。

各章节安排与主要内容如下：

第1章，介绍研究意义和研究背景，提出研究目标以及研究内容的整体框架。

第2章，在总结现有的恒定流桥墩局部冲刷的基础上，根据Stokes定理，对桩前马蹄涡的冲刷过程进行数学上的表达，通过大量的实验资料，对非黏性土底床和黏性土底床分别进行了局部冲刷公式的拟合。拟合过程中不仅考虑了非均匀底床泥沙对冲刷深度的影响，还考虑了动床条件下床面形式对冲刷深度的影响。在无量纲参数分析过程中发现，桩基雷诺数 Re 不仅表现了水流尾涡的紊动情况，还是桩前马蹄涡环量的重要来源，在无量纲局部冲刷公式拟合过程中应予以合理的理解和足够的重视。

第3章，分析潮流水动力条件下的冲刷机理，回填作用是潮流冲刷相对于恒定流冲刷较小的主要原因，可分为由水流转向引起和由动床推移质输沙引起两种形式，区分两种形式的依据是潮流最大流速 V_{max} 与底床泥沙的临界起动流速 V_c 的相互关系。以往提出的潮流折减系数不应该是一个固定值，而是与相对潮周期和相对流速 V_{max}/V_c 有关。在总结现有实验研究结果的基础上，提出了查图法和微分迭代法，用这两种方法对潮流引起的局部冲刷进行预测。

第4章，基于能量守恒原理，建立了波浪水流动能和泥沙克服重力做功之间的联系，推导出波浪单独作用和波流共同作用下的桩基局部冲刷半经验半理论公式。由于通过宏观能量的角度分析冲刷过程，而不是针对具体水质点运动特征，得到的局部冲刷公式既可以满足能使波浪发生桩前反射的大直径圆桩，又可以适用于对波浪场无影响的小直径圆桩。

第5章，基于正态比尺的三桩导管架风电基础物理模型实验，对不同水深、流速、水流夹角、波高和底床泥沙粒径实验条件下的冲刷结果进行了分析，包括最大冲刷深度发生位置、冲刷坑范围、水流影响范围等，得到了不同泥沙粒径条件下三桩导管架风电基础局部冲刷的一系列经验规律。

第6章，根据辐射沙洲海域底床特征，建立三维泥沙冲刷数值模型，经过验证后，比较不同水深和水流交角下水流对三桩导管架风电基础周围底床拖曳力分布的影响，以及结构物周围绕流结构变化。模拟不同水深条件下，恒定流、波浪、波流共同作用以及海啸波作用下三桩导管架风电基础的冲刷过程。

第7章，总结全部的研究内容，并对研究课题未来的发展进行展望。

1.5 技术路线

技术路线图如图 1-19 所示。

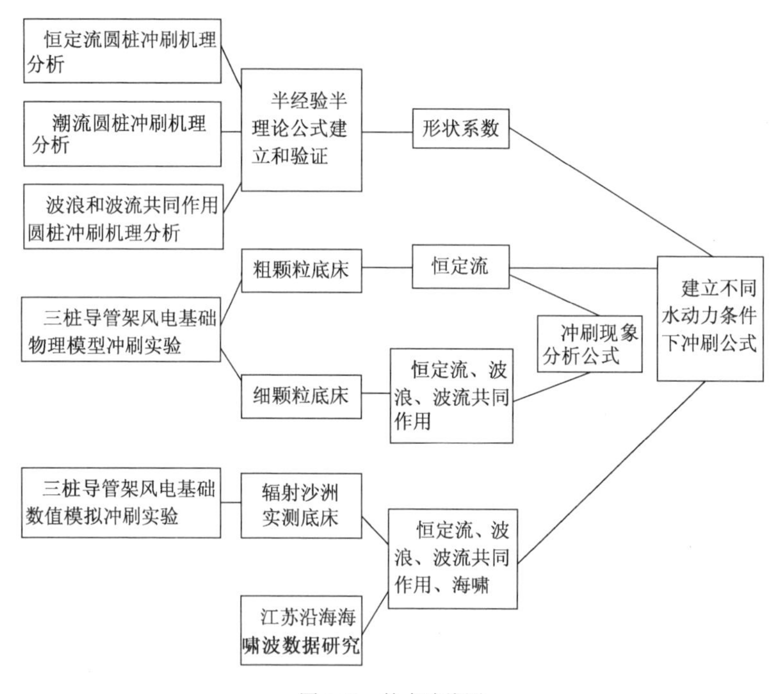

图 1-19　技术路线图

2 恒定流条件下桩基局部冲刷

2.1 引　　言

在研究潮流往复作用下的冲刷机理时,首先应掌握单向恒定流的冲刷机理。桩基、桥墩周围的基础冲刷往往可以使结构物的受力重新分布,严重时将会导致涉水建筑物的失稳和破坏,造成生命财产损失。由于河流中的水动力条件较海洋环境相对简单,人工建筑物在河流和海洋中的冲刷过程具有相似之处,因此在研究海上风电基础冲刷时,一般都会借鉴河流桩墩冲刷的研究成果。人们对恒定流条件下桩墩冲刷的研究,起源于对桥梁因基础冲刷而损毁的关注。以往很多学者通过物理模型试验和实地观测的方式对桥墩冲刷进行了广泛的研究,但是鉴于结构物周围水流结构以及泥沙运动本身的复杂性,不同研究成果之间差异较大,经验性的结论较多,如何提高冲刷深度预报的准确度仍然是研究的主要方向。

2.2 桩墩冲刷的定义

对于恒定流条件下桥墩、桩基的冲刷问题,前人已经进行了很多研究。Melville[59]将桥墩基础冲刷分为三类:整体冲刷、束水冲刷和局部冲刷。整体冲刷(general scour)是指不考虑桥墩基础存在的情况下,由于水流作用,自然形成的河床变化,可以认为整体冲刷与桥墩基础本身无关。整体冲刷相当于我国《公路工程水文勘测设计规范》(JTG C30—2015)中的“河床自然演变冲刷”。与整体冲刷相对应的是束水冲刷和局部冲刷,这两种冲刷都与桥墩基础直接相关。束水冲刷(contraction scour)是指由于桥墩基础的存在,水流经过桥洞时将会受到桥墩的挤压束窄,水流急剧集中流入桥孔,从而产生的冲刷现象,相当于规范中的“一般冲刷”。局部冲刷(local scour)是指由于水流受到桥墩阻挡,桥墩周围的水流结构发生急剧变化,从而引起的冲刷现象,相当于规范中的“局部冲刷”。Sumer[60]在对海洋环境中的建筑物所引起的冲刷分类时没有考虑自然冲刷的现象,只把冲刷分为两类:全局冲刷和局部冲刷。其中,局部冲刷(local scour)的定义与我国规范以及 Melville[59]的定义基本一致,全局冲刷(global scour)主要由于涉水结构物整体的束水作用以及引发的紊动所造成的冲刷现象,与一般冲刷的定义较为接近。

2.3 桩墩局部冲刷的机理

如图2-1所示,由于结构物的出现,在其周围的水流将发生变化:在桩前形成马蹄涡、在桩两侧形成束窄水流以及在桩后形成尾流旋涡。其中,下降水流是马蹄涡形成的主要因素。由于水流受到底床摩擦阻力的影响,近底层流速较缓而水面处流速较大,从近底层边缘至水面来流流速呈逐渐增加的对数流速分布。对于理想流体,在重力场作用下,恒定有旋流动,根据伯努利积分方程,在同一流线上有 $z+\frac{p}{\rho g}+\frac{u^2}{2g}=\text{const}$(其中 z 为垂向坐标,p 为水流压强,ρ 为流体密度,u 为水流流速)。当水流临近涉水结构物表面时,u 趋近于0,假设 z 变化不大,则减小的水流动能$\frac{u^2}{2g}$全部转化为压强$\frac{p}{\rho g}$。对于恒定明渠层流,压强垂向分布与静水压强分布一致,此时也保持了一种上下水层互不掺混的稳定流动。当水流到达桩基表面时,部分流速 u 将转化为压强 p,由于上层水流流速较下层大,使得上层压强增加的部分 Δp 大于下层,打破之前垂向为静水压强的稳定结构,上层的“高压”将水流压向底层,从而形成了下降水流,进而导致马蹄涡的形成。下降水流将上层高能水流带向底床,是桩基迎水面冲刷的主要诱因。当水流绕流桩基周围时,受到桩基挤压流线的影响,建筑物周围流速增大,导致水流对底床的拖曳力增大,是造成桩基两侧的冲刷发展主要动力。尾流旋涡主要受来流流速 V 和结构物等效直径 D 的影响,可以用 $Re=\frac{VD}{\nu}$(ν 为运动黏度)来衡量。恒定水流作用下,通常尾涡对桩基冲刷的作用相对马蹄涡和束水而言较弱,马蹄涡和束水现象是控制最大局部冲刷的因素。

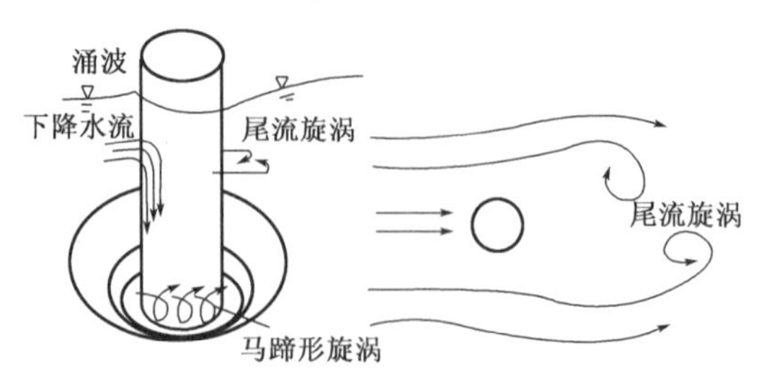

图2-1 圆桩绕流示意图

一般地,随着水动力条件的逐渐增强,桩基的局部冲刷深度也随之增大。根据 Melville[10]、Ettema[8]、Chiew[11]等人的实验研究,当水流断面的垂向平均流速 V 达到0.4~0.5倍底床泥沙的临界起动流速 V_c 时[即 $V \geqslant (0.4 \sim 0.5) V_c = V_0'$],桩基周围开始发生局部冲刷,这里的$V_0'$近似为我国规范中的墩前泥沙起冲流速。当 $V_0' \leqslant V \leqslant V_c$ 时,水流不能使底床泥沙输移,冲刷只能发生在桥墩周围的一定范围内,这种情况下的冲刷称为“清水冲刷”。当 $V > V_c$ 时,全部底床泥沙将处于起动状态,冲刷不仅发生在基础周围,而且出现在全部底床,此时的状态即为所谓的“动床冲刷”。钱宁[61]指出,随着水流的加强,底床表面将形成沙纹→沙垄→平整→沙浪→急滩和深潭的变化过程。动床冲刷实际上是将整体的床面变化叠加到桩基周围局部冲刷坑之上,增加了冲刷过程的复杂性。根据以上定义可以看出,随着基础周围冲刷坑的不断发展,水流拖曳力也随之重新分布,清水冲刷的平衡条件是桩基周围的水流拖曳力恰好等于底床泥沙的临界起动拖曳力,冲坑内的泥沙不再被水流冲起的情况;而动床冲刷的平衡条件是,由水流输入冲刷坑的泥沙量等于输出冲刷坑的泥沙量,达到动态平衡的阶段。因此,对于平均粒径较粗的非黏性底床($d_{50} > 0.075$mm)而言,由于推移质的广泛存在,当水流流速超过底床泥沙摩阻流速后,上游大量的推移质将被源源不断地输送到冲刷坑内,清水冲刷和动床冲刷的区别非常显著。但是对于平均粒径相对较细的黏性底床($d_{50} < 0.075$mm)而言,由于床沙主要以悬浮的方式起动,即使来流水流的挟沙能力大大超过水体本身的含沙量,推移质在全部运动泥沙中所占的比例也很小,输入冲刷坑内的泥沙量不大,因此清水冲刷和动床冲刷从平衡机理角度而言比较相近。当然,以上分析中没有考虑水流本身携带的悬浮泥沙可能在冲刷坑内落淤的情况,一方面,悬沙的落淤将势必减小局部冲刷深度,不考虑悬沙落淤的情况所得到的冲刷公式将更加安全;另一方面,目前的冲刷实验几乎都不涉及具有含沙量的边界条件,这与实验条件和难度有直接的关系,有关挟沙水流的桩基冲刷的实验研究或者实测资料少之又少,尚无公认的物理规律,这也是将来桩基冲刷的研究方向之一。

如图2-2所示,随着来流流速的增长,无论底床平均粒径粗细,最大局部冲刷深度都将经历两次峰值。第一次峰值出现在来流流速等于底床泥沙的临界起动流速的时刻;第二次峰值出现在水流流速达到可以使底床床面形式达到动平床时的流速的时刻。根据 Chee[5]的研究,对于可以产生沙纹的底床(一般 $d_{50} \leqslant 0.7$mm)而言,动平床峰值(第二峰)大于临界流速峰值(第一峰);而对于不会产生沙纹现象的底床(一般 $d_{50} > 0.7$mm),情况相反,临界流速所产生的局部冲刷深度将大于动平床流速所产生的冲刷深度。可见沙纹的形成,对局部冲刷深度的发展具有相当的抑制作用。

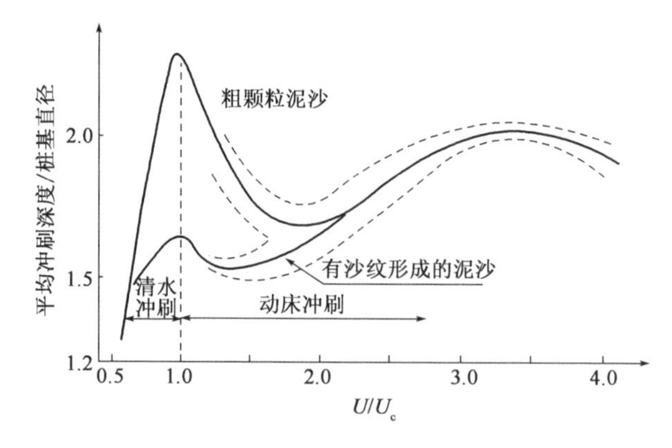

图 2-2 无量纲平均冲刷深度随相对流速的变化过程(Breusers[6])

2.4 国内外经典恒定流桩墩冲刷公式

冲刷深度公式根据构建方式的不同可分为两种:

(1)分析影响因素,得到计算关系式,再通过因次分析得到表达式,最后根据现场实测资料和模型试验资料的分析确定相关参数,通常称这种公式为经验公式。

(2)基于某种理论和假设推导出基本关系式,再通过试验资料和实测资料确定相关系数,这样的公式称为半经验半理论公式。

国内外针对水流单独作用下的局部冲刷预测公式有很多,如表 2-1 所示。其基本形式一般可以表示为:

$$d_s = f(V, h, v_0, \cdots, H_{pile}, B, K_\xi, \cdots, d_{50}, w, V_c, \sigma_g, \cdots) \qquad (2\text{-}1)$$

式中,d_s 为局部冲刷深度,V 为来流垂线平均流速,h 为水深,v_0 为近底层流速,H_{pile} 为桩基在水中的高度,B 为结构物阻水宽度,K_ξ 为形状系数,d_{50} 为底床泥沙中值粒径,w 为泥沙沉速,V_c 为泥沙起动流速,σ_g 是反映粒径级配的参数。一般冲刷深度主要与水动力条件、涉水建筑物的几何特征以及底床特性三大主要方面紧密联系,因此公式中的参数 $V, h, v_0, \cdots$ 主要反映水动力对局部冲刷的影响,$H_{pile}, B, K_\xi, \cdots$ 表示结构物对冲刷的作用,而 $d_{50}, w, V_c, \sigma_g, \cdots$ 则体现底床对冲刷发展的限制作用。

国内外经典桥墩局部冲刷公式 表 2-1

作者	公式	备注
Breusers[47]	$\frac{d_s}{D}=2K_i\left(2\frac{V}{V_c}-1\right)\tanh\frac{h_0}{D}$	D 为桥墩阻水宽度，V 为来流垂线平均流速，V_c 为底床粒径所对应的临界起动流速，h_0 为水深，$K_i=K_sK_wK_gK_{gr}$，K_s 为桩基形状系数，K_w 为水流交角系数，K_g 为泥沙粒径级配系数，K_{gr} 为桩群效应系数
CSU[62]	$\frac{d_s}{h}=2K_1K_2\left(\frac{D}{h}\right)^{0.65}Fr^{0.43}$	h 为水深，K_1 为桥墩形状系数，K_2 为水流交角系数，D 为桥墩阻水宽度，$Fr=\frac{V}{\sqrt{gh}}$，V 为来流垂线平均流速
Melville[10]	$\frac{d_s}{D}=K_1K_yK_dK_\sigma K_sK_\alpha$ $K_1=\begin{cases}\frac{V}{V_c} & \left(\frac{V}{V_c}<1\right)\\ 1 & \left(\frac{V}{V_c}\geqslant 1\right)\end{cases}$ $K_y=\begin{cases}2.4D & (D/h<0.7)\\ 2\sqrt{hD} & (0.7\leqslant D/h<5)\\ 4.5h & (D/h\geqslant 5)\end{cases}$ $K_d=\begin{cases}0.57\lg\left(2.24\frac{D}{d_{50}}\right) & \left(\frac{D}{d_{50}}\leqslant 25\right)\\ 1 & \left(\frac{D}{d_{50}}>25\right)\end{cases}$	D 为桥墩阻水宽度，K_1 为流速影响系数，K_y 为水深影响系数，K_d 为底床泥沙粒径影响系数，K_σ 为泥沙级配影响系数，K_s 和 K_α 分别为桥墩形状和水流交角影响系数
Briaud[63]	$d_s=0.18K_wK_{sp}K_{sh}\left(\frac{VD}{\nu}\right)^{0.635}=0.18\,Re^{0.635}$ （仅适用于黏性土）	水深修正因子： $K_w=0.85\left(\frac{h}{D}\right)^{0.34}$ $\left(\frac{h}{D}<1.62\right)$ $K_w=1$ $\left(\frac{h}{D}\geqslant 1.62\right)$， 桥墩挤压水流系数$K_{sp}=\frac{B}{B-nD}$， K_{sh}为桥墩形状系数，V 为来流垂线平均流速，B 为河流宽度，n 为桥墩数量，D 为单个桥墩投影阻水宽度，ν 为运动黏度，Re 为桩基雷诺数

续上表

作　者	公　　式	备　　注
Briaud[64]	$d_s = 2.2\,K_1 K_2 D^{0.65}\left(\frac{2.6V - V_c}{\sqrt{g}}\right)^{0.7}$ （仅适用于黏性土）	V 为来流垂线平均流速，D 为桥墩阻水宽度，V_c 为底床泥沙起动流速，g 为重力加速度，K_1 为桩基迎水端形状系数，K_2 为水流交角系数
Richardson and Davis HEC-18[65]	$\frac{d_s}{D} = 2.0K_1 K_2 K_3 K_4\left(\frac{y}{D}\right)^{0.35} Fr^{0.43}$ $Fr = \frac{V}{\sqrt{gy}}$	D 为桥墩阻水宽度，K_1 为桩基迎水端形状系数，K_2 为水流交角系数，K_3 床面形态系数，对于清水冲刷、平床、小尺度沙垄和沙浪情况（0.6m < 沙波高 ≤3m），K_3 = 1.1，对于床面形成中尺度沙垄情况（3m < 沙波高≤9m），取 K_3 = 1.1 ~ 1.2，对于大尺度沙垄情况（沙波高≥9m），K_3 = 1.3，K_4 为床面粗化系数，y 为水深，Fr 为来流弗劳德数，V 为来流垂线平均流速，g 为重力加速度
Sheppard and Miller[66]	$\frac{d_s}{a} = 2.5f_1 f_2 f_3 \quad \left(0.4 \leqslant \frac{V}{V_c} < 1\right)$ $\frac{d_s}{a} = f_1\left[2.2\left(\frac{\frac{V}{V_c}-1}{\frac{V_{lp}}{V_c}-1}\right) + 2.5f_3\left(\frac{\frac{V_{lp}}{V_c}-\frac{V}{V_c}}{\frac{V_{lp}}{V_c}-1}\right)\right]$ $\left(1 \leqslant \frac{V}{V_c} < \frac{V_{lp}}{V_c}\right)$ $\frac{d_s}{a} = 2.2f_1 \quad \left(\frac{V}{V_c} > \frac{V_{lp}}{V_c}\right)$ $f_1 = \tanh\left[\left(\frac{y}{a}\right)^{0.4}\right]$ $f_2 = \left\{1 - 1.2\left[\ln\left(\frac{V}{V_c}\right)\right]^2\right\}$ $f_3 = \left[\frac{\left(\frac{a}{d_{50}}\right)^{1.13}}{10.6 + 0.4\left(\frac{a}{d_{50}}\right)^{1.33}}\right]$	a 为桩基有效宽度，V 为来流垂向平均流速，V_{lp} 为动平床冲刷峰值所对应的流速，d_{50} 为底床泥沙中值粒径，V_c 为底床粒径所对应的临界起动流速，y 为水深。 其中， $V_{lp} = 5V_c$ 或 $0.6\sqrt{gy}$， $V_c = 5.75u_c^* \lg\left(5.53\frac{y}{d_{50}}\right)$， $u_c^* = 0.3048 \times (0.0377 + 0.041\,d_{50}^{1.4})$ $(0.1\text{mm} < d_{50} < 1\text{mm})$， $u_c^* = 0.3048 \times (0.1 + 0.0213\,d_{50})$ $(1\text{mm} < d_{50} < 100\text{mm})$ 注意：上式 d_{50} 在计算过程中以 mm 为单位，而其余流速的计算结果单位为 m/s
Sumer[60]	$\frac{d_s}{D} = 1.3$ $\sigma_{\frac{d_s}{D}} = 0.7$　（适用于恒定流和潮流条件）	$\sigma_{\frac{d_s}{D}}$ 为无量纲冲刷深度 d_s/D 的标准差，Sumer 主要考虑海洋潮流环境下的局部冲刷情况，因此无量纲化后的冲刷深度相对较小

续上表

作 者	公 式	备 注
Molinas[67]	$\frac{d_s}{D}=2.71(\mathrm{IWC})^{-0.36}Fr^{1.92}\left(\frac{S}{\rho V^2}\right)^{0.023}\cdot(\mathrm{Comp.})^{-16.2}$ （不饱和黏性土） $\frac{d_s}{D}=5.48(\mathrm{IWC})^{1.14}(Fr-Fr_c)^{0.6}$ （饱和黏性土）	D 为桩基宽度，V 为垂线平均流速，$Fr=\frac{V}{\sqrt{gh}}$为弗劳德数，Comp. $=\frac{\rho_d}{\rho_{dopt}}$为黏土压缩度，$\rho_d$ 为单位干密度，ρ_{dopt} 为最佳干密度，S 为抗剪强度。 对于不饱和黏性土而言，当 $Fr\leqslant0.2$ 或 Comp. $\geqslant85\%$ 时，$d_s=0$。 对于饱和黏性土而言，$Fr_c=\frac{0.035}{\mathrm{IWC}^2}$为临界弗劳德数，当$Fr\leqslant Fr_c$ 时，$d_s=0$
蒋焕章[68]	$d_s=\left(\frac{n}{n+1}K_H\frac{v_H}{v_S}-K_\varphi\right)B$	v_H 为泥沙起动流速，$v_H=\frac{n_0}{n_0+1}\left(\frac{h}{\Delta}\right)v_d'$， $n_0=5(h/\Delta)^{0.06}$， 当 $d_{50}\leqslant1$mm 时，$\Delta=0.001$m， 当 $d_{50}>1$mm 时，$\Delta=d_{50}$(m)， Δ 为底速的计算位置高度(m)， $v_d'=1.44v_d$ 为泥沙起动底速， v_d 按窦国仁公式计算： $v_d=1.09\left[\frac{\gamma_s-\gamma}{\gamma}gd+0.19\left(\frac{gh\delta+\delta_k}{d_{50}}\right)\right]^{0.5}$， γ 为水的重度，$\gamma_s=2.65\mathrm{t/m^3}$ 为泥沙重度，$\delta=0.213\times10^{-6}$(m)，$\delta_k=2.56\times10^{-6}(\mathrm{m^3/s^2})$。 $v_S=1.3v_d$ 为冲止流速，$B=K_\xi b$ 为桥墩有效宽度，K_ξ 为桥墩形状系数，b 为桥墩垂直于水流方向投影宽度，n 为冲刷坑外垂线流速分布指数。 当 $h\geqslant1.5B$ 时， $K_H=1.5(h/1.5B)^{-\frac{1}{n}}K_\varphi=1.5$， 当 $h\leqslant1.5B$ 时， $K_H=1.5(h/1.5B)^{0.75}K_\varphi=\frac{h}{B}$

续上表

作 者	公 式	备 注
铁四院局部冲刷计算公式[69]	$\frac{d_s}{D}=3.3K_\xi\left(\frac{h_p}{D}\right)^{0.55}\frac{V}{\sqrt{gh_p}}I_L$ $\left(\frac{h_p}{D}\leqslant 3\right)$ $\frac{d_s}{D}=6.04K_\xi\frac{V}{\sqrt{gh_p}}I_L \quad \left(\frac{h_p}{D}>3\right)$ （仅适用于黏性土）	D 为计算墩宽，K_ξ 为桥墩形状系数，V 为来流垂线平均流速，g 为重力加速度。 $h_p=\left[\frac{\frac{A}{\mu}\frac{Q}{L}\left(\frac{h_m}{h_{cp}}\right)^{\frac{5}{3}}}{0.3\left(\frac{1}{I_L}\right)^{1.14}}\right]^{\frac{5}{8}}$， A 为单宽流量集中系数，一般取 1 ~ 1.4，Q 为设计流量（m^3/s），L 为桥孔净长（m），h_m 为设计断面上桥孔部分的平均水深（m），h_{cp} 为设计断面上桥孔部分的平均水深（m），μ 为桥墩引起的水流压缩系数，$I_L=\frac{w-w_P}{w_L-w_P}$ 为液性指数，w 为含水率，w_L 和 w_P 分别为液限和塑限
《公路工程水文勘测设计规范》（JTG C30—2015）[1]	（非黏性土）65-2 式 $d_s=K_\xi K_{\eta 2}B_1^{0.6}h_p^{0.15}\left(\frac{V-V_0'}{V_0}\right)$ $(V\leqslant V_0)$ $d_s=K_\xi K_{\eta 2}B_1^{0.6}h_p^{0.15}\left(\frac{V-V_0'}{V_0}\right)^{n_2}$ $(V>V_0)$ （非黏性土）65-1 修正式 $d_s=K_\xi K_{\eta 1}B_1^{0.6}(V-V_0')$ $(V\leqslant V_0)$ $d_s=K_\xi K_{\eta 1}B_1^{0.6}(V-V_0')\left(\frac{V-V_0'}{V_0-V_0'}\right)^{n_1}$ $(V>V_0)$ （黏性土冲刷公式） $d_s=0.83K_\xi B_1^{0.6}I_L^{1.25}V \quad \left(\frac{h_p}{B_1}\geqslant 2.5\right)$ $d_s=0.55K_\xi B_1^{0.6}h_p^{0.1}I_L^{1}V \quad \left(\frac{h_p}{B_1}<2.5\right)$	$K_{\eta 2}=\frac{0.0023}{d_{50}^{2.2}}+0.375d_{50}^{0.24}$， $V_0=0.28(d_{50}+0.7)^{0.5}$， $V_0'=0.12(d_{50}+0.5)^{0.55}$， $n_2=\left(\frac{V_0}{V}\right)^{0.23+0.19\lg(d_{50})}$， $V_0=0.0246\left(\frac{h_p}{d_{50}}\right)^{0.14}\sqrt{332d_{50}+\frac{10+h_p}{d_{50}^{0.72}}}$， $K_{\eta 1}=0.8\left(\frac{1}{d_{50}^{0.45}}+\frac{1}{d_{50}^{0.15}}\right)$， $V_0'=0.462\left(\frac{d_{50}}{B_1}\right)^{0.06}V_0$， $n_1=\left(\frac{V_0}{V}\right)^{0.25d_{50}^{-0.19}}$， K_ξ 为墩型系数，圆柱形时为 1，B_1 为桥墩计算宽度（m），h_p 为一般冲刷后的最大水深（m），$K_{\eta 1}$ 和 $K_{\eta 2}$ 为河床粒径影响系数，d_{50} 为中值粒径（mm），V_0 为河床泥沙起动流速（m/s），V_0' 为墩前泥沙起冲流速（m/s），I_L 为冲刷坑范围内的黏性土液性指数，适用范围为 0.16 ~ 1.48

续上表

作　者	公　　式	备　　注
周玉利[70]	$d_s=0.61K_a h^{0.596}B^{0.532}d_{50}^{-0.128}Fr^{0.305}$	K_a 为墩型系数，h 为水深，B 为阻水宽度，d_{50} 为中值粒径，$Fr=\frac{V}{\sqrt{gh}}$ 为弗劳德数，V 为垂线平均流速
张佰战[71]	$d_s=4.37K_1K_2\cdot\left[\frac{V-V_0'}{\sqrt{agd_{50}}}\left(\frac{D}{d_{50}}\right)^{0.45}\left(\frac{h}{d_{50}}\right)^{0.1}\right]^{1.08}d_{50}$	$a=\frac{\rho_s-\rho}{\rho}$，$\rho$ 为水流密度，ρ_s 为泥沙密度，D 为桥墩阻水宽度，h 为水深，V 为来流垂线平均流速，V_0' 为墩前泥沙起冲流速(m/s)，$V_0'=0.5V_0$，V_0 为泥沙起动流速，按张瑞瑾公式计算： $V_0=\left(\frac{h}{d_{50}}\right)^{0.14}\times\sqrt{17.6a\,d_{50}+6.05\times10^{-7}\frac{10+H}{d_{50}^{0.72}}}$， K_1 为墩型系数，$K_2=f\left(\frac{d_{85}}{d_{15}}\right)$ 为泥沙不均匀系数，可查表，均匀沙按 0.5 计算，不均匀沙可按 0.4 ~ 0.45 计算，当 $V/V_0>5$ 时，指数中 1.08 改用 1.04
詹义正[72]	$d_s=\left\{\frac{hV_{pj}d_{50}^{m}}{1.34B_x b^{m_b}\sqrt{\frac{\gamma_s-\gamma}{\gamma}gd_{50}}}\left[(L+B_r)^{m_b+1}-L^{m_b+1}\right]\right\}^{\frac{1}{m+1}}-h$ $V_{pj}=\frac{u_{max}}{m_b+1}$	h 为水深，B_r 为桥墩阻水宽度，B_x 为绕流挤压宽度， $B_x=\lambda\left\{\frac{V^2(2-C_d)+gh}{2gh}+\sqrt{\left[\frac{V^2(2-C_d)+gh}{2gh}\right]^2-\frac{2V^2}{gh}}\right\}$， $\lambda<1$，为系数通过实验测得，u_{max} 为河道宽度范围内最大垂向平均流速，C_d 为桥墩的阻力系数，γ_s 和 γ 分别为泥沙和水流的重度，m_b 为垂线平均流速沿河宽方向分布指数，b 为半河宽，L 为桥墩到岸边最近的距离，m 为流速垂向分布指数

通过表 2-1 可以看出,大部分桩基局部冲刷公式是通过建立无量纲冲刷深度与无量纲水动力条件、无量桩基形式以及无量纲底床泥沙特征之间的关系完成的。水动力是冲刷坑形成的主动力,表征水动力特征的无量纲数有很多,其中桩基冲刷公式中应用最多的是 $Fr=\frac{V}{\sqrt{gh}}$和 $Re=\frac{VD}{\nu}$。其中 Fr 的应用相对 Re 而言更加广泛。如 Ettema[7] 认为 Fr 比 Re 更能反映冲刷的本质,因为:

①Fr 可以在一定程度上反映来流流速在垂向上的分布梯度,这一梯度在建筑物的迎水面将引起下降流,进而形成马蹄涡引起冲刷。

②Fr 一致还表示两个流动系统重力相似,可以较好地衔接实验室水槽实验结果与实际工程情况的冲刷结果。

③Re 是体现水流紊动强度的无量纲参数,如果桩基周围的水流处于充分紊动状态,水流的绕流分离方式和 Re 的变化对应关系并不明显,因此 Re 不是构造局部冲刷公式的首选参数。但是 Fr 同样具有自身结构上的问题,通过其定义可以发现,Fr 将随着水流流速 V 的增加而增大,随着水深 h 的增大而减小。而在实际情况中,局部冲刷深度除了随着流速的增加而增大之外,在一定范围内(如 Melville[10] 认为 $h/D\leqslant 3$)也随着水深的增加而增加,当 h/D 超过这一范围时,水深不再对冲刷深度产生影响。这将使得包含 Fr 的冲刷公式为了抵消其分母中水深部分 $\sqrt{gh}$ 而额外增加有关水深的系数,如表 2-1 中 HEC-18 公式中的 $\left(\frac{y}{D}\right)^{0.35}$ 项,以指数中的 0.35 去除(0.5 ×0.43)(Fr 中水深项的指数部分)后为 0.135,这说明冲刷结果与水深之间的关系实际上只有 $\left(\frac{y}{D}\right)^{0.135}$。这种先“削减”后“补充”的公式构造方法在计算结果上并不能体现出 Fr 和 Re 之间的区别。水动力条件相同的情况下,一般桩基阻水宽度 D 越大,引起的冲刷深度也越显著。根据 Re 定义 $Re=\frac{VD}{\nu}$,Re 将随着来流流速和桩基阻水宽度的增加而增加,这点非常切合桩基局部冲刷的发展规律,而且不会带来类似 Fr 分母出现水深 h 的缺陷。实际上,Fr 和 Re 对于冲刷计算公式的影响主要体现在提供了流速 V,从这个角度上看,两个参数的效果一致,并没有本质上的区别。如果将桩墩结构物的建设视为对原有水流条件提供了一个额外的紊动,那么 Re 则是衡量这种紊动作用强弱的无量纲参数,紊动越猛烈 Re 越大,冲刷也越剧烈,体现了 Re 对冲刷影响机制的影响方式。

2.5 恒定流条件下桩基局部冲刷公式推导

假设条件：冲刷坑在桩基迎水面达到最大深度，来流垂向流速服从对数分布，水流均质不可压，不含泥沙，底床为均匀沙，圆桩表面光滑，局部冲刷的最大冲刷深度发生在圆柱的迎水面且与马蹄涡尺度一致，水面高度保持为一固定值，桩前壅水和冲击高度忽略不计。

桩前马蹄涡结构如图 2-3 所示，根据 Stokes 定理沿封闭曲线的速度环量等于穿过以该曲线为周界的任意曲面的涡通量，则速度沿路径 $abcdea$ 的积分可写成：

$$\Gamma_{abcdea} = \Gamma_{ab} + \Gamma_{bc} + \Gamma_{cd} + \Gamma_{de} + \Gamma_{ea} = \iint_{\mathrm{I}+\mathrm{II}} \left(\frac{\partial w}{\partial x} - \frac{\partial v}{\partial z}\right) \mathrm{d}x\mathrm{d}z \tag{2-2}$$

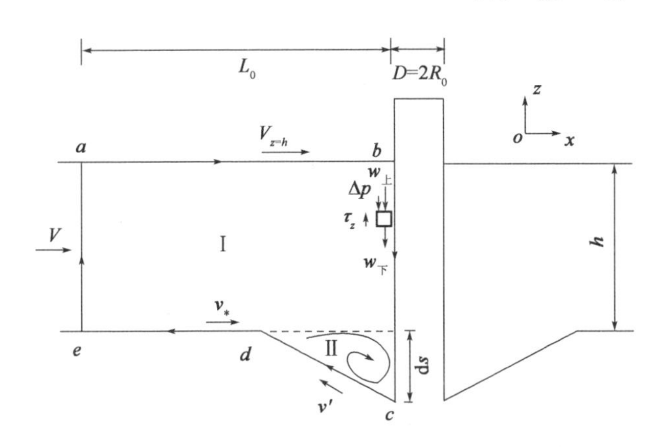

图 2-3 桩前马蹄涡冲刷示意图

I 为圆桩上游主流区，II 为桩前冲刷坑，即马蹄涡存在区。v 和 w 分别为水平方向和垂直方向的流速。Γ 为流速沿路径的积分。由于 c-d、d-e 段处于底床，受摩擦力影响流速为 0，因此 $\Gamma_{cd} = \Gamma_{de} = 0$。又因为 e-a 段为均匀来流，不受到圆桩的影响，流速与积分路径垂直，没有垂向流速分量，所以 $\Gamma_{ea} = 0$。

$$\Gamma_{abcdea} = \Gamma_{ab} + \Gamma_{bc} \tag{2-3}$$

其中，

$$\Gamma_{ab} = \int_{-R_0-L_0}^{-R_0} V_{z=h} \mathrm{d}x \tag{2-4}$$

$V_{z=h}$为水面处的流速，L_0 为圆柱对上游流速的影响范围，在此范围以外桩基对流场的影响可以忽略，在计算过程中近似取 L_0 为从桩基前缘到恢复至 0.99V

的位置的水平距离。类比势流叠加原理得到的桩前水面处流速 v_x 的分布可以写成：

$$v_x = v_{z=h}\left(1 - \frac{R_0^2}{r^2}\right) = 0.99v_{z=h} \tag{2-5}$$

式中，$v_{z=h}$为未经圆桩扰动情况下来流水面处的流速，$r > R_0$ 为上游测点到圆柱中心的距离，R_0 为圆柱半径。

$$r = 10R_0，即\ L_0 = 9R_0$$

同样类比势流叠加原理，Γ_{ab}在水面的流速积分可以写成：

$$\Gamma_{ab} = \int_{-r}^{-R_0} v_x \mathrm{d}x = k_1\int_{-10R_0}^{-R_0} v_{z=h}\left(1 - \frac{R_0^2}{r^2}\right)\mathrm{d}r = k_1 8.1v_{z=h}R_0 \tag{2-6}$$

k_1 为应用势流理论所带来的修正系数。$v_{z=h}$可通过以下方法求得。

令 $R = \dfrac{Bh}{B+2h}$为水力半径，其中 B 为明渠宽度，h 为水深，$C = \dfrac{\sqrt{g}}{k}\ln\left(\dfrac{12R}{K_s}\right)$为谢才系数，其中 $k = 0.4$ 为卡门常数，床面粗糙率$K_s = 3d_{90}$，g 为重力加速度。

水流对底床切应力为 $\tau = \rho v_*^2$，摩阻流速[77]

$$v_* = \frac{\sqrt{g}V}{C} \tag{2-7}$$

又根据钱宁[61]提出的对数流速分布公式

$$\frac{v_{z=h}}{v_*} = 5.75\lg\left(30.2\frac{h\chi}{K_s}\right) \tag{2-8}$$

可以求得来流水面流速$v_{z=h}$。其中 V 为来流垂向平均流速，h 为水深（m），χ 可以通过图 2-4 查得。由式（2-6）可以看出，$v_{z=h}R_0$项实际上相当于 Re 的变形，因此作为桩前环量 $\dot{\Gamma}_{abcdea}$ 也和 $v_{z=h}R_0$ 存在很大的联系。可见，雷诺数 Re 不仅体现了圆桩引起的水流紊动情况，还是桩前环量的重要组成部分，表现了圆桩对水流的影响范围以及桩前马蹄涡的能量，所以最终必将直接影响冲刷的深度。

$$\Gamma_{bc} = \int_{-d_s}^{h} w_{x=-R_0}\mathrm{d}z = k_2\int_{\delta}^{h} w_{x=-R_0}\mathrm{d}z \tag{2-9}$$

式中，积分路径 bc 与 $w_{x=-R_0}$方向一致，δ 为冲刷未发生时的床面高度，$k_2 < 1$ 为相关系数。参考伯努利方程$\dfrac{p_1}{\rho g} + \dfrac{v_1^2}{2g} + h_1 = \dfrac{p_2}{\rho g} + \dfrac{v_2^2}{2g} + h_2$水流方向的流速在圆柱迎水面将近似为 0，即$v_2 = 0$。由于不考虑桩前壅水现象，即$h_1 = h_2$，则如图 2-3 中，正方体单元水体相邻的上下两层水层的压力差除去静水压强部分后近似可得：

$$\Delta p_0 = \frac{\rho(v_{上}^2 - v_{下}^2)}{z} \tag{2-10}$$

式中，ρ 为水的密度，z 为参考点到床面的距离，$v_{上}$和$v_{下}$分别为单元水体上下层的来流流速。

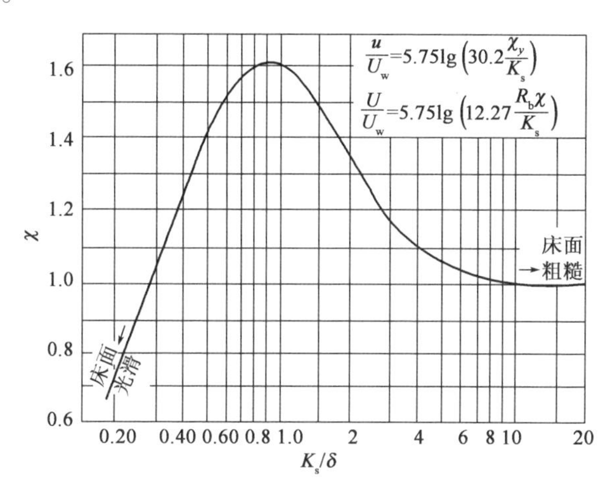

图 2-4　对数流速公式中从床面平滑过渡到粗糙过程中校正值χ 和K_s/δ 的关系[61]

注：$\delta=\frac{11.6\nu}{v_*}$为近壁层厚度，其中 ν 为水的运动黏度，v_* 为摩阻流速。

Δp_0 将成为引起圆柱前缘垂向下降流的主要因素，图 2-3 中正方体单元水体（$\Delta x=\Delta y=\Delta z$）在垂向上受力方程可以写成：

$$\Delta p_0(\Delta x \cdot \Delta y) - \tau_z(\Delta y \cdot \Delta z) = \alpha_0\rho(w_{下}^2 - w_{上}^2)(\Delta x \cdot \Delta y)$$

$$(\Delta p_0 - \tau_z)\Delta x^2 = k_3\Delta p_0\Delta x^2 = \alpha_0\rho(w_{下}^2 - w_{上}^2)\Delta x^2$$

$$k_3 = (\Delta p_0 - \tau_z)/\Delta p_0 < 1\text{，为待定系数}$$

$$\frac{\mathrm{d}w^2}{\mathrm{d}z} = \frac{\mathrm{d}\left(-k_3\frac{v^2}{2\alpha_0}\right)}{\mathrm{d}z} \tag{2-11}$$

式中，τ_z 为水流对研究水体单元的阻力，α_0 为动量校正系数，$w^2 = -k_3\frac{v^2}{2\alpha_0} + C$，$C$ 为常数，当 $z=h$ 时，由于水面高度 η 保持固定，不随时间变化，则水面上的水质点的垂向流速：

$$w_{z=h} = \frac{\mathrm{d}\eta}{\mathrm{d}t} = 0$$

$$w_{z=h}^2 = -k_3\frac{v_{z=h}^2}{2\alpha_0} + C = 0$$

$$C = k_3 \frac{v_{z=h}^2}{2\alpha_0}$$

在桩基迎水面 $x = -R_0$ 处，有

$$w = \sqrt{\frac{k_3}{2\alpha_0}[v_{z=h}^2 - v(z)^2]} \tag{2-12}$$

$$\Gamma_{bc} = \int_{-d_s}^{h} w_{x=-R} \mathrm{d}z = \int_{-d_s}^{\delta} w_{x=-R} \mathrm{d}z + \int_{\delta}^{h} w_{x=-R} \mathrm{d}z = k_2 \int_{\delta}^{h} w_{x=-R} \mathrm{d}z$$

$$= k_2 \int_{\delta}^{h} \sqrt{\frac{k_3}{2\alpha_0}[v_{z=h}^2 - v(z)^2]} \mathrm{d}z = \int_{\delta}^{h} \sqrt{\frac{k_4}{2\alpha_0}[v_{z=h}^2 - v(z)^2]} \mathrm{d}z$$

$$k_4 = k_2^2 \cdot k_3$$

$$\Gamma_{bc} = \int_{\delta}^{h} \sqrt{\frac{k_4}{2\alpha_0}[v_{z=h}^2 - v(z)^2]} \mathrm{d}z$$

假设迎流区域(Ⅰ+Ⅱ)内的旋度主要来自马蹄涡，只有少量来自其他区域，并且马蹄涡的尺度与冲刷坑深度一致。

$$\Gamma_{马蹄涡} = \pi v' d_s + k' = \Gamma_{ab} + \Gamma_{bc}$$

$$= k_1 8.1 v_{z=h} R + \int_{\delta}^{h} \sqrt{\frac{k_4}{2\alpha_0}(v_{z=h}^2 - v^2)} \mathrm{d}z \tag{2-13}$$

v' 为马蹄涡外围线速度，k' 为来自马蹄涡以外的涡量，则：

$$d_s = \frac{k_1 8.1 v_{z=h} R_0 + \int_{\delta}^{h} \sqrt{\frac{k_4}{2\alpha_0}[v_{z=h}^2 - v(z)^2]} \mathrm{d}z - k'}{\pi v'} \tag{2-14}$$

考虑到不同桩基形状和底床泥沙级配的影响，式(2-14)可以写成：

$$d_s = K_\sigma K_\xi \frac{k_1 8.1 v_{z=h} R_0 + \int_{\delta}^{h} \sqrt{\frac{k_4}{2\alpha_0}[v_{z=h}^2 - v(z)^2]} \mathrm{d}z - k'}{\pi v'} \tag{2-15}$$

式中，K_σ 和 K_ξ 分别代表底床粒径级配系数和墩型系数。

在公式中出现积分形式项往往给实际应用带来不便，观察 Γ_{bc} 表达式的形式，根据 Chiew[11]、Sheppard[74] 以及 Gudavalli[73] 的数据，发现如图 2-5 所示的规律。

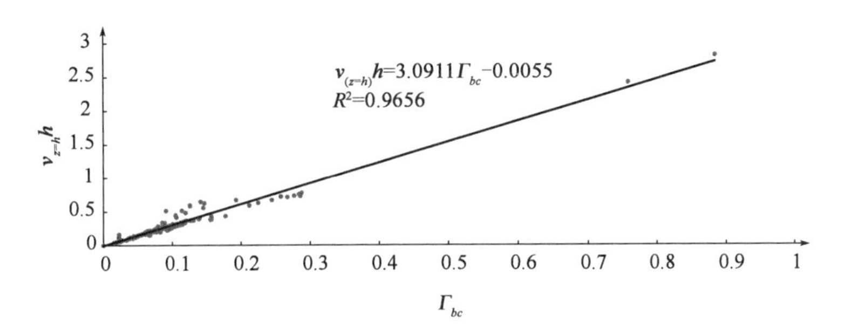

图 2-5 $v_{z=h}h$ 与 Γ_{bc}的关系

$$v_{z=h}h = 3.091\int_{\delta}^{h}\sqrt{\frac{k_4}{2\alpha_0}\left[v_{z=h}^2 - v(z)^2\right]}\,\mathrm{d}z - 0.0055$$

即：

$$\int_{\delta}^{h}\sqrt{\frac{k_4}{2\alpha_0}\left[v_{z=h}^2 - v(z)^2\right]}\,\mathrm{d}z = \frac{v_{z=h}h + 0.0055}{3.091} \tag{2-16}$$

2.5.1 非黏性土底床冲刷公式拟合

对于非黏性土底床，令冲刷坑内的斜坡上的摩阻流速$v_{*坑内斜坡} = k_{斜坡}v'$，v'为马蹄涡外围流速，$k_{斜坡}$为$v_{*坑内斜坡}$与v'的相关系数。考虑到冲刷平衡时冲刷坑泥沙的斜坡效应，对泥沙颗粒进行受力分析得：

$$(\rho_s - \rho)g\frac{4}{3}\pi\left(\frac{d_{50}}{2}\right)^3\sin\varphi = \rho\frac{1}{4}\pi d_{50}^2\left[v_{*坑内斜坡}^2 - u_*^2\right]$$

$$(\rho_s - \rho)g\frac{4}{3}\pi\left(\frac{d_{50}}{2}\right)^3\sin\varphi = \rho\frac{1}{4}\pi d_{50}^2\left[(k_{斜坡}v')^2 - u_*^2\right]$$

$$v' = \frac{1}{k_{斜坡}}\sqrt{\frac{2}{3}d_{50}\frac{\rho_s - \rho}{\rho}g\sin\varphi + u_*^2} \tag{2-17}$$

式中，$\begin{cases} u_* = v_{*c} & (v_* \leqslant v_{*c}) \\ u_* = v_* & (v_* > v_{*c}) \end{cases}$，$v_{*c}$为泥沙起动流速，$v_*$为水流作用于底床的摩阻流速，$\varphi$为水下休止角，$\rho_s$为泥沙密度，$\rho$为水的密度，$d_{50}$均匀沙底床粒径，$g$为重力加速度。

对于天然沙底床，v_{*c}可按照 Van Rijn[75]公式计算：

$D_* = d_{50}\left(\dfrac{\Delta g}{\nu^2}\right)^{\frac{1}{3}}$，$\nu = \dfrac{40 \times 10^{-6}}{20 + \theta}$为运动黏性，$\theta$ 为摄氏温度，$\Delta = \dfrac{\rho_s - \rho}{\rho}$，

$$\Phi_c = \begin{cases} 0.24D_*^{-1} & (D_* \leqslant 4) \\ 0.14D_*^{-0.64} & (4 < D_* \leqslant 10) \\ 0.04D_*^{-0.1} & (10 < D_* \leqslant 20) \\ 0.013D_*^{0.29} & (20 < D_* \leqslant 150) \\ 0.055 & (D_* > 150) \end{cases}$$

$$v_{*c} = (\Phi_c \Delta g d_{50})^{0.5} \tag{2-18}$$

对于煤粉或木屑等模型沙底床，临界起动流速也可按照李昌华[76]公式即式(2-19)计算：

$$\begin{cases} V_c = 1.32\left(\dfrac{h}{d_{95}}\right)^{\frac{1}{6}} w & (d_{50} > 1\text{mm}) \\ V_c = 0.32\left(\dfrac{h}{d_{95}}\right)^{\frac{1}{6}} \dfrac{w}{\left(\dfrac{\rho_s}{\rho} - 1\right)^{\frac{2}{9}} d_{50}^{\frac{2}{3}}} & (0.4\text{mm} < d_{50} < 1\text{mm}) \\ V_c = 0.12\left(\dfrac{h}{d_{95}}\right)^{\frac{1}{6}} \dfrac{w}{\left(\dfrac{\rho_s}{\rho} - 1\right)^{\frac{1}{3}} d_{50}} & (0.07\text{mm} < d_{50} < 0.4\text{mm}) \\ V_c = 0.93 \times 10^{-4}\left(\dfrac{h}{d_{95}}\right)^{\frac{1}{6}} \dfrac{w}{\left(\dfrac{\rho_s}{\rho} - 1\right)^{\frac{5}{6}} d_{50}^{\frac{5}{2}}} \text{或} & \\ V_c = 0.38\left(\dfrac{h}{d_{95}}\right)^{\frac{1}{6}} \dfrac{\left(\dfrac{\rho_s}{\rho} - 1\right)^{\frac{1}{6}}}{\sqrt{d_{50}}} & (0.004\text{mm} < d_{50} < 0.07\text{mm}) \end{cases} \tag{2-19}$$

以上公式中d_{50}、d_{95}单位为 mm，ρ_s 为泥沙密度，h 为水深，ρ 为水的密度，w 为沉速，单位 cm/s，由沙玉清公式即式(2-20)计算，V_c 为起动流速，单位 cm/s。

$$
\begin{cases}
w = \dfrac{1}{24}\dfrac{\gamma_s - \gamma}{\gamma} g \dfrac{d_{50}^2}{\nu} & (d_{50} < 0.1\text{mm}) \\
S_a = \dfrac{w}{g^{\frac{1}{3}}\left(\dfrac{\gamma_s - \gamma}{\gamma}\right)^{\frac{1}{3}}\nu^{\frac{1}{3}}} = \left(\dfrac{4}{3}\dfrac{\dfrac{wd_{50}}{\nu}}{C_D}\right)^{\frac{1}{3}} & (0.1\text{mm} < d_{50} < 2\text{mm}) \\
\Phi = \dfrac{\dfrac{wd_{50}}{\nu}}{S_a} = \dfrac{g^{\frac{1}{3}}\left(\dfrac{\gamma_s - \gamma}{\gamma}\right)^{\frac{1}{3}} d_{50}}{\nu^{\frac{2}{3}}} & \\
(\lg S_a + 3.79)^2 + (\lg\Phi - 5.777)^2 = 39 & \\
w = 1.14\sqrt{\dfrac{\gamma_s - \gamma}{\gamma} g d_{50}} & (d_{50} > 2\text{mm})
\end{cases}
\tag{2-20}
$$

式中，γ_s 为泥沙重度，γ 为水的重度，g 为重力加速度，ν 为运动黏度，S_a 为沉速判数，Φ 为粒径判数。

根据 Chiew[11]、Sheppard[74]以及 Gudavalli[73]的冲刷实验结果(非黏性土底床)，将式(2-17)带入式(2-14)得到均匀沙单圆桩冲刷公式如下：

$$
\begin{cases}
\dfrac{d_s}{D} = 0 & \left(\dfrac{V}{V_c} < 0.4\right) \\
\dfrac{d_s}{D} = \dfrac{2.43v_{z=h}R_0 + 0.033v_{z=h}h - 0.0062}{\pi v' D} & \left(0.4 \leqslant \dfrac{V}{V_c} \leqslant 1, \sigma_{\frac{d_s}{D}} = 0.7\right) \\
\dfrac{d_s}{D} = \dfrac{0.648v_{z=h}R_0 + 0.065v_{z=h}h + 0.0178}{\pi v' D} & \left(\dfrac{V}{V_c} > 1\right)
\end{cases}
\tag{2-21}
$$

式中，临界起冲流速根据 Melville[10]的研究取 $0.4V_c$，由于采用了单圆桩和均匀底床，则 $K_\sigma = K_\xi = 1$。出于对实际工程局部冲刷的安全考虑，取 $\sigma_{d_s} = (d_{s(实验)} - d_{s(计算)})_{max}$，即当取局部冲刷深度为 $d_s/D + \sigma_{\frac{d_s}{D}}$ 时，全部冲刷数据有 $d_{s(计算)} \geqslant d_{s(实测)}$。

用于拟合式(2-21)的数据范围为：

$$0.51 \leqslant \frac{V}{V_c} \leqslant 6.07, 0.14\text{mm} \leqslant d_{50} \leqslant 7.8\text{mm},$$

$$0.33 \leqslant \frac{h}{D} \leqslant 21, 5.33 \leqslant \frac{D}{d_{50}} \leqslant 1.37 \times 10^5$$

将拟合结果与表 2-1 中的部分经典公式计算结果进行比较,如图 2-6 所示。

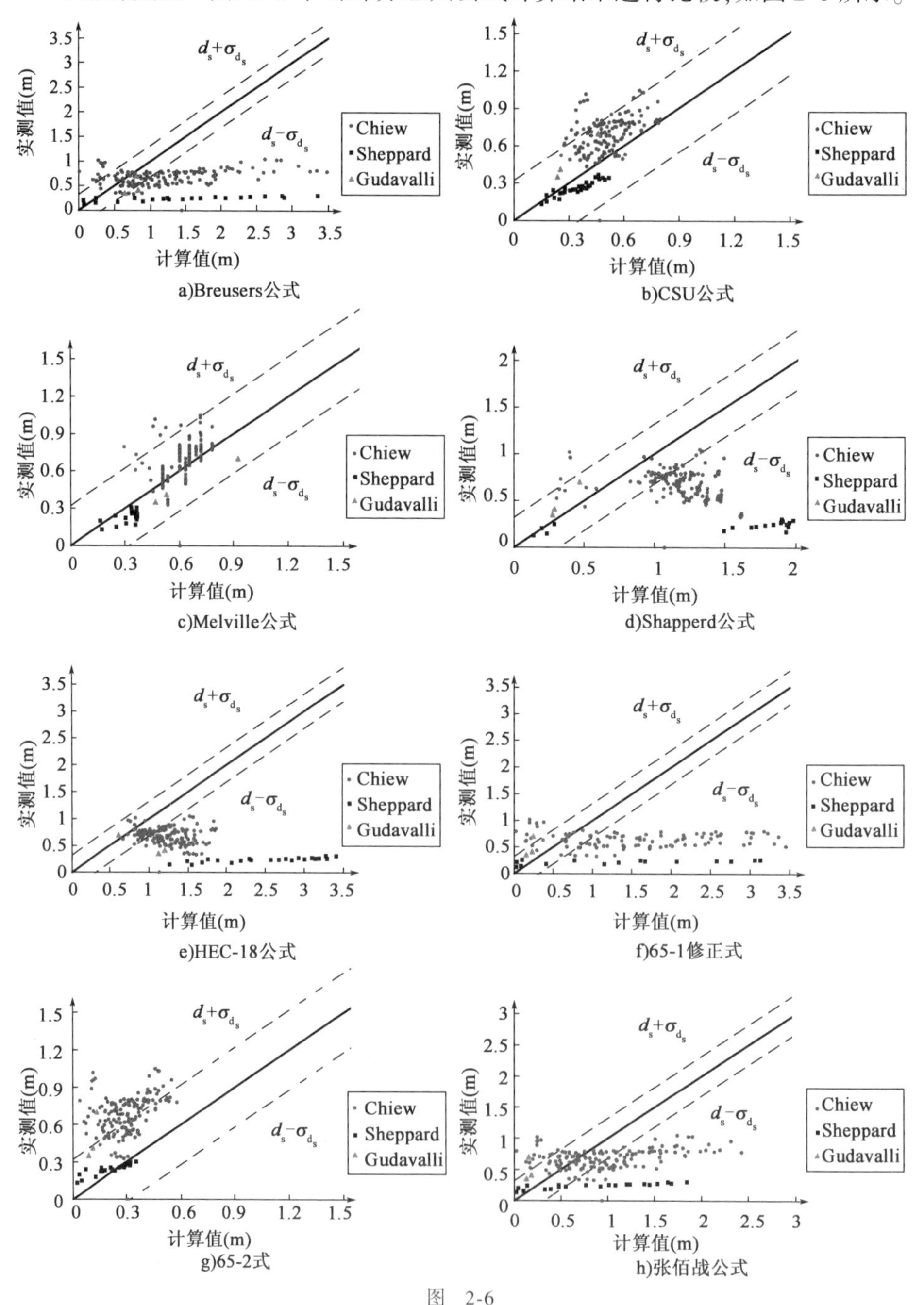

图 2-6

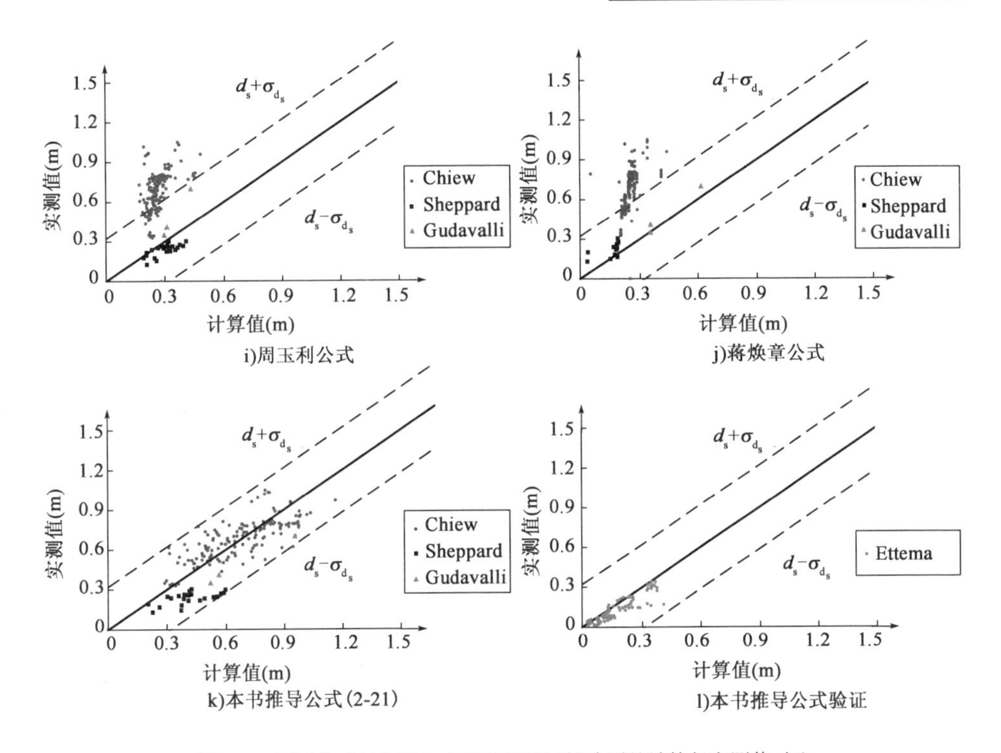

图 2-6　不同公式对非黏性土底床圆桩局部冲刷的计算与实测值对比

从图 2-6 可以发现,相对实测局部冲刷深度而言,CSU、Melville 和 65-2 式的计算结果普遍偏小,而 Breusers、Shapperd、65-1 修正式、张佰战公式的计算结果偏大。式(2-21)的计算结果不仅与 Chiew[11]、Sheppard[74] 以及 Gudavalli[73] 的实测值拟合的最为良好,而且通过利用 Ettema[8] 的实验结果进行验证表明,式(2-21)与实测冲刷深度十分接近,试验数据点全部落在 $[d_{s[式(2\text{-}21)计算]}-\sigma_{d_s}, d_{s[式(2\text{-}21)计算]}+\sigma_{d_s}]$ 范围以内,从而证明式(2-21)较其他公式具有更高的准确性。

2.5.2　黏性土底床冲刷公式拟合

对于黏性土的局部冲刷而言,如表 2-1 所示,公式中往往增加了塑限 w_P、液限 w_L 和含水率 w 等表达黏性土物理特征的物理量。一方面,影响黏性土物理性质的因素众多,除了塑限、液限和含水率之外还有如重度、土壤分散率、土壤孔隙率、钠吸著比、膨润土、土壤温度和水温等因素,这些变量在水槽实验中很难做到严格控制,因此这方面的研究成果相对较少;另一方面,根据 Briaud[64] 等人的研究,黏性土的桩基局部冲刷较非黏性土缓慢很多,这将大大增加实验运行的时间，提高了时间成本以及实验效率。而且在实际工程情况中，测量的条件十分有限，往往不能提供全面的有关黏性土特征的资料，这也增大了研究黏性土局部冲刷的难度。

由于针对黏性土的局部冲刷实验较少，根据 Gudavalli[73] 的实验数据，类比式(2-12)的形式得到：

$$\frac{d_s}{D} = \frac{0.076\, v_{z=h} R_0 + 0.05\, v_{z=h} h + 0.04}{\pi v' D} \sigma_{\frac{d_s}{D}} = 1 \tag{2-22}$$

由于黏性土颗粒之间具有较强的黏结力，取$v' = v_{*c}$，v_{*c}为底床黏性土临界起动摩阻流速。

理论上v_{*c}应该通过实验室测得，或者通过经过验证的黏性土起动公式计算得到。但是由于前文述及黏性土起动的复杂性以及实验室测量条件有限的缘故，真实的v_{*c}很难准确得到。这里统一将黏性土临界垂线平均起动流速V_c根据张瑞瑾公式计算：

$$V_c = \left(\frac{h}{d_{50}}\right)^{0.14} \sqrt{17.6 a d_{50} + 6.05 \times 10^{-7} \frac{10 + h}{d_{50}^{0.72}}} \tag{2-23}$$

式中，h 为水深，d_{50}为均匀沙底床粒径，水流对底床的临界拖曳力为 $\tau = \rho v_{*c}^2$，临界摩阻流速为：

$$v' = v_{*c} = C V_c / \sqrt{g} \tag{2-24}$$

$$a = \frac{\gamma_s - \gamma}{\gamma}$$

式中，$C = \frac{\sqrt{g}}{k}\ln\left(\frac{12R}{K_s}\right)$为谢才系数，$\gamma$ 为水的重度，γ_s 为泥沙重度，g 为重力加速度，$k = 0.4$ 为卡门常数，$R = \frac{Bh}{B + 2h}$为水力半径，$K_s = 3d_{90}$。

对于煤粉等细颗粒模型沙，应用李昌华[76]公式即式(2-19)计算，公式拟合效果如图 2-7 所示。超过 90% 的实验数据落入 $[d_{s[式(2-22)计算]}/D - \sigma_{\frac{d_s}{D}}, d_{s[式(2-22)计算]}/D + \sigma_{\frac{d_s}{D}}]$范围以内，全部实验点小于 $d_{s[式(2-22)计算]}/\mathrm{D} + \sigma_{\frac{d_s}{D}}$。

式(2-22)的适用范围为 $0.0062\text{mm} \leqslant d_{50} \leqslant 0.14\text{mm}$，$0.53 \leqslant h/D \leqslant 16$。由于在拟合式(2-22)的过程中临界起动流速统一采用了张瑞瑾公式计算，而这与实际情况可能有所差异，因此当利用式(2-22)计算局部冲刷深度时，并不区分清水冲刷和动床冲刷。黏性土由于颗粒之间存在较强的黏结力，一般需要比非黏性土更大的起动拖曳力才可以悬浮，这意味着在相同水动力条件和基础结构的情况下，黏性土底床更不容易发生冲刷，其局部冲刷深度较非黏性土底床更小。

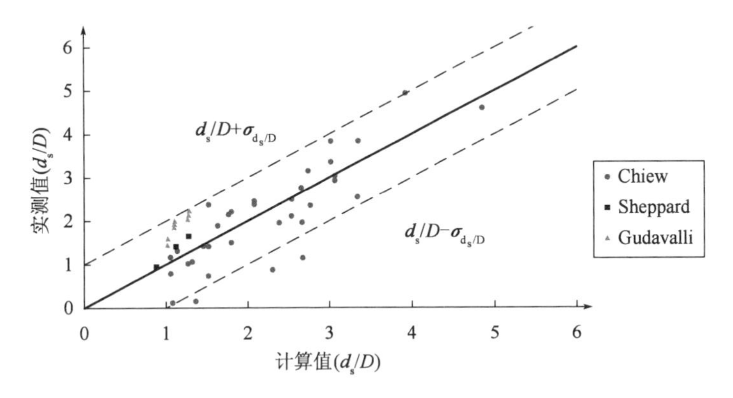

图 2-7 黏性土底床圆桩局部冲刷计算与实测值对比

2.5.3 床面形式对冲深度的影响

对于动床冲刷而言,特别是推移质较多时,沙波、沙浪等床面形式将不断输入冲刷坑。当沙纹波峰经过冲坑时,冲刷深度减小,相反,当沙纹波谷进入冲坑时,冲刷深度增大,因此当冲刷深度取得最不利情况时,即最大的桩基冲刷深度 = 水流导致的桩基局部冲刷[式(2-21)的计算冲刷深度] + $\frac{1}{2}$ × 床面形式高度(Δ)。Van Rijn[77]提出床面高度 Δ 的计算方法为:

$$\frac{\Delta}{h}=0.11\left(\frac{d_{50}}{h}\right)^{0.3}(1-\mathrm{e}^{-0.5T_0})(25-T_0) \tag{2-25}$$

式中,Δ 为床面高度,h 为水深,d_{50} 为底床中值粒径,$T_0=\frac{v_*^2-v_{*c}^2}{v_{*c}^2}$,$v_*$ 为摩阻流速可由式(2-7)计算,v_{*c} 为临界起动摩阻流速可由式(2-18)计算。

根据 Chiew[11] 的动床实验研究得到床面变化高度的拟合公式,拟合结果如图 2-8 所示,灰色曲线为 Van Rijn[77] 公式计算结果,黑色实曲线为 Chiew 的实验结果拟合最优解,黑色虚线为最优曲线的平移后得到的外包络线。

$$\frac{\Delta}{h}=\left(\frac{d_{50}}{h}\right)^{0.3}(25-T_0)\frac{T_0^{0.5827}}{\mathrm{e}^{3.2}} \tag{2-26}$$

数据范围为 $0.24\text{mm}\leqslant d_{50}\leqslant 3.2\text{mm}$,$0.238\leqslant Fr\leqslant 1.254$。

因此,考虑床面形式后式(2-21)可写成:

$$\begin{cases} \dfrac{d_s}{D} = 0 & \left(\dfrac{V}{V_c} < 0.4\right) \\ \dfrac{d_s}{D} = \dfrac{2.43\, v_{z=h} R_0 + 0.033\, v_{z=h} h - 0.0062}{\pi v' D} & \left(0.4 \leqslant \dfrac{V}{V_c} \leqslant 1, \sigma_{d_s/D} = 0.7\right) \\ \dfrac{d_s}{D} = \dfrac{0.648 v_{z=h} R_0 + 0.065 v_{z=h} h + 0.0178}{\pi v' D} + \dfrac{1}{2}\Delta/D & \left(\dfrac{V}{V_c} > 1\right) \end{cases} \tag{2-27}$$

Δ 为由沙波、沙浪等床面形式引起的床面形式高度。

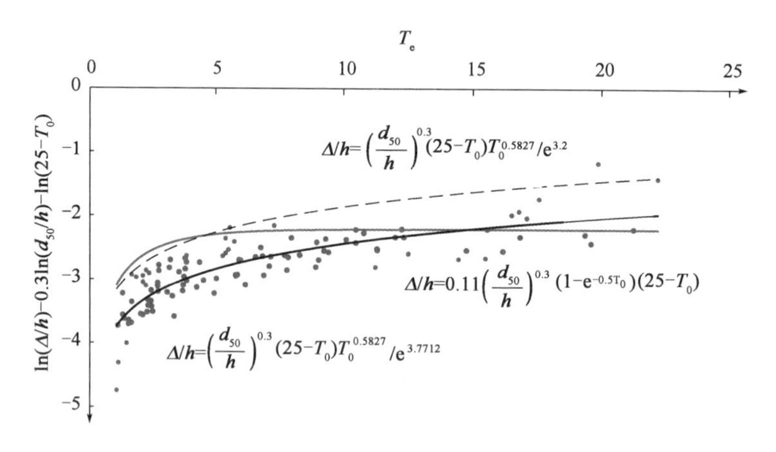

图 2-8　床面形态拟合曲线

2.5.4　非均匀沙对桩基冲刷的影响

对于无黏性均匀沙而言,当水流作用于单个泥沙颗粒上的拖曳力超过其临界起动条件时,这颗泥沙便开始运动。但是由于泥沙粒径大小不一,泥沙颗粒的起动不仅受到重力影响,还与颗粒所处的掩护或者暴露状态有关,一般处于暴露状态下的相对较细的泥沙颗粒最先起动。如果水流拖曳力超过底床泥沙级配中最不易粒径的临界起动条件,则全部底床泥沙都将进入运动状态;如果水流拖曳力大于较容易起动粒径的泥沙起动条件,但是小于底床不易起动粒径的泥沙起动条件,则容易起动的泥沙颗粒进入运动状态,而不易起动的泥沙将留在床面,形成了床面粗化。粗化的床面对水流拖曳力的抵抗能力更强,因此会阻碍桩基冲刷坑的发展。

如图 2-9 所示,$K_\sigma = \dfrac{d_{s(非均匀沙)}}{d_{s(均匀沙)}}$为泥沙级配系数,Ettema[8] 通过试验发现,对于

能够产生沙纹的泥沙，当水流达到临界起动流速附近时，沙纹就会产生，增大了底床对水流的阻力，抑制了冲刷坑的发展，从而到$\sigma_g=\sqrt{\frac{d_{84}}{d_{16}}}=1.5$时，$K_\sigma$ 达到峰值。随着粒径级配 σ_g 的不断增大，底床粗化现象越来越显著，阻碍冲刷坑发展的作用越来越强。

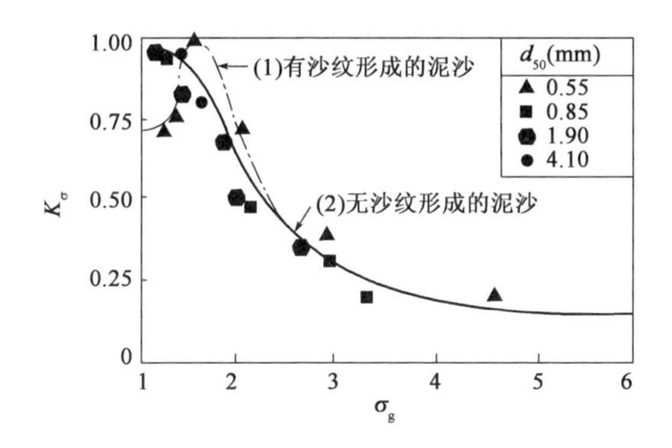

图 2-9 底床粒径级配对桩基局部冲刷的影响（Ettema[8]）

粗化现象一般可以分为两种：底床床面粗化和冲刷坑内坡面的粗化。当水流流速小于粒径级配中最不易起动的泥沙的临界起动流速时，两种粗化将同时发生，但是如果水流强度足够强大，不均匀沙中的任何成分均能起动的情况下，床面将进入动床形成沙波、沙浪等床面形式，而不发生粗化，此时冲刷坑内的坡面是否发生粗化则不能确定。由此可见，非均匀沙对于局部冲刷深度的作用不仅受到粒径级配影响，还与流速有关。

根据 Chiew[11] 的无黏性土动床冲刷实验，结合式（2-27），令 $K_\sigma=\frac{d_{s(\text{非均匀沙冲刷实测值})}}{d_{s(\text{式(2-27)计算})}}$，得到流速与粒径级配对动床冲刷的影响，如图 2-10 所示。

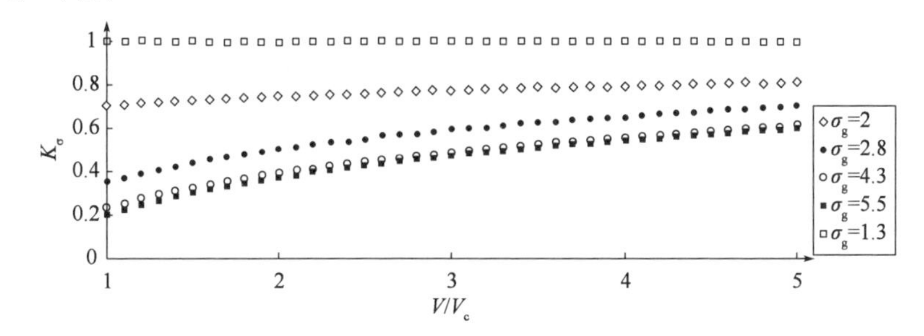

图 2-10 $V/V_c>1$ 时泥沙级配系数与相对流速和底床级配的关系

根据 Melville[10]、Dey[78]等人的研究，当$\sigma_g \leqslant 1.3$时，视为均匀沙，则$K_\sigma = 1$。清水冲刷时，K_σ 可仍由图 2-9 查得；动床冲刷时，K_σ 可由图 2-10 查得。

对于黏性土冲刷而言，粒径级配对于局部冲刷的影响目前尚无确切的研究。Molinas[67]通过将中值粒径为 0.02mm 的黏性土与 $d_{50} = 0.55\text{mm}$ 的无黏性沙按照不同比例混合发现，冲刷深度随着黏土含量的增加而减小。黏性土的粒径很小，影响其起动的因素很多，粒径的影响作用已经越来越不显著，因此单独考虑粒径级配对黏性土冲刷的影响作用的成果的适用范围有一定的局限。而对于非均匀黏性土的局部冲刷计算，出于安全考虑，可依据式(2-22)均匀底床的情况计算，也可依据表 2-1 中的相关黏性土冲刷的公式进行预测。

桩基形状系数K_ξ 以及水流交角对局部冲刷的影响参数可根据我国《公路工程水文勘测设计规范》(JTG C30—2015)查取。

考虑泥沙级配和桩基形状的影响后，式(2-27)可以改写为：

$$\begin{cases} \dfrac{d_s}{D} = 0 & \left(\dfrac{V}{V_c} < 0.4\right) \\ \dfrac{d_s}{D} = K_\sigma K_\xi \dfrac{2.43v_{z=h}R_0 + 0.033v_{z=h}h - 0.0062}{\pi v' D} & \left(0.4 \leqslant \dfrac{V}{V_c} < 1\right) \\ \dfrac{d_s}{D} = K_\sigma K_\xi \left(\dfrac{0.648v_{z=h}R_0 + 0.065v_{z=h}h + 0.0178}{\pi v' D} + \dfrac{1}{2}\Delta/D\right) & \left(\dfrac{V}{V_c} \geqslant 1\right) \end{cases}$$

$$\sigma_{\frac{d_s}{D}} = 0.7\,K_\sigma\,K_\xi \qquad (\text{非黏性土底床}) \tag{2-28}$$

式(2-22)改写为：

$$\frac{d_s}{D} = K_\xi \frac{0.076v_{z=h}R_0 + 0.05v_{z=h}h + 0.04}{\pi v' D}\sigma_{\frac{d_s}{D}} = 0.8K_\xi \qquad (\text{黏性土底床}) \tag{2-29}$$

2.5.5 恒定流条件下桩墩冲刷的计算步骤

桩基局部冲刷计算步骤：

(1)搜集各种相关水动力条件，如水深 h、来流垂线平均流速 V，或者断面流量 Q；桩基形式以及底床泥沙物理性质的资料，如中值粒径d_{50}、泥沙级配系数σ_g。

(2)判断底床泥沙类别：若$d_{50} > 0.14\text{mm}$，则属于粗颗粒底床；若$d_{50} \leqslant 0.14\text{mm}$，则属于细颗粒底床。

(3)若在实测资料中提供底床泥沙的起动流速 V_c 或者起动拖曳力等数据，以实测资料为准。若资料中没有提供有关底床泥沙的起动信息，对于粗颗粒底床，垂线平均起动流速 V_c 和起动摩阻流速 v_{*c} 可根据 Van Rijn 公式计算；对于细颗粒底床，垂线平均起动流速 V_c 根据张瑞谨公式计算，临界起动流速 v_{*c} 可根据式(2-24)或者式(2-30)计算。

$$\frac{V_c}{v_*} = 5.75\lg\left(12.08\frac{h\chi}{K_s}\right) \tag{2-30}$$

(4)根据式(2-7)和式(2-8)，计算断面垂线最大流速，即表面流速$v_{z=h}$。

(5)对于粗颗粒底床，根据式(2-17)计算 v'，式(2-25)或者式(2-26)计算床面高度 Δ。清水冲刷时，根据图 2-9 查取底床级配系数 K_σ；动床冲刷时，可查图 2-10中的 K_σ；墩型系数 K_ξ 由《公路工程水文勘测设计规范》(JTG C30—2015)查得；最大局部冲刷式可根据式(2-28)计算。

(6)对于细颗粒底床，根据式(2-24)计算 v'；墩型系数 K_ξ 同样由《公路工程水文勘测设计规范》(JTG C30—2015)查得；最大局部冲刷公式可根据式(2-29)计算。

2.6　小　　结

基于 Stokes 定理建立了桩前马蹄涡冲刷公式，根据大量实测资料拟合得到了粗颗粒底床和细颗粒底床局部冲刷的半经验半理论公式，并与各家经典恒定流冲刷公式进行对比，结果显示拟合公式具有更高的准确度。冲刷公式不仅在动床条件下考虑了床面形式的影响，还考虑到底床泥沙粒径级配的影响。随着相对流速 V/V_c的增加，不同粒径的泥沙都开始进入运动状态，此时底床不均匀性对冲坑深度的减小作用也随之减弱。桩基雷诺数 Re 不仅与桩后涡脱的紊动情况有关，还表现了桩前马蹄涡旋度的大小，可直接影响冲刷坑深度，在基础冲刷公式拟合中应得到充分的理解和运用。

3 潮流条件下的桩基局部冲刷

3.1 引　　言

海洋中的水动力环境与内陆河流有着巨大的不同,受天体引潮力的影响,海洋中大部分区域的水位和流速并非恒定不变,而是随时间不停地变化,这将直接影响海上风电机或其他人工建筑物的基础冲刷。我国大部分沿海海域以不规则半日潮为主,一天之内潮位两涨两落,流速不仅大小发生变化,方向也周期性的往复转变。水动力条件的变化不仅会影响人工建筑物的基础冲刷过程,还会影响最大冲刷深度。第 2 章中对于涉水建筑物局部冲刷的研究大部分只关注了恒定流冲刷的情况,因此对潮流条件下局部冲刷问题的研究非常值得关注。

3.2 潮流局部冲刷研究综述

与恒定水流相比,潮流不仅在水位和流速上随时间变化,同时,其水流方向也在周期性的改变。水位和流速的变化主要影响极限冲刷深度的大小,而方向的变化直接影响的是冲刷坑的范围和形状,进而间接地影响冲刷深度的大小和位置[19]。王佳飞[17]通过试验发现,潮流作用下冲刷坑平面形态与定常来流显著不同,潮流作用下的冲刷坑形态表现出上下游对称的“盆形”,而恒定流作用下的冲刷坑形态表现为上游坡面较陡,下游比较平缓的“勺形”,如图 3-1 所示。

相对于水位为平均海平面,流速大小与涨急或者落急时刻流速相等的恒定流局部冲刷而言,广大研究者对潮流情况下的局部冲刷主要持有以下两种观点:

(1)在潮流作用下,一个周期内最大流速的持续时间很短,有效冲刷时间不足,实际上大部分冲刷是在比涨落急流速相对小一些的流速下完成的,而且潮流流向的改变会带来泥沙的回填,因此潮流的最大冲刷深度应当比恒定流小。

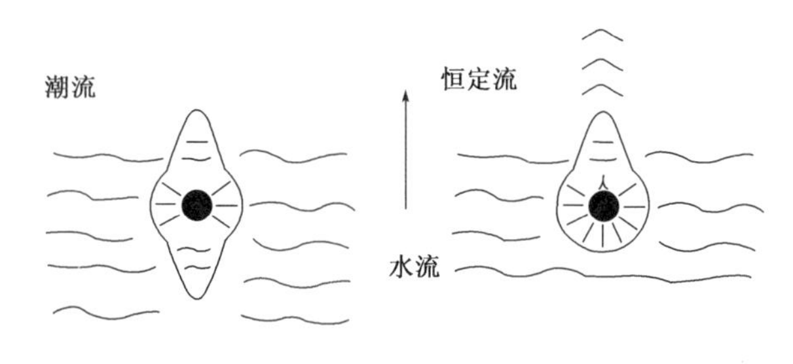

图 3-1 潮流与恒定流条件下冲刷坑平面形态

(2)虽然在一个潮周期内最大流速的持续时间很短,但只要潮流作用的时间足够长,最大流速依然是控制最大冲刷深度的主要因素,因此潮流作用下的局部冲刷应与恒定流情况一致(张景新[16])。

另外,Christensen[79]对海洋环境作用下的单圆桩冲刷进行了研究,但是在他的试验中,同一圆桩在潮流作用下的局部冲刷深度普遍大于恒定流情况,这也是目前为止唯一一个提出潮流桩基冲刷大于恒定流条件的研究报告。

对于潮流条件下桩基局部冲刷深度的研究主要为两种方式:

(1)将潮流冲刷结果与涨急或者落急时刻恒定流条件下的局部冲刷结果进行对比,从而得出潮流折减系数。卢中一[20]认为桥位段的优势流对桥墩冲刷起到主导作用,对于大型墩基冲刷的而言,冲刷坑呈两端深中间浅的马鞍形。通过苏通大桥的潮流冲刷实验和国内外相关潮流实验对比发现,桩套箱结构墩基最大冲刷深度折减系数为 0.78 ~ 0.83,钢沉井、钢围堰结构墩基折减系数为 0.75 ~ 0.88。Wang Jianping[80]通过三种不同的潮型对圆桩进行了冲刷实验,其结果显示潮流冲刷的折减系数为 0.75 ~ 1。王佳飞[17]、李梦龙[21]和彭可可[82]分别进行了潮流条件下单桩和桩群的冲刷实验,分析了不同潮差不同涨落急流速下的桩基和桩群局部冲刷特点,发现潮流条件下的基础冲刷深度与恒定流的冲刷结果非常接近(折减系数在 0.9 以上)。

(2)根据潮流冲刷试验结果,进行无量纲化,直接拟合潮流条件下的桩基局部冲刷公式。Escarameia 和 May[82]在研究潮流对桩基冲刷的试验中,简化了潮流条件,假定水位不随时间变化,讨论了潮周期、流速、水深、粒径和截面形状对桩基冲刷的影响,并且提出了一系列比较完整的潮流冲刷计算公式,如表 3-1 所示。韩海骞[18]和王明会[83]通过大量的潮流冲刷试验,没有分析潮流冲刷折减系数,直接拟合得出了潮流作用下的桩基冲刷深度公式。这种方式不仅减少了恒定流的试验组次,提高了试验效率,还为今后研究潮流冲刷提供了一种新的思路。如表 3-1 所示，韩海骞和王明会两个公式之间的显著差异表现在 Fr 的系数的大小，韩海骞公式的 Fr 系数远大于王明会公式。Fr 实质上代表了流速对桩基冲刷深度的影响，王明会公式中较小的系数可能与公式中 d_{50} 的单位为毫米有关。相比于恒定流条件下具有类似形式的 CSU 公式和 HEC-18 公式，韩海骞提出的潮流冲刷公式增加了表达底床泥沙物理性质的中值粒径 d_{50}，阻水宽度 B 的系数表现出明显的减小，而垂线平均来流流速 V 和水深 h 的系数有所增加，这说明相对于恒定流冲刷而言，潮流基础冲刷受到流速和水深的影响更大，而阻水宽度的作用较小。

此外，Høgedal[46] 将 Scroby 海上风电场的实测冲刷资料与不同的恒定流冲刷公式计算结果进行了比较，发现由 HR Wallingford 研发的 OptiPile 设计工具预测的冲刷深度与实际情况最为吻合。McGovern[84-86] 认为相比于水深而言，流速对于潮流冲刷的影响更为显著。当流速较低时，桩基周围的泥沙虽然已经起动，但是由于水流动能有限，半个潮周期内水流只能把泥沙搬运很短的距离，当水流反向时，这部分泥沙将受到水流拖曳力作用回填至冲刷坑内，因此桩基在潮流条件下冲刷深度较小；当流速较大时，半个潮周期内桩基周围的泥沙可以被输送至下游很远处，流速反向带回冲刷坑的泥沙量有限，因此强潮流条件下冲刷深度与相应的恒定流局部冲刷深度比较接近。王冬梅[15] 通过对长江口苏通大桥南、北主墩周围最大深度的测量，认为用沙波起动流速和落急最大流速分别取代单向流作用下桥墩局部冲刷计算公式中的单颗粒泥沙的起动流速和墩前流速，可以获得更准确的计算效果。

目前，我国规范和美国规范均未提出明确的潮流桥墩局部冲刷计算公式或者折减系数，只是表示应该按照径流和潮汐最不利组合情况下的水动力条件来预测桩墩的冲刷深度。现有的潮流局部冲刷公式汇总于表 3-1。

潮流作用下桩基局部冲刷公式 表 3-1

作　者	公　式	备　注
Sumer[60]	$\frac{d_s}{D} = 1.3$ $\sigma_{\frac{d_s}{D}} = 0.7$	d_s 为潮流作用下局部冲刷深度，包括一般冲刷和局部冲刷 $\sigma_{\frac{d_s}{D}}$ 为无量纲冲刷深度 $\frac{d_s}{D}$ 的标准差，Sumer 主要考虑海洋潮流环境下的局部冲刷情况，因此无量纲化后的冲刷深度相对较小

续上表

作　者	公　式	备　注
Escarameia[82]	$T_{50}=\frac{550B}{\beta U-U_c}$, 圆桩 $\beta=1.92$,方桩 $\beta=2.67$ $d_{s(方桩)}=1.76B\left(\frac{y_0}{B}\right)^{0.6}\left(\frac{1.6U}{U_c}-0.6\right)$ $d_{s(圆桩)}=1.32B\left(\frac{y_0}{B}\right)^{0.6}\left[1-3.66\left(1-\frac{U}{U_c}\right)^{1.76}\right]$ $D_T=\frac{2}{\pi}\times$半潮历时 $d_{s50}=0.5d_s$ $d_{sD_T}=d_{s50}\left(\frac{D_T}{T_{50}}\right)^{\alpha}$ 方桩 $\alpha=0.165$,圆桩 $\alpha=0.372$ $d_{s(tide)}=1.1\times\left(1.8-0.24\frac{D_T}{T_{50}}\right)d_{sD_T}$ $\left(0.55\leqslant\frac{D_T}{T_{50}}\leqslant2.5\right.$,1.1 为安全系数$\left.\right)$ $d_{s(tide)}=1.1\times1.2\,d_{sD_T}$ $\left(\frac{D_T}{T_{50}}>2.5\right.$,1.1 为安全系数$\left.\right)$ (仅适用于潮流冲刷)	d_s 为潮流作用下局部冲刷深度,包括一般冲刷和局部冲刷,B 为阻水宽度,U 为来流平均流速,U_c 为底床起动流速,y_0 为水深,T_{50} 为达到50%最大冲刷深度的冲刷时间,d_{sD_T} 为一个半潮时间内的冲刷深度,$d_{s(tide)}$ 为潮流作用下的冲刷深度
韩海骞[18]	$\frac{d_s}{h}=17.4\,k_1\,k_2\left(\frac{B}{h}\right)^{0.326}\left(\frac{d_{50}}{h}\right)^{0.167}Fr^{0.628}$ (仅适用于潮流冲刷)	d_s 为潮流作用下局部冲刷深度,包括一般冲刷和局部冲刷,h 为全潮最大水深,B 为全潮最大水深条件下的平均阻水宽度,d_{50} 为底床中值粒径,$Fr=\frac{V}{\sqrt{gh}}$ 为弗劳德数,V 为全潮最大垂线平均流速,k_1为基础桩平面布置系数,条带形 $k_1=1$,梅花形 $k_1=0.862$,k_2 为基础桩垂直布置系数,直桩 $k_2=1$,斜桩 $k_2=1.176$,g 为重力加速度

续上表

作　　者	公　　式	备　　注
王明会[83]	$\frac{d_s}{h} = 1.982\left(\frac{B}{h}\right)^{0.434}\left(\frac{d_{50}}{h}\right)^{0.127}Fr^{0.084}$ (仅适用于潮流冲刷)	h 为水深(m), B 为阻水宽度(m), d_{50} 为底床中值粒径(mm), $Fr = \frac{V}{\sqrt{gh}}$ 为弗劳德数, V 为垂线平均来流流速, g 为重力加速度
《公路工程水文勘测设计规范》(JJG C30—2015)[1]	(非黏性土)65-2 式 $d_s = K_\xi K_{\eta2} B_1^{0.6} h_p^{0.15}\left(\frac{V - V'_0}{V_0}\right) \quad (V \leqslant V_0)$ $d_s = K_\xi K_{\eta2} B_1^{0.6} h_p^{0.15}\left(\frac{V - V'_0}{V_0}\right)^{n2} \quad (V > V_0)$ $K_{\eta2} = \frac{0.0023}{d_{50}^{2.2}} + 0.375 d_{50}^{0.24}$ $V_0 = 0.28(d_{50} + 0.7)^{0.5}$ $V'_0 = 0.12(d_{50} + 0.5)^{0.55}$ $n_2 = \left(\frac{V_0}{V}\right)^{0.23+0.19\lg(d_{50})}$ $V_0 = 0.0246\left(\frac{h_p}{d_{50}}\right)^{0.14}\sqrt{332 d_{50} + \frac{10 + h_p}{d_{50}^{0.72}}}$ (非黏性土)65-1 修正式 $d_s = K_\xi K_{\eta1} B_1^{0.6}(V - V'_0) \quad (V \leqslant V_0)$ $d_s = K_\xi K_{\eta1} B_1^{0.6}(V - V'_0)\left(\frac{V - V'_0}{V_0 - V'_0}\right)^{n1} \quad (V > V_0)$ $K_{\eta1} = 0.8\left(\frac{1}{d_{50}^{0.45}} + \frac{1}{d_{50}^{0.15}}\right)$ $V'_0 = 0.462\left(\frac{d_{50}}{B_1}\right)^{0.06} V_0$ $n_1 = \left(\frac{V_0}{V}\right)^{0.25d_{50}^{-0.19}}$ (黏性土冲刷公式) $d_s = 0.83 K_\xi B_1^{0.6} I_L^{1.25} V \quad \left(\frac{h_p}{B_1} \geqslant 2.5\right)$ $d_s = 0.55 K_\xi B_1^{0.6} h_p^{0.1} I_L^{1} V \quad \left(\frac{h_p}{B_1} < 2.5\right)$	水深、流速、水流交角等水动力条件按照潮汐与径流最不利组合的情况设计。 K_ξ 为墩型系数,圆柱形时为1,B_1 为桥墩计算宽度(m),h_p 为一般冲刷后的最大水深(m),$K_{\eta1}$ 和 $K_{\eta2}$ 为河床粒径影响系数,d_{50}为中值粒径(mm)。V_0 为河床泥沙起动流速(m/s),V'_0为墩前泥沙起冲流速(m/s),I_L 为冲刷坑范围内的黏性土液性指数,适用范围为0.16~1.48

续上表

作　者	公　式	备　注
Richardson and Davis HEC－18[65]	$\frac{d_s}{D}=2.0K_1K_2K_3K_4\left(\frac{y}{D}\right)^{0.35}Fr^{0.43}$ $Fr=\frac{V}{\sqrt{gy}}$	水深、流速、水流交角等水动力条件按照潮汐与径流最不利组合的情况设计。 D为桥墩阻水宽度，K_1为桩基迎水端形状系数，K_2为水流交角系数，K_3床面形态系数，对于清水冲刷、平床、小尺度沙垄和沙浪情况（3m＞沙波高≥0.6m），$K_3=1.1$，对于床面形成中尺度沙垄情况(9m＞沙波高≥3m)，取$K_3=1.1\sim1.2$，对于大尺度沙垄情况（沙波高≥9m），$K_3=1.3$，K_4为床面粗化系数，y为水深，Fr为来流弗劳德数，V为来流垂线平均流速，g为重力加速度

3.3 潮流引起的局部冲刷机理

流速沿垂线的分布形式将直接影响水流对底床的拖曳力以及桩基周围水流的分布方式。Lueck[87]提出潮流条件下边界层厚度的计算方法为$\delta=\frac{0.04v_*}{\sigma}$，其中$\delta$为潮流条件下的边界层厚度，$v_*$为底床摩阻流速，$\sigma$为频率。我国沿海以不规则半日潮为主$\sigma\sim O(10^{-4})$，一般$v_*\sim O(10^{-2})$，因此$\delta\sim O(10)$，可见一般近海海域的边界层都可发展至整个水深，流速垂线分布与恒定流一致，服从对数流速分布。恒定流相当于潮流条件下水深、流速和流向均不发生改变的特例。因此，马蹄涡仍然是引起桩基冲刷的最主要原因。虽然潮流是一个瞬变的过程，但是在一个短时间Δt内，仍可以利用该时刻t所对应的水动力条件（流速V_t、水深h_t）计算该Δt内的冲刷发展过程，即$d_s(t+\Delta t)=d_s(t)+\frac{\mathrm{d}[d_s(t)]}{\mathrm{d}t}\cdot\Delta t$［式(3-1)］，其中$d_s(t+\Delta t)$为$t+\Delta t$时刻的冲刷深度，$d_s(t)$为$t$时刻的冲刷深度，$\frac{\mathrm{d}[d_s(t)]}{\mathrm{d}t}$为$t$时刻冲刷深度发展速度，$\Delta t$为单位时间，可见只要满足$\Delta t$比较小,就能使计算值与真实值保持较小的偏差。将 $d_s(t+\Delta t)$ 不断迭代,当 $d_s(t)$ 长时间不再有明显增加时,此时的冲刷深度即为潮流条件下的平衡冲刷深度 $d_{s(\mathrm{tide})}$。

首先,在潮流条件下,$d_s(t)$ 和 $\frac{\mathrm{d}[d_s(t)]}{\mathrm{d}t}$ 都是随时间变化的,特别是冲刷发展速率 $\frac{\mathrm{d}[d_s(t)]}{\mathrm{d}t}$ 代表 t 时刻冲刷继续增加的能力,不仅与该时刻下水流条件 V_t、h_t 所对应的恒定流极限冲刷深度有关,还和此时已经产生的冲刷深度有着密切联系。当 t 时刻冲刷深度 $d_s(t)$ 相同时,V_t 和 h_t 所对应的恒定流极限冲刷深度越大,$\frac{\mathrm{d}[d_s(t)]}{\mathrm{d}t}$ 越大;当极限冲刷深度一致时,t 时刻产生的冲刷深度 $d_s(t)$ 越大,$\frac{\mathrm{d}[d_s(t)]}{\mathrm{d}t}$ 越小。有关恒定流条件下冲刷深度随时间发展过程的研究有很多,如表 3-2 所示。以 Sumer[60] 公式 $\frac{d_s(t)}{d_{se}}=1-\exp\left(-\frac{t}{T}\right)$ 为例,公式两边同时对时间 t 求导数得:

$$\frac{\mathrm{d}[d_s(t)]}{\mathrm{d}t}=\frac{1}{T}\exp\left(-\frac{t}{T}\right)d_s \tag{3-1}$$

又由于 $\exp\left(-\frac{t}{T}\right)=1-\frac{d_s(t)}{d_s}$,则:

$$\frac{\mathrm{d}[d_s(t)]}{\mathrm{d}t}=\frac{1}{T}[d_s-d_s(t)] \qquad \text{(动床冲刷)} \tag{3-2}$$

同理,对于 Melville[88] 公式有:

$$\frac{\mathrm{d}[d_s(t)]}{\mathrm{d}t}=0.048\left(\frac{V_c}{V}\right)^{1.6}\left[\frac{\ln d_s(t)-\ln d_{se}}{-0.03\left(\frac{V_c}{V}\right)^{1.6}}\right]^{\frac{3}{8}}\frac{d_s(t)}{t_e\exp\left[\frac{\ln d_s(t)-\ln d_{se}}{-0.03\left(\frac{V_c}{V}\right)^{1.6}}\right]^{\frac{5}{8}}} \qquad \text{(清水冲刷)} \tag{3-3}$$

与恒定流不同,潮流条件下,式(3-2)和式(3-3)中的冲刷时间尺度 T(或 t_e)和 d_s(d_{se})都是随时间变化的,当某一时刻完成的冲刷深度与该时刻流速 V_t 和水深 h_t 所对应的极限冲刷深度相等时冲刷停止,即式(3-1)的迭代条件为

$d_s(t) \leqslant d_s(V_t, h_t)$ 且 $V \geqslant 0.5V_c$（V 为来流垂线平均流速，满足桩前冲刷的起冲条件）。因此，不同时刻对应的极限冲刷深度对潮流冲刷的发展起到了至关重要的作用。当底床泥沙组成、桩基尺寸和水流交角确定以后，影响桩基极限冲刷深度的因素主要为水流的流速和水深。

局部冲刷历时曲线公式　　表 3-2

作　者	公　式	备　注
Melville[88]	$t_e(\text{days}) = 48.26\frac{D}{V}\left(\frac{V}{V_c} - 0.4\right)$ $\left(\frac{h}{D} > 6\right)$ $t_e(\text{days}) = 30.89\frac{D}{V}\left(\frac{V}{V_c} - 0.4\right)\left(\frac{h}{D}\right)^{0.25}$ $\left(\frac{h}{D} \leqslant 6\right)$ $\frac{d_s(t)}{d_{se}} = \exp\left\{-0.03\left\lvert\frac{V_c}{V}\ln\left(\frac{t}{t_e}\right)\right\rvert^{1.6}\right\}$ （仅限于清水冲刷）	D 为圆桩直径，V 为来流垂线平均流速，V_c 为底床泥沙临界起动流速，h 为水深，t_e 为 24h 内冲刷深度增加量小于 5%D 的时刻，d_{se} 为平衡冲刷深度，t 为冲刷时间
Sumer[60]	$T = \frac{D^2}{[g(s-1)d_{50}^3]^{0.5}}\left(\frac{1}{2000}\frac{\delta}{D}\theta^{-2.2}\right)$ $\frac{d_{se}}{D} = 1.3 + \sigma_g\ \sigma_g = 0.7$ $\frac{d_s(t)}{d_{se}} = 1 - \exp\left(-\frac{t}{T}\right)$ （仅适用于恒定流动床冲刷）	D 为圆桩直径，δ 边界层厚度（水流深度），T 为冲刷时间尺度，δ 为边界层厚度，s 为底床泥沙比重，d_{50} 为底床中值粒径，$\theta = \frac{v_*^2}{g(s-1)d_{50}}$ 为相对切应力，v_* 为摩阻流速，d_{se} 为平衡冲刷深度，σ_g 为偏差
Nakagawa[89]	$t_1 = 29.2\frac{D}{\sqrt{2}V}\left(\frac{\sqrt{\Delta g d_{50}}}{\sqrt{2}V - V_c}\right)^3\left(\frac{D}{d_{50}}\right)^{1.9}$ $\frac{d_s}{D} = \left(\frac{t}{t_1}\right)^r$ $\left(\text{仅适用于}\ \frac{D}{h} < 1\ \text{的细桥墩}\right)$	D 为桩基宽度，V 为来流垂线平均流速，V_c 为底床泥沙起动流速，d_{50} 为中值粒径，$\Delta = \frac{\rho_s - \rho}{\rho}$，$\rho$ 为水流密度，ρ_s 为泥沙密度，t_1 为冲刷坑深度达到 D 所需的时间，$r = 0.22 \sim 0.23$ 为系数，t 为冲刷时间，h 为水深

续上表

作　者	公　式	备　注
Briaud[64]	$t_e(\text{hours}) = 73[t_{水位图}(\text{years})]^{0.126} \cdot [v_{max}(\text{m/s})]^{1.706} \cdot [z_i(\text{mm/h})]^{-0.2}$ $\tau_{max} = 0.094\rho V^2\left(\frac{1}{\lg Re} - \frac{1}{10}\right)$ $d_s = 0.18 Re^{0.635}$ $d_s(t) = \frac{t}{\frac{1}{z_i} + \frac{t}{d_s}}$ （仅适用于黏性土底床）	t_e 为等效冲刷时间，即一个变化的水流所引起的冲刷与其最大流速 t_e 时间内引起的一致，$t_{水位图}$ 为水位图持续时间，v_{max} 为水位图中的最大流速，z_i（mm/h）为冲刷速率，τ_{max} 为受到桩基扰动，水流对底床的最大底床拖曳力，ρ 为水流密度，V 为来流平均流速，$Re = \frac{VD}{\nu}$，D 为桩基宽度，ν 为运动黏性，d_s 为黏性土底床的平衡冲刷深度，t 为冲刷时间，通过底床黏性土的 EFA 实验，绘制 z_i（mm/h）和 τ 的曲线图，根据 τ_{max} 查图得到相应的 z_i，再计算 d_s 并带入 $d_s(t)$ 公式中，即得到黏性土底床冲刷深度随时间的变化
Oliveto[90~92]	$\frac{d_s(t)}{(y_1 a^2)^{\frac{1}{3}}} = 0.068 K_s \sigma_g^{-0.5} F_d^{1.5} \lg\left(\frac{t}{t_R}\right)$ （清水冲刷） $\frac{d_s(t)}{(y_1 a^2)^{\frac{1}{3}}} = 0.44 \sigma_g^{-0.5} (F_d - F_{di})^{0.25} \lg\left(\frac{t}{t_R}\right)$ （动床冲刷）　$\left(\frac{t}{t_R} < 300\right)$ $\frac{d_s(t)}{(y_1 a^2)^{\frac{1}{3}}} = \sigma_g^{-0.5} (F_d - F_{di})^{0.25} \cdot \left[0.8 + 0.12\lg\left(\frac{t}{t_R}\right)\right]$ $\left(300 \leq \frac{t}{t_R} < 10^5\right)$	a 为桩基阻水宽度， $F_d = \frac{V}{\sqrt{(\Delta - 1)g d_{50}}}$， $t_R = \frac{(y_1 a^2)^{\frac{1}{3}}}{\sigma_g^{-0.5}\sqrt{(\Delta - 1)g d_{50}}}$， $\Delta = \frac{\rho_s - \rho}{\rho}$，$y_1$ 为水深，ρ_s 为泥沙密度，ρ 为水的密度，t 为时间，σ_g 为泥沙级配系数，F_{di} 为刚开始发生冲刷时对应的 F_d

续上表

作者	公式	备注
Yanmaz[93]	$\frac{dS}{dT_s}=\frac{\alpha S^{0.37}(2\cot\varphi+1)}{T_s^{0.95}(S^2\cot\varphi+S)}$ $S=\frac{d_s(t)}{a}$ $T_s=\frac{t\,d_{50}\left[(\Delta-1)g\,d_{50}\right]^{0.5}}{a^2}$ $\alpha=0.231\,(\tan\varphi)^{0.63}\cdot\left[\frac{u_* a}{d_{50}\sqrt{(r_s-1)g\,d_{50}}}\right]^{-0.95}TD_*\,\sigma_g^{1.9}$ $D_*=d_{50}\left[\frac{(\Delta-1)g}{\nu^2}\right]^{\frac{1}{3}}$	a 为桩基阻水宽度,φ 为水下休止角,$\Delta=\frac{\rho_s-\rho}{\rho}$,$\rho_s$ 为泥沙密度,ρ 为水的密度,σ_g 为泥沙级配系数,u_* 为摩阻流速,ν 为运动涡黏系数,T 为过渡阶段参数
Kothyari[94]	$\frac{d_s(t)}{(y_1a^2)^{\frac{1}{3}}}=0.272\,\sigma_g^{-0.5}\,(F_d-F_{d\beta})^{\frac{2}{3}}\lg\left(\frac{t}{t_R}\right)$ $F_{d\beta}=\left[F_{di}-1.26\beta^{0.25}\left(\frac{R}{d_{50}}\right)^{\frac{1}{6}}\right]\sigma_g^{\frac{1}{3}}\cdot$ $\lg\left(\frac{t_e}{t_R}\right)=4.8\,F_d^{0.2}$	$\beta=\frac{a}{B}$,a 为桩基阻水宽度,B 为河道宽度,R 为水力半径,t_e 为平衡冲刷时间,y_1 为水深,$t_R=\frac{(y_1a^2)^{\frac{1}{3}}}{\sigma_g^{-0.5}\sqrt{(\Delta-1)g\,d_{50}}}$ 为参考时间,$F_d=\frac{V}{\sqrt{(\Delta-1)gd_{50}}}$,$V$ 为来流垂线平均流速,F_{di} 为刚开始发生冲刷时对应的 F_d

由第 2 章已知水深只在一定范围内才会对桩基极限冲刷深度产生影响(图 3-2),如 Breusers[47] 和 Melville[10] 认为当水深 h 与桩基直径 D 的比值 $h/D<3$ 时,极限冲刷深度将随着水深增加而增大;当 $h/D\geq 3$ 时,极限冲刷深度与水深无关。同时,根据表 3-1 的冲刷平衡时间公式可以看出,水深的增加还将推迟冲刷达到平衡的时间 t_e。而且,当水深 h 变化很大时,还会影响底床泥沙的临界起动流速 V_c,从而改变桩基的极限冲刷深度 d_s。

根据 Chee[5] 的研究成果,如图 3-2 所示,如果桩基周围的底床由不会产生沙纹的泥沙组成(一般 $d_{50}\geq 0.7$mm),最大冲刷深度将出现在临界起动流速;如果底床由能够产生沙纹的泥沙组成,冲刷深度将先随着流速增加而增加,并在来流垂线平均流速 $V=V_c$ 时达到第一个峰值,随后略有减小,然后继续上升直到动平床阶段达到第二个峰值,即为最大值。当潮流最大流速 V_{max} 小于底床泥

沙的临界起动流速 V_c 时，最大冲刷深度和平衡冲刷时间显然由最大流速 V_{max} 控制。当潮流的最大流速大于底床泥沙的临界起动流速时，将会出现两种可能：

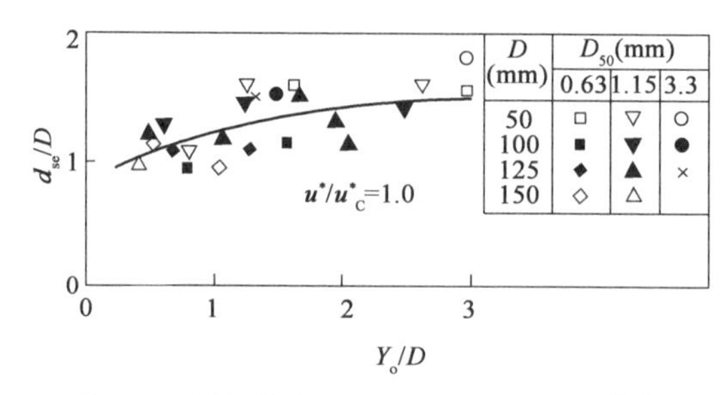

图 3-2　无量纲冲刷深度与水深的关系(Chiew[11])

① V_{max}/V_c 只是稍稍大于 1，最大冲刷深度仍然在 $V = V_c$ 时取得，此时所需的平衡冲刷时间最长，多次往复流作用下冲刷坑呈非常缓慢的增长；② V_{max}/V_c 远远超过 1，此时最大冲刷深度仍由 V_{max} 控制，平衡冲刷时间相应较短。根据表 3-1 中的公式，清水冲刷往往需要很长的时间才能达到冲刷平衡，冲刷平衡时间可达到几十小时，甚至十几天，而动床冲刷的平衡冲刷时间相对短得多，在潮流条件下，每个潮周期内，水流流速都会先从 0 增加到峰值 V_{max} 而后下降，如此周而复始。当 $V_{max} < V_c$ 时，全部冲刷过程处于清水冲刷，平衡冲刷时间都由流速 V 和水深 h 共同控制，一般会需要很长时间才能达到最大冲刷深度。当 $V_{max} \geqslant V_c$ 时，冲刷过程将有一部分处于清水冲刷，一部分处于动床冲刷，平衡冲刷时间因情况而定，如果 V_{max}/V_c 很大，动床冲刷的时间较长，则较短的时间内便可以达到冲刷平衡；反之，如果 V_{max}/V_c 只是稍稍大于 1，动床冲刷时间很短，那么平衡冲刷时间将仍然受静床冲刷的控制，需要很长的时间才能达到平衡。总体而言，无论是清水冲刷还是动床冲刷，潮流条件下的冲刷平衡时间都远远大于涨落急时刻对应的恒定流冲刷平衡时间。尤其是针对含有大量黏性土的底床而言，即便是在恒定流条件下，黏性土底床的桩基冲刷平衡时间也会远远超过非黏性土[64]，再考虑到往复流有效冲刷时间大大缩短的特点，潮流条件下含有黏性土的底床往往需要更长的冲刷平衡时间。

在实际情况中，潮汐按照其周期可分为正规全日潮型、正规半日潮型和混合潮型。随着潮周期 T_{tide} 的不断增加，一次涨落潮期间单向流的持续时间越来越接近平衡冲刷时间，这意味着大部分冲刷量将在一次潮周期内完成，而不需要多个周期循序渐进，从而使得往复流对于冲刷发展的影响不再明显。当 T_{tide} 趋近于无穷大时，潮流即为恒定流，两者冲刷效果一致。因此，随着潮周期的增长，潮

流作用对结构物冲刷的影响将逐渐减弱。较长的平衡时间必将导致较低的实验效率,尽管如此,这对实验的准确性是非常必要的。

在不考虑悬浮泥沙落淤的前提下,导致潮流条件下冲刷坑深度减小的主要因素为泥沙回填。其中,泥沙回填主要包括两种形式:

(1)由水流转向引起。对于动床冲刷而言,在前半个潮周期$\left(0 \sim \frac{T_{\text{tide}}}{2}\right)$,水流携带起桩基周围的泥沙并冲往下游,在后半个周期$\left(\frac{T_{\text{tide}}}{2} \sim T_{\text{tide}}\right)$,水流反向,原本已经被输送到下游的泥沙又再次被冲回冲刷坑内。由以上描述可以看出,当潮流最大流速$V_{\max}/V_c$较小时,由于水流能量有限,半个潮周期内冲往下游的泥沙量不仅较少,而且输送距离较近,往往在桩基下游附近形成一个“沉积沙堆”,水流反向时,沙堆的泥沙可以轻易地冲回坑内,从而造成回填。当潮流最大流速$V_{\max}/V_c$较大时,在较短时间内,不但“沉积沙堆”可以冲往下游很远处,而且由于水流对沙堆铺展作用沙堆将逐渐被抹平,沙堆堆高减小,这意味着水流反向时将有更少的泥沙可能被带回冲刷坑。对于清水冲刷,虽然不会产生推移质回填,但是由于其产生的“沉积沙堆”距离桩基非常近,有时甚至可以接触到桩基下游表面,当水流反向时,随着下游冲刷的不断加深,冲坑范围逐渐扩大,上半周期形成的“沉积沙堆”将不断滑落到冲刷坑内,造成回填。

(2)由动床推移质输沙引起。这种回填仅在动床冲刷时发生。当潮流最大流速$V_{\max}$大于V_c时,最大冲刷深度由$V_{\max}$控制。在半个潮周期内,流速$V(t)$先增大后减小,经历$0 \to V_c \to V_{\max} \to V_c \to 0$过程。如果冲刷时间足够长,当流速$V(t)$从$V_{\max}$过渡到$V_c$时,必定会经历一个中间流速$V_m$($V_c < V_m < V_{\max}$),使得此时的冲刷深度$d_s(t)$恰好等于$V_m$所对应的平衡冲刷深度$d_{sm}$。随着时间的进一步推进,潮流流速逐渐减小,此时流速$V(t)$所对应的平衡冲刷深度$d_s(t)$将小于d_{sm},即当前流速不足以支撑现有的冲刷深度时,冲刷不再加深。又因为目前的水流流速大于底床泥沙的临界起动流速V_c,因此床沙将以推移质的形式源源不断地回填到冲刷坑内,直至冲坑深度等于当前流速所对应的平衡冲刷深度为止。这种形式的回填为由动床推移质输沙引起的冲坑回填。对于同一个桩基结构物和底床组成而言,潮流导致的基础冲刷的折减系数将随着潮流周期T_{tide}和最大流速$V_{\max}$的增加而增大,当$V_{\max}$较小时,冲刷坑回填主要由水流转向引起,而当$V_{\max}$较大时,回填主要是由动床推移质输沙引起。

潮汐作用下桩基的平衡冲刷深度可以写成:

$$d_{s(潮流)} = d_{s(恒定流)} - d_{s(回填)}$$

其中，$d_{s(潮流)}$ 为潮流条件下桩基的平衡冲刷深度，$d_{s(恒定流)}$ 为潮周期中的某一水流条件如果保持恒定可能造成的最大的冲刷深度，$d_{s(回填)}$ 为潮流条件下的回填深度。

当 $V_{max}/V_c \leqslant 1$ 时，根据表3-2中，Melville[88] 的研究结果，平衡冲刷深度 d_{se} 和冲刷时间 t_e 都随 V_{max}/V_c 增大而增大，即清水冲刷时，流速越小达到冲刷平衡所用的时间越短。根据 Escarameia 和 May[84] 的潮流实验结果，当 $V_{max}=V_c$ 时（此时平衡冲刷时间应为最大），不同潮周期 T_{tide} 条件下的最终平衡冲刷深度均近似于第一次张（落）潮结束时的冲刷深度 $d_s\left(t=\frac{T_{tide}}{2}\right)$ 的1.1倍，即 $d_s(V_{max}=V_c)=1.1d_s\left(V_{max}=V_c,t=\frac{T_{tide}}{2}\right)$。当 $V_{max}<V_c$ 时，所需的冲刷平衡时间 $t_e(V_{max}<V_c)<t_e(V_{max}=V_c)$，在潮动力和底床组成完全一致时，有 $d_s(V_{max}<V_c)<1.1d_s\left(V_{max}<V_c,t=\frac{T_{tide}}{2}\right)$。因此，当 $V_{max}\leqslant V_c$ 时，$d_s(V_{max}\leqslant V_c)\leqslant 1.1d_s\left(V_{max}\leqslant V_c,t=\frac{T_{tide}}{2}\right)$。同时，由于水流流速较弱，桩前被冲起得泥沙可能落淤在桩基下游更近的地方，水流转向时，随着桩基背水面冲刷范围的增加，更多的在前半个潮周期落淤的泥沙将滑落回冲刷坑，可能造成更严重的回填。当 $V_{max}/V_c>1$ 时，根据表3-2中 Sumer 的研究，随着流速的增加，作用在底床的水流拖曳力增强，所需的平衡冲刷时间减小，更多的冲刷量可以在一个潮周期内完成，因此，随着 V_{max}/V_c 的增加，潮流冲刷引起的局部冲刷深度将越来越接近恒定流冲刷。

综上所述，当 $V_{max}/V_c>1$ 时，随着周期 T_{tide} 和相对流速 V_{max}/V_c 的增加，潮流条件下引起的桩基局部冲刷将越来越接近涨（落）急时刻恒定流条件下引起的局部冲刷；当 $V_{max}/V_c\leqslant 1$ 时，$1.1d_s\left(t=\frac{T_{tide}}{2}\right)$ 可作为冲刷上限。

对于恒定流冲刷而言，冲刷坑上下游往往不对称，表现为上游冲坑坡面较陡，冲刷范围较近，下游冲坑坡面较平缓，冲刷范围较远，如图3-1所示，这与迎水面的马蹄涡和背水面的尾涡冲刷有着密切的关系。潮流条件下，流向周期的发生往复变化，使得桩基沿涨落潮方向的壁面交替成为上下游，冲坑在涨落潮方向趋于对称，由于两侧都经历过水流下游的状态，因此冲刷范围比单向流将有所扩大，这点在进行冲刷防护措施时应有所考虑。

3.4 潮流条件下桩基冲刷计算方法

3.4.1 查图法

参考以往研究潮流冲刷的折减系数法,定义 $K_{t}=\frac{d_{s(tide)}}{d_{s}[V=V_{涨(落)急},h=h_{涨(落)急}]}$ 为潮流引起的局部冲刷折减系数,将目前已有的大部分潮流条件下的局部冲刷资料绘于图3-3。水平坐标为周期参数 $F(T_{tide})=4+\lg\frac{T_{tide}}{t_{e}(V=V_{c})}$ 代表潮周期相对于特征冲刷平衡时间的比例,数值越大,说明在一次涨潮或者落潮时间内所完成的冲刷深度越接近冲刷平衡状态,其中 $t_{e}(V=V_{c})$ 表示平均水深下水流流速与底床泥沙的起动流速一致时的平衡冲刷时间,可由表3-1中Melville公式计算,T_{tide} 为潮周期。垂直坐标为 K_{t} 代表潮流造成的桩基局部冲刷折减系数。实验数据中Escarameia和May[84]以及Thomsen[95]的实验只考虑了流速的变化,没有考虑水位变化。在物理模型实验中,由于比尺效应,潮位变化很小,在潮位变化不大的情况下,可以近似认为底床泥沙的起动流速保持不变[80]。而且水深相对结构物局部冲刷的作用仅在浅水时比较明显,因此其实验结果仍具有一定参考性。从图3-3中可以看出,与涨落急时刻所对应的恒定流引起的结构物局部冲刷相比,潮流条件对冲刷的减小作用并非一成不变,而是与相对流速 V_{max}/V_{c} 和相对潮周期 $T_{tide}/t_{e}(V=V_{c})$ 密切相关。随着相对流速 V_{max}/V_{c} 和相对潮周期 $T/t_{e}(V=V_{c})$ 的增加,潮流冲刷的折减系数 K_{t} 也在不断增大,这与之前的理论分析结果一致。当涨落急流速 V_{max} 接近底床泥沙的临界起动流速 V_{c} 时,潮流引起的局部冲刷折减系数最小,一般介于0.4~0.6之间;而当 $V_{max}/V_{c}\geq 2.1$ 时,无论潮周期 T_{tide} 大小,潮流冲刷的折减系数 K_{t} 均大于0.9,这意味着潮流冲刷与恒定流冲刷已经十分接近。因此,当 V_{max}/V_{c} 较大时,出于安全角度考虑,不建议对相应的恒定流实验或计算结果进行潮流折减计算。

当潮流引起的 $V_{max}\geq V_{c}$ 时,查图法的具体步骤如下:

(1)根据涨落急时刻的水流条件,利用经过验证准确性较高的恒定流桩基局部冲刷公式计算相应的最大冲刷深度 $d_{s(恒定流)}$。

(2)根据表3-1计算 V_{max}/V_{c},$t_{e}(V=V_{c})$ 和 $F(T)=4+\lg\frac{T_{tide}}{t_{e}(V=V_{c})}$。

(3)当 $V_{max}\geq V_{c}$ 时,查图3-3得到潮流冲刷折减系数 K_{t},潮流条件下桩基局部冲刷深度为:

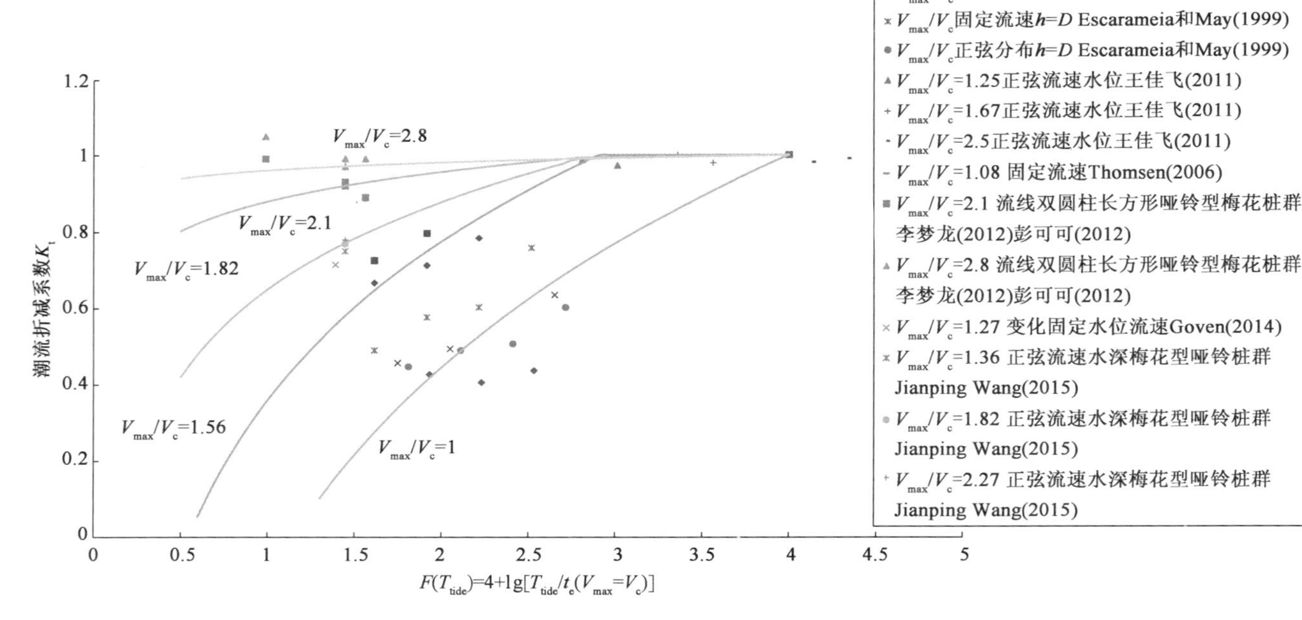

图3-3 潮流折减系数K_t与潮周期参数$F(T_{tide})$和相对流速的关系

注“固定流速”表示潮流冲刷实验只改变水流方向，流速保持固定值；“固定水位”表示实验过程水深恒定。

$$d_{s(潮流)} = K_t \times d_{s(恒定流)} \tag{3-4}$$

“查图法”的优点是计算比较简便，可根据不同的工程环境任意选择最符合当地自然条件的 $d_{s(恒定流)}$ 计算公式，潮流冲刷折减系数 K_t 图来自物模实验，具有一定的可靠度。不足主要为两点：第一，图3-4 的实验数据全部为 $V_{max} \geqslant V_c$ 的动床情况，对于 $V_{max} < V_c$ 的情况，查图法没有数据支持；第二，图3-3 中的实测资料

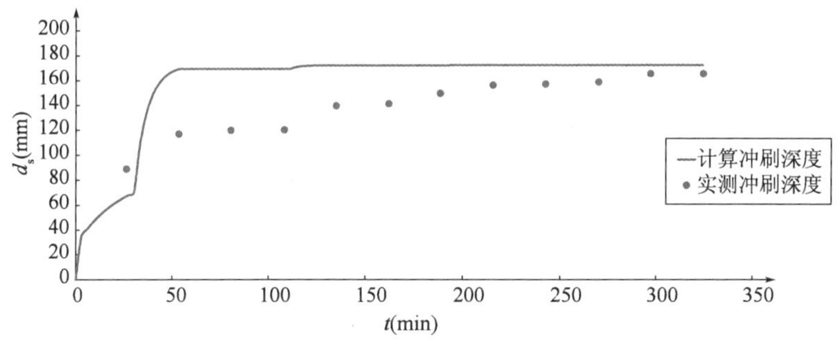

a) McGovern（2014） V_{max}=0.31m/s T=162min平均水深h=0.23m d_{50}=0.135mm细沙

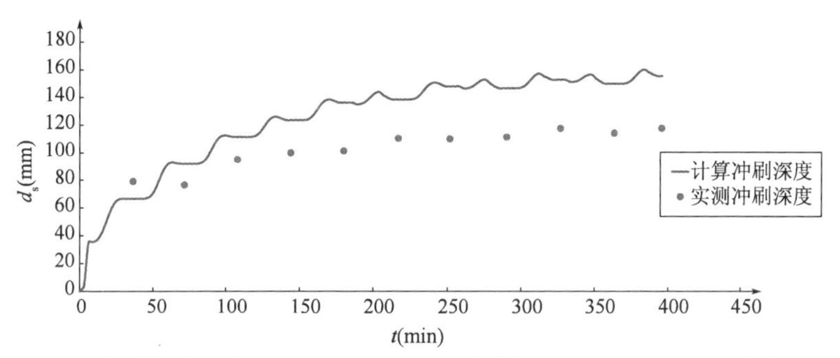

b) 王佳飞（2011） V_{max}=0.15m/s T=72min平均水深h= 0.21m d_{50}=0.0517mm木粉

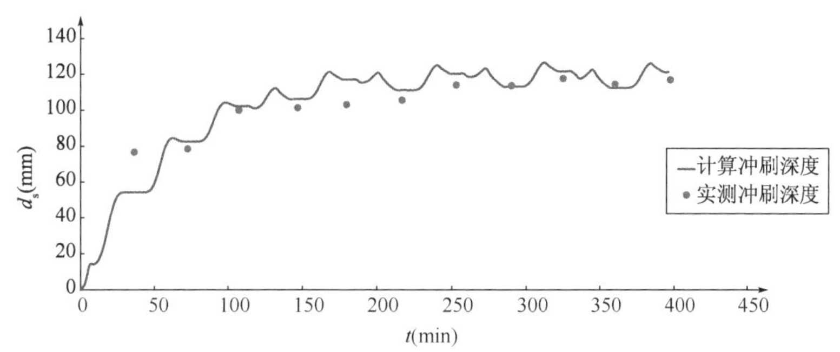

c) 王佳飞（2011） V_{max}=0.15m/s T=72min平均水深h= 0.15m d_{50}=0.0517mm木粉

图3-4 潮流条件下桩基冲刷深度发展过程

全部来自对称潮流过程,即涨落潮过程的水位和流速一致,而在实际情况中,某一水域的潮流往往以一个方向为主,如河口区,或者以某一方向占优势,涨落潮过程中的流速和水位不仅不会严格对称,甚至不符合正(余)弦分布,在这种情况下,图 3.3 的 K_t 系数可能会带来较大的误差,这就需要另外一种可以考虑潮流的不对称性对冲刷深度影响的方法。

3.4.2 微分迭代法

考虑到以上提到的潮流条件下的桩基冲刷机理,由于水流条件会随时间变化,利用微分方法更能反映潮流条件下局部冲刷的发展过程。根据 Escarameia 和 May[82] 的实验成果,

当 $V_{max} \leqslant V_c$ 时,

$$d_{s(潮流)} = 1.1\, d_s\left(t = \frac{1}{2} T_{tide} = \frac{1}{2} n_0 \cdot \Delta t\right) \tag{3-5}$$

当 $V_{max} > V_c$ 时,

$$d_{s(潮流)} = d_s(t = m \cdot T_{tide} = k\, n_0 \cdot \Delta t) \tag{3-6}$$

其中 $m > 2$ 为正整数,一般可取一个较大值使得 $d_s(t = m \cdot T_{tide})$ 不再明显增加为止。将潮周期 T_{tide} 平均分为 n_0 份,每份单元时间 $\Delta t = \frac{T_{tide}}{n_0}$,因此 n_0 越大,Δt 越小,迭代计算造成的误差越小,具体迭代计算步骤见附录。

图 3-4 是将积分迭代法的计算结果与王佳飞[17]实验的实测值的对比,由于模型沙选用了木粉,其起动流速按照李昌华公式计算,通过微分迭代法得到的潮流局部冲刷深度发展过程与实测值吻合良好。

3.5 小　结

通过对潮流条件下圆桩冲刷过程的分析得出,影响潮流冲刷深度的主要因素为泥沙的回填,可分为两种回填方式:由水流转向引起和由动床推移质输沙引起。当相对流速 $V_{max}/V_c < 1$ 时,由水流转向引起的回填最为显著;当相对流速 $V_{max}/V_c \geqslant 1$ 时,两种回填方式同时存在,并且随着 V_{max}/V_c 的继续增加,回填方式越来越倾向于以动床推移质输沙为主。潮流对桩基局部冲刷的折减系数 K_t 并非一成不变,而是随着相对流速 V_{max}/V_c 和相对周期 $\frac{T_{tide}}{t_e(V = V_c)}$ 的增加而增大。特别是在对称潮流条件下,当 $V_{max}/V_c = 1$ 时,K_t 仅为 0.4 ~ 0.6;而当 $\frac{V_{max}}{V_c} \geqslant$

2.1 时，K_t 均达到 0.9 以上，由于泥沙冲刷过程有很强的不稳定性，出于安全角度考虑，此时不宜再进行潮流折减计算。根据实测资料，只有当潮流相对流速 $\frac{V_{max}}{V_c} < 2.1$ 时，潮流引起的桩基的局部冲刷深度才有进行折减的必要。提出了"查图法"和"微分迭代法"两种方法来计算潮流条件下的桩基局部冲刷，经过验证计算结果与实测值吻合良好。

4　波浪和波流共同作用下的桩基冲刷

4.1　引　　言

除了流速和水位随时间周期性的变化以外，与河流环境相比，海洋环境的另一个重要不同之处在于波浪的存在。由于风的作用，海面上将会出现波浪，根据水深 h 和波长 L_w 的比值不同，可将波浪分为深水波（$h/L_w \geqslant 0.5$）、有限水深波（$0.05 < h/L_w < 0.5$）以及浅水波（$h/L_w \leqslant 0.05$），各种类型的波浪具有各自独特的运动规律。当水深 h 较大，H 为波高，波陡较小 $O\left(\frac{H}{L}\right) < 10^{-2}$ 时，波浪正反向水质点速度接近于对称，水质点运动轨迹为闭合椭圆，可用微幅波理论描述；当水深相对波高而言不能视为无限大 $O\left(\frac{H}{L}\right) > 10^{-2}$ 时，水质点运动速度不对称，波峰下的流速较大但历时较短，波谷下的反向水质点速度较小但历时更长，波峰变陡，波谷变得更为平坦，水质点运动轨迹不再闭合，而是沿着传播方向产生一个净输移，可用 Stokes 波理论描述；当水深很浅（$h < 0.125L_w$）时，Stokes 波理论不再适用，可以使用椭圆余弦波理论；如果波长无限长，此时的椭圆余弦波取得一种极限情况——海啸，海浪进入浅水区后，波峰变得越来越尖，波谷变平，波长变长，可以把这种波当作一系列海啸。波浪的存在使得海洋环境中的水动力条件更加复杂，潮流和波浪相互叠加形成了海洋特有的水动力环境，这将直接影响海上风电机的基础冲刷过程。

4.2　以往波浪作用下的桩基冲刷研究成果

对于波浪而言，尤其是在短周期的波浪水流中，一方面，水流在不长的时间内正负交变，边界层得不到充分的发育，只有在床面附近很薄的一层受到床面影响而存在剪切应力，形成近底边界层，过薄的边界层将不会产生马蹄涡；另一方面，由于周期很短，近底波浪水质点沿同一方向运动的持续时间有限，即使在桩基或者桥墩周围形成泥沙输运，其输移量也是极其有限的，加之由于波浪水质点周期性的反向运动而产生的回填作用,桩基周围整体冲刷不大。反之,如果波浪的周期变长,无论是从马蹄涡的形成角度,还是底床泥沙输运量的角度,都大大激发了冲刷的可能。当周期趋于无穷大,此时波浪等价于恒定流,冲刷过程和机理与恒定流冲刷无异。由此可见,周期的长短对于波浪造成的桩基局部冲刷机理具有重要意义。

与恒定流条件下的桩基局部冲刷机理完全不同,波浪作用下桩基局部冲刷的原理为:水流先将桩基周围的泥沙输移到尾涡中心,然后,由尾涡流将泥沙输送至远离桩基处。由于水质点运动的瞬变性,波浪作用下的局部冲刷更强调的是由波浪冲起的泥沙能否被输运远离桩基这一过程,这也是直接影响冲刷坑能否形成的最关键因素。

为了方便研究,Sumer[60]将波浪按照圆桩直径 D 与波长 L_w 的比值分为两类:① $D/L_w < 0.2$,圆桩的尺寸较小,其存在对于整个波浪场没有影响;② $D/L_w \geqslant 0.2$,圆桩的直径已经很大,并且在其周围形成了波浪的反射和衍射,圆桩的存在已经影响到周围的波浪场分布。陈海鸥[50]认为,$D/L_w \geqslant 0.2$ 的波浪还可以分为:①当 $0.2 \leqslant D/L_w < 0.75$ 时,桩基周围将发生部分反射和绕射;②当 $D/L_w > 0.75$ 时,桩基近似于直立墙,轴线部位类似全反射。

Sumer[36]对 $D/L_w < 0.2$ 的细桩进行了一系列波浪实验,发现 $KC = \frac{U_m T_w}{D} = \frac{2\pi a}{D}$ 对马蹄涡、尾涡涡脱和桩基冲刷具有很好的指示作用,其中 U_m 为波浪引起的近底水质点最大运动速度,T_w 为波周期,D 为桩基直径,a 为近底水质点运动轨迹在水平方向上的振幅。Sumer 发现当 $KC = 1$ 时,水流在细圆桩表面开始出现分离现象,形成尾涡流,而当 KC 达到 6 时,桩前才开始形成马蹄涡。根据势流叠加理论,桩前的逆压梯度最大值近似于桩面的 1/5,所以出现桩前分离迟于桩面这一现象。对于 $KC > 6$ 的细圆桩而言,马蹄涡也并非始终存在,实际上只有在水平流速分量较大时马蹄涡才能维持,在流速转向附近时并不会产生马蹄涡。

同时,Sumer 还对细圆桩尾涡流的发展进行观察,如图 4-1 所示。①当 $2.8 \leqslant KC < 4$ 时,圆桩背部出现一对对称的尾涡;②当 $4 < KC < 6$ 时,对称性不复存在,但是一对尾涡仍然相互紧贴,此阶段没有涡脱产生;③当 $6 < KC < 17$ 时,开始发生涡脱现象,但是每半个周期只有一侧旋涡发生涡脱;④$17 < KC < 23$ 时,两个尾涡交替脱落,使得尾涡流可以达到桩后很远的距离。

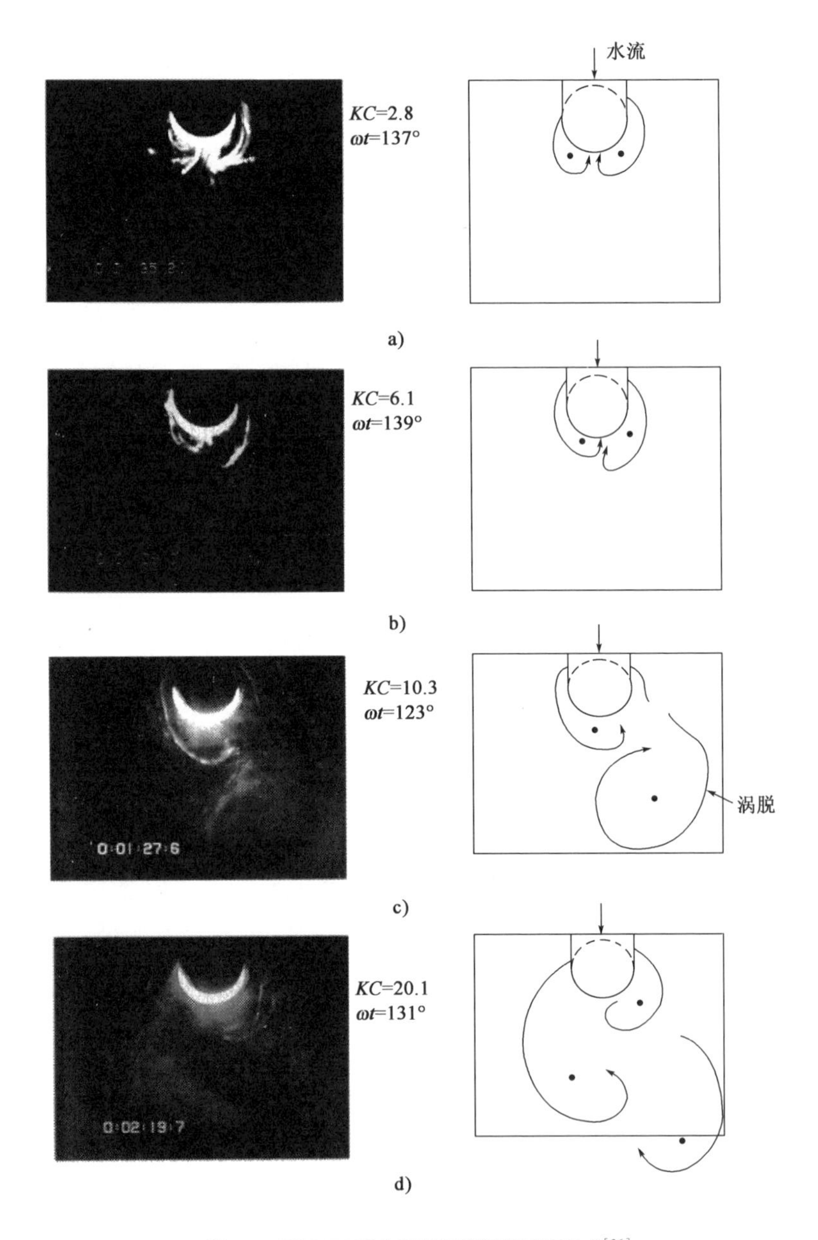

图 4-1　不同 KC 下小直径圆桩近底尾涡形式[36]

根据 Sumer[36] 的实验,纯波浪作用下细圆桩两侧由于束流作用而增大的底床拖曳力仅为无限远处未经扰动底床拖曳力的 4 倍左右,而相应的恒定流条件下,这一比例可达 10 倍。这与恒定流条件下的马蹄涡比较稳定强劲有关。

通过上文描述,KC 恰好可以同时描述马蹄涡产生和尾涡涡脱两种情况,随着 KC 的增加,桩前马蹄涡的尺度和持续时间均随之增强,同时尾涡流的影响范围增大,这两方面的因素都将导致冲刷深度的增加。当 KC 较小时,如 $KC < O(10)$,马蹄涡的尺度和持续时间都很小,此时尾涡流将成为控制冲刷过程的主要因素;当 KC 很大时,如 $KC > O(100)$,波浪作用下的桩基冲刷将与相同水深流速下的恒定流一致,马蹄涡将成为控制冲刷发展的首要影响因素。

当 $D/L_w > 0.2$ 时,桩基属于大直径桩,波浪在桩基的迎水面发生反射并且和入射波产生叠加,在桩背后形成绕射波浪。在以上三种波浪共存的条件下,桩基周围将会产生两种水流,其一为相位解析流(phase-resolved flow),另一种为稳定流(steady streaming)。相位解析流的主要作用是搅起底床的泥沙并使之进入悬浮状态。在桩基周围,由于桩基的存在将导致的波浪水质点振荡运动不对称,流速按时间矢量叠加并取时间平均后不加0,会产生一个相对稳定的"余流",即稳定流。稳定流将相位解析流搅起的泥沙带到圆桩以外,冲刷坑便形成了。Sumer[96] 通过大直径圆桩波浪冲刷实验发现,桩基周围近底稳定流大致可以分为三个区域,如图4-2所示。其中图4-2a)区域A的流速指向圆桩,而区域B和区域C则明显含有指向圆桩以外的矢量分量。同时,区域B内的近底稳定流水平流速分量与波浪传播方向相反,结合图4-2b)可以发现,在Sumer的实验中,大直径圆桩侧向近底稳定流主要受波谷的影响有关。稳定流的流速量级可达近底未经扰动波浪水质点最大流速 U_m 的20%~25%。

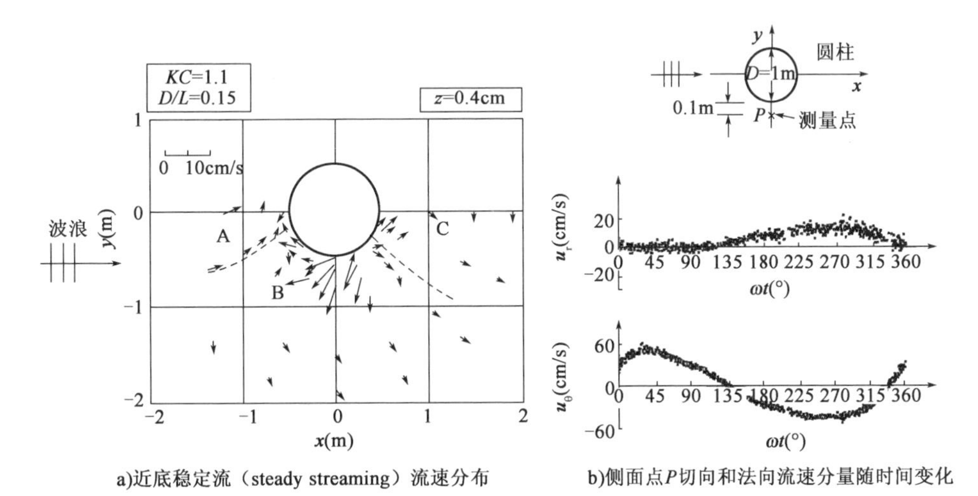

a)近底稳定流(steady streaming)流速分布　　b)侧面点P切向和法向流速分量随时间变化

图4-2　大直径圆桩周围近底流速分布[96]

很多学者对波浪引起的桩基和桥墩的局部冲刷提出了各自的公式，如表4-1所示。

波浪单独作用下引起的桩基局部冲刷　　表4-1

作　者	公　式	备　注
Sumer[25]	$\frac{d_s}{D}=1.3\{1-\exp[-0.03(KC-6)]\}$ （$KC\geqslant 6$，圆桩） $\frac{d_s}{D}=2\{1-\exp[-0.015(KC-11)]\}$ （$KC\geqslant 11$，方桩） $\frac{d_s}{D}=2\{1-\exp[-0.019(KC-3)]\}$ （$KC\geqslant 3$，菱形桩） （仅适用于动床，$D/L_w<0.2$ 的细桩）	d_s 为桩基冲刷深度，D 为桩基阻水宽度，L_w 为波长，$KC=\frac{U_m T_w}{D}$，对于规则波，U_m 为波浪引起的水质点近底最大运动速度，T_w 为波周期；对于不规则波，$U_m=\sqrt{2\int_0^{\infty}S(f)df}$，$S(f)$ 为波浪能谱，f 为波频率，T_w 为谱峰周期
Sumer[96]	$\frac{d_s}{D}=f\left(KC,\frac{D}{L_w},\theta\right)$ （仅适用于动床，$D/L_w>0.2$ 的大直径桩） 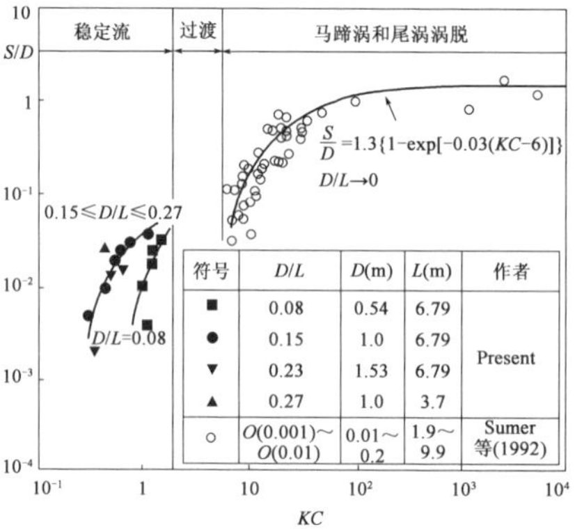 稳定流　过渡　马蹄涡和尾涡涡脱 S/D；KC $\frac{S}{D}=1.3\{1-\exp[-0.03(KC-6)]\}$　$D/L\to0$ $0.15\leqslant D/L\leqslant0.27$　$D/L=0.08$ 符号 / D/L / D(m) / L(m) / 作者：■ 0.08 0.54 6.79；● 0.15 1.0 6.79；▼ 0.23 1.53 6.79；▲ 0.27 1.0 3.7（Present）；○ $O(0.001)$～$O(0.01)$ 0.01～0.2 1.9～9.9 Sumer等(1992)	d_s 为桩基冲刷深度，D 为桩基阻水宽度，$KC=\frac{U_m T_w}{D}$，U_m 为波浪引起的水质点近底最大运动速度，T_w 为波周期，L_w 为波长，对于大直径圆桩波浪单独作用下的冲刷深度主要通过查左图的方式得到，图中 $S=d_s$
Zanke[97]	$\frac{d_s}{D}=2.5\left(1-0.5\frac{U_m}{U_c}\right)x_{rel}$ $U_c=1.4\left(2\sqrt{\rho' g d_{50}}+10.5\frac{\nu}{d_{50}}\right)$ $x_{rel}=\frac{x_{eff}}{1+x_{eff}}$ $x_{eff}=0.03\pi\left(1-0.35\frac{U_c}{U_m}\right)(KC-6)$ （仅适用于动床，$D/L_w<0.2$ 的细桩）	d_s 为桩基冲刷深度，D 为桩基阻水宽度，$KC=\frac{U_m T_w}{D}$，U_m 为波浪引起的水质点近底最大运动速度，T_w 为波周期，U_c 为底床泥沙临界起动流速，$\rho'=\frac{\rho_s-\rho}{\rho}$ 为相对密度，ρ_s 为底床泥沙密度，ρ 为水的密度，ν 为运动涡黏系数，d_{50} 为底床中值粒径

续上表

作者	公式	备注
黄建维[22]	$d_s = \frac{L_w}{2\pi}\mathrm{asinh}\left(\frac{\pi H}{2T_w \alpha U_c}\right) - h$ $U_c = M\sqrt{\frac{\rho_s - \rho}{\rho} g d_{50} + \frac{\varepsilon_k + gh\delta}{d_{50}}}$ （仅适用于 $0.2 < D/L_w < 0.75$ 的大直径桩）	d_s 为桩基冲刷深度，H 为建筑物前反射波高，$H = KH_0$，T_w 为波周期，$K = 1.36\left(\frac{D}{L_w}\right)^2 + 0.59\left(\frac{D}{L_w}\right) + 0.97$ 为反射系数，H_0 为入射波高，ε_k 为黏着力系数，δ 为薄膜水参数，L_w 为波长，h 为水深，U_c 为底床泥沙起动流速，α 为有关 h/H 的综合系数
Xie Shileng[23]	$d_s = \frac{0.4H}{\left[\sinh\left(\frac{2\pi h}{L_w}\right)\right]^{1.35}}$ （仅适用于细沙，直立堤前的冲刷）	d_s 为桩基冲刷深度，H 为波高，L_w 为波长，h 为水深
高学平[24]	$d_s = 0.065H\frac{L_w}{h} - 0.25H_{crit}$ $H_{crit} = U_c T \frac{\sinh(kh)}{2\pi}$ $U_c = 1.56\left(\frac{\rho_s - \rho}{\rho}\right)^{\frac{2}{3}} d_{50}^{1/3} T_w^{\frac{1}{3}}$ （仅适用于直立堤前的冲刷）	d_s 为桩基冲刷深度，H 为波高，L_w 为波长，h 为水深，U_c 为底床泥沙起动流速，ρ_s 为底床泥沙密度，ρ 为水的密度，d_{50} 为底床中值粒径，T_w 为波周期
陈国平[30]	$\frac{d_s}{H} = 0.09\left(2\frac{U_m}{U_c} - 1\right)\tanh\left(\frac{4.27D}{L_w}\right)\cdot\frac{L_w}{h}\cdot\left(\frac{d_{50}}{h}\right)^{0.134}\cdot\left(\frac{h}{H}\right)^{0.5}$ （仅适用于 $D/L_w > 0.2$ 的大直径桩）	d_s 为桩基冲刷深度，H 为波高，L_w 为波长，h 为水深，U_c 为底床泥沙起动流速，U_m 为波浪引起的水质点近底最大运动速度

通过表4-1内的公式可以看出，相比于恒定流条件下的桩基冲刷的研究，人们对波浪单独作用下的桩基局部冲刷的了解十分有限。很多有关桩基冲刷的影响因素还没有涉及，如动床冲刷和清水冲刷对于波浪引起的局部冲刷是否具有显著差异，底床泥沙粒径以及级配对于波浪冲刷的影响，不同墩型截面形状对波

浪冲刷的影响等。

同时，无论是对于细桩还是对于大直径圆桩，大部分研究者往往根据无量纲分析提出各自的经验公式。由于波浪作用下的桩基冲刷资料很少，现有的公式适用范围有限，不利于工程实际应用。特别是对于 $D/L_w < 0.2$ 的细桩，Sumer[25] 和 Zanke[97] 都强调了 KC 对冲刷影响的重要性，并且认为 $KC>6$ 为细圆桩开始发生局部冲刷的临界条件。虽然 KC 可以很好地反映波浪的运动尺度和结构物尺度之间的相对关系，但是依赖 KC 的波浪冲刷计算公式往往具有以下缺点：首先，根据 $KC=\frac{U_m T_w}{D}$ 的定义，KC 与底床泥沙的性质并没有关系，实际上，基础冲刷与底床的物理性质具有密切联系，利用 KC 作为临界冲刷的唯一判别依据有待进一步讨论；其次，过于简单的 KC 表达式结构同样会带来一些问题，例如对于同一直径 D 的圆桩，较大的 U_m（$U_m=2V_c$，动床冲刷）和较小的 $T_w=T_m$ 的乘积 $U_m T_w=2V_c T_m$，与较小的 U_m（$U_m=0.2V_c$，清水冲刷）和较大的 $T=10T_0$ 的乘积 $U_m T_w=2V_c T_m$ 结果一致，且都满足 $\frac{U_m T_w}{D}>6$，根据Sumer[25] 的公式，两者都将发生冲刷，且冲刷结果一致，然而在恒定流条件下，圆桩开始发生冲刷的临界流速为 $(0.4\sim0.5)V_c$（Melville[10]），即使 $T=\infty$，$KC=\infty$，在 $U_m=0.2V_c$ 的情况下也不会发生局部冲刷，这显然与计算结果矛盾；再次，对于细圆桩，只有在 $KC>6$ 时局部冲刷才会发生，而对于大直径圆桩，冲刷同样会发生在 $KC<6$ 的情况，由于 KC 的使用，大小直径圆桩冲刷公式不能得以统一，给计算带来不便。

4.3 波浪单独作用下桩基局部冲刷公式推导

单纯波浪作用下，假设冲刷坑为倒圆锥形，床面冲刷坑半径为 E，平衡冲刷深度为 d_s，则把冲坑内的泥沙搬运出来，克服重力做功为：

$$W=\frac{1}{3}\pi E^2 d_s(\rho_s-\rho)g\frac{1}{4}d_s \tag{4-1}$$

式中，ρ_s 为底床泥沙密度，ρ 为水的密度，g 为重力加速度。由于受到水下休止角的限制，一般冲刷坑水平范围 E 与冲刷深度 d_s 呈线性关系，令 $E=k_5 d_s$，k_5 为系数，带入式(4-1)得：

$$W=\frac{1}{12}\pi k_5^2 d_s^4(\rho_s-\rho)g \tag{4-2}$$

设冲刷坑平衡冲刷时间为 t_e，波能流为 P，则 t_e 时间内输入冲刷坑受到桩

基影响的波能为 $P \cdot D \cdot t_e$，D 为桩基直径，如图 4-3 所示。

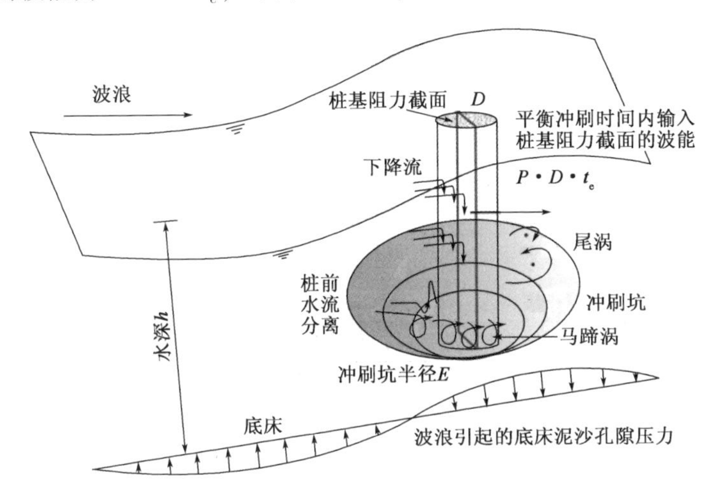

图 4-3 波浪单独作用下圆桩周围水流分布示意图

对于微幅波而言，有：

$$P \cdot D \cdot t_e = \frac{1}{2}\rho g H^2 \cdot \frac{g T_w}{2\pi}\tanh(kh) \cdot \frac{1}{2}\left[1 + \frac{2kh}{\sinh(2kh)}\right] \cdot D \cdot t_e \tag{4-3}$$

根据 Sumer[25] 的研究，对于波浪单独作用下的冲刷深度随时间发展有：

$$\frac{d_s(t)}{d_s} = 1 - \exp\left(-\frac{t}{T'}\right) \tag{4-4}$$

式中，t 为冲刷时间，$d_s(t)$ 为 t 时刻冲刷深度，d_s 为平衡冲刷深度，T' 为纯波浪作用下桩基冲刷时间尺度。

$$T' = \frac{D^2}{\left[g\left(\frac{\rho_s - \rho}{\rho}\right)d_{50}^3\right]^{\frac{1}{2}}} 10^{-6}\left(\frac{KC}{\theta_w}\right)^3 \tag{4-5}$$

$KC = \frac{U_m T_w}{D}$，$\theta_w = \frac{U_{fm}^2}{g\left(\frac{\rho_s - \rho}{\rho}\right)d_{50}}$，$U_{fm} = \sqrt{\frac{f_w}{2}}U_m$，$U_m = \frac{\pi H}{T_w} \cdot \frac{1}{\sin(kh)}$，$k = \frac{2\pi}{L_w}$，

$L_w = \frac{g T_w^2}{2\pi}\tanh(kh)$。

式中，d_{50} 为底床中值粒径，L_w 为波长，k 为波数，U_m 为波浪作用下近底水质点轨迹速度最大值，T_w 为波浪周期，H 为波高，θ_w 为未经桩基扰动波浪单独作用时对底床的相对切应力，U_{fm} 为波浪作用下底床摩阻流速，f_w 为波浪作用下

摩阻系数。根据 Swart[98] 的研究,

$$f_w = \exp\left[5.213\left(\frac{a_m}{\Delta'}\right)^{-0.194} - 5.977\right] \qquad \left(\frac{a_m}{\Delta'} > 1.57\right)$$

$$f_w = 0.3 \qquad \left(\frac{a_m}{\Delta'} \leqslant 1.57\right)$$

$$a_m = \frac{H}{2\sin(kh)}$$

a_m 为底床水质点运动最大幅值,Δ'为当量糙度,对于平坦底床可取 $\Delta' = d_{50}$ 或者 $2.5d_{50}$,对于沙纹底床取沙纹高度。

由式(4-4)可以看出,随着时间的增加, $d_s(t)$ 将无限接近平衡冲刷深度 d_s ,为了方便计算取达到 $0.99d_s$ 的时刻近似于平衡冲刷时刻 t_e ,即:

$$0.99 = 1 - \exp\left(-\frac{t_e}{T'}\right)$$

解得 $t_e \approx 4.605\,T'$,t_e 时间内输入冲刷坑内的波能将受到桩基的影响,形成马蹄涡和尾涡流等,使桩基周围底床拖曳力增强,形成冲刷,因此将式(4-2)与式(4-3)带入式(4-6),同时注意到波能并不是完全用于搬运泥沙,因此引入待定系数 k_6 和指数 k_7 。

$$W = k_6\,(P \cdot D \cdot t_e)^{k_7} \tag{4-6}$$

$$\frac{d_s}{D} = k_8\left\{\frac{\sqrt[4]{\dfrac{\rho}{\rho_s - \rho}gDH^2 \cdot T_w \cdot T' \cdot \tanh(kh)\left[1 + \dfrac{2kh}{\sinh(2kh)}\right]}}{D}\right\}^{k_7} \tag{4-7}$$

k_8 为综合了 k_6 和式(4-2)、式(4-3)中的常数项的待定系数。又考虑到实际情况中的波浪具有一定的非线性特征,因此引入 $\text{Ursell} = \dfrac{HL_w^2}{h^3}$ 表示非线性影响,式(4-7)可以写成:

$$\frac{d_s}{D} = k_8\left\{\frac{\sqrt[4]{\dfrac{\rho}{\rho_s - \rho}gDH^2 \cdot T_w \cdot T'\tanh(kh)\left[1 + \dfrac{2kh}{\sinh(2kh)}\right]}}{D}\right\}^{k_7} \cdot \left(\frac{HL_w^2}{h^3}\right)^{k_9} \tag{4-8}$$

k_9 为待定系数,由于式(4-8)是基于能量平衡方程推导得出的,可以避免大小直径圆桩在 $KC=6$ 处的不连续,利用 Sumer[25,96] 和 Yasser[99] 的实验资料拟合得到

$$\frac{d_s}{D}=\exp(-4.654)\cdot\left\{\frac{\sqrt[4]{\frac{\rho}{\rho_s-\rho}gDH^2\cdot T_w\cdot T'\cdot\tanh(kh)\left[1+\frac{2kh}{\sinh(2kh)}\right]}}{D}\right\}^{0.8637}\cdot\left(\frac{HL_w^2}{h^3}\right)^{0.1169}$$

$$\sigma_{\frac{d_s}{D}}=0.38 \tag{4-9}$$

其中,定义 $\sigma_{\frac{d_s}{D}}=\{d_{s(实测)}/D-d_{s[式(4\text{-}9)计算]}/D\}_{\max}$。根据 Sumer[36] 的实验,$\frac{\tau}{\tau_\infty}=O(4)$,$\tau$ 为波浪单独作用下桩基周围的底床切应力,τ_∞ 为无穷远处未经扰动的波浪对底床的切应力。当局部冲刷发生时,桩基周围的切应力 $\tau=\rho\frac{f_w}{2}U_m^2$ 应大于或等于泥沙的起动切应力 $\tau_c=\rho v_{*c}^2$,其中 v_{*c} 底床泥沙的临界摩阻流速,$U_m\geqslant\sqrt{\frac{1}{2f_w}}v_{*c}$。

在式(4-9)的推导过程,利用了能量守恒的原理,而不针对桩基周围波浪水质点复杂运动规律的研究,不需要区分波浪在大小直径圆桩表面是否发生反射的问题,从而在理论上将两种类型的波浪冲刷过程归于统一的表达式,减少了公式的数量,同时消除了波浪引起的局部冲刷对 KC 的完全依赖。各公式计算结果对比如图4-4 所示,横坐标为计算值,纵坐标为实测值,黑色直线的斜率为45°,实验点越靠近这条直线说明公式的计算准确度越高。陈国平公式的计算值明显偏高,黄建维公式的计算结果甚至出现了负值,因此他们的公式不适用于所选取的实验数据。对于小直径圆桩而言,Sumer 公式和 Zanke 公式计算结果相对较好,但是对于大直径圆桩而言,Sumer 公式的计算结果全部为0,Zanke 公式的计算结果全部为负值,说明两公式不适用于大直径圆桩。相对于其他公式而言,式(4-9)计算结果与实际测量值更加吻合,不仅可以满足细桩局部冲刷的计算,还可适用于大直径圆桩。由于实测数据全部来自动床的情况,因此式(4-9)仅适用于动床的情况。鉴于目前波浪单独作用下的桩基冲刷实验资料还十分匮乏,今后还可通过实验的方法对式(4-8)继续添加墩型系数 K_ξ,泥沙级配系数 K_σ 等参数。

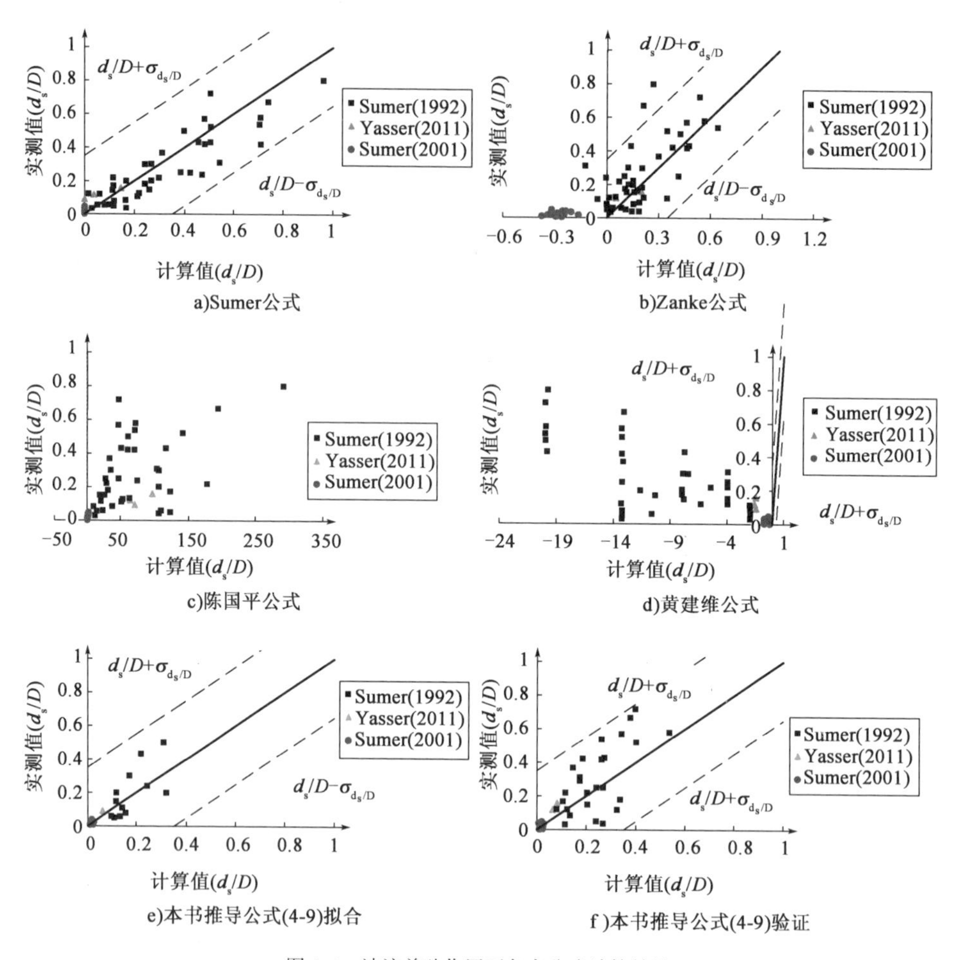

图4-4 波浪单独作用下各家公式计算结果

4.4 波流共同作用下的桩基冲刷

波浪由于周期性的改变方向，边界层来不及充分发展，因此边界层很薄，而水流为单向流动，边界层很厚，甚至达到整个水深，当波浪和水流叠加时，两种不同的流速垂线分布形式相互影响，从而形成特殊的流速分布形态和底床拖曳力分布。波浪掀沙，潮流输沙，一方面，波浪提供了强大的、周期性的底床拖曳力，使得泥沙很容易进入运动状态，因此在 KC 很小时，即使叠加一个流速很小的水流，由于桩基周围的泥沙输移能力增强，桩前马蹄涡的空间尺度变大，持续时间增长，也会使得冲刷深度明显增加；另一方面，波浪对底床的周期性的压力作用同样影响着泥沙颗粒之间的空隙水压力，甚至导致底床的液化，严重威胁结构物安全。Sumer[96]对波流共同作用下的圆桩冲刷进行了系统性的研究，引入相对速度 $U_{cw}=\dfrac{V_c}{V_c+U_m}$，其中 V_c 为近底层流速，可用距离底床0.5D处的流速表示，U_m 为波浪单独作用下近底水质点运动流速最大值，U_{cw} 表示水流导致的流速占波流共同作用形成流速的比例。当 $U_{cw}\rightarrow 0$ 时，相当于只有波浪单独作用；当 $U_{cw}\rightarrow 1$ 时，相当于水流单独作用。实际上，当 $U_{cw}>0.7$ 时，尾涡流已经只出现在水流方向的下游，而不随波浪水质点转向而变化，此时的冲刷深度只受水流条件控制。他还对比了波浪与水流同向和垂向传播的单圆桩冲刷实验，两种条件下的冲刷结果差异不大。我国学者王汝凯[100]，陈海鸥[101]，李林甫[34]等也分别根据各自的实验，提出了波流共同作用下的经验公式，国内外经典波流作用下桩基局部冲刷公式如表4-2所示。

波流共同作用下桩基冲刷公式 表4-2

作　者	公　式	备　注
Sumer[27]	$\dfrac{d_s}{D}=\dfrac{d_{sc}}{D}\{1-\exp[-A(KC-B)]\}\quad(KC\geqslant B)$ $A=0.03+0.75U_{cw}^{2.6}$ $B=6\exp(-4.7U_{cw})$ $U_{cw}=\dfrac{V_c}{V_c+U_m}$ （仅适用于动床，$D/L_w<0.2$ 的细桩）	d_s 为桩基冲刷深度，d_{sc} 为相同水深、流速条件下，水流单独作用时的平衡冲刷深度，D 为直径，V_c 为水流单独作用下的近底流速（可用距离底床0.5D处的流速表示），U_m 为波浪单独作用下近底水质点运动流速最大值，U_{cw} 表示水流导致的流速占波流共同作用形成流速的比例，L_w 为波长
Qi WenGang[39]	$\lg\left(\dfrac{d_s}{D}\right)=-0.8\exp\left(\dfrac{0.14}{Fr_a}\right)+1.11$ $Fr_a=\dfrac{U_a}{\sqrt{gD}}$ $U_a=U_c+\dfrac{2}{\pi}U_m$ （适用范围：$0.1<Fr_a<1.1$，$0.4<KC<26$）	d_s 为桩基冲刷深度，D 为圆桩直径，U_c 为水流单独作用下近底流速，U_m 为波浪引起的近底最大流速

续上表

作　者	公　式	备　注
王汝凯[100]	普遍冲刷深度： $\lg\left(\frac{d_s}{h}+0.05\right)=-0.663+0.3649\lg\alpha$ 局部冲刷深度： $\lg\left(\frac{d_s}{h}\right)=-1.2935+0.1917\lg\beta$ 总冲刷深度： $\lg\left(\frac{d_s}{h}\right)=-1.4071+0.2667\lg\beta$ $\alpha=\frac{H^2L_wV\left[V+\frac{\left(\frac{1}{T}-\frac{V}{L_w}\right)HL_w}{2h}\right]^2}{[(\rho_s-\rho)/\rho]g^2h^4d_{50}}$ $\beta=\frac{H^2L_wV^3D\left[V+\frac{\left(\frac{1}{T}-\frac{V}{L_w}\right)HL_w}{2h}\right]^2}{[(\rho_s-\rho)/\rho]\nu g^2h^4d_{50}}$ （仅适用于 $D/L_w<0.2$ 的细桩）	d_s 为桩基冲刷深度，D 为圆桩直径，h 为水深，H 为波高，L_w 为波长，V 为来流垂线平均流速，ρ_s 为泥沙密度，ρ 为水的密度，d_{50} 为底床中值粒径，ν 为运动黏性
陈海鸥[101]	$\frac{d_s}{h}=81.4\frac{V^2}{gh}+0.583\frac{D}{L_w}+5.061\frac{h}{L_w}+3.4\frac{H}{L_w}-1.18$ （仅适用于 $D/L_w>0.2$ 的大直径桩）	d_s 为桩基冲刷深度，D 为圆桩直径，h 为水深，H 为波高，L_w 为波长，V 为垂线平均流速
李林普[34]	$\frac{d_s}{h}=0.14\left[\sinh\left(\frac{2\pi h}{L_w}\right)\right]^{-1.35}+44.35\frac{V^2}{gh}+0.1\exp\left(\frac{D}{L_w}\right)+\alpha$ $\alpha=0,D/L_w\geqslant0.5$；$\alpha=-0.102,D/L_w<0.5$ （仅适用于 $0.07<h/L_w<0.28$ 的浅海，相对细颗粒 $d_{50}\leqslant(0.04\sim0.05)D$，$D/L_w=0.3\sim0.7$ 的大直径圆桩）	d_s 为桩基冲刷深度，D 为圆桩直径，h 为水深，L_w 为波长，V 为垂线平均流速

4.5　波流共同作用下桩基局部冲刷公式推导

参考波浪单独作用下的桩基冲刷公式推导过程,假设波能 $(P \cdot D \cdot t_e)$ 和水流动能 $\left(\frac{1}{2}\rho hV^3 \cdot D \cdot t_e\right)$ 共同作用(图4-5),克服重力做功 $W = \frac{1}{12}\pi k_{10}^2 d_s^4(\rho_s - \rho)g$,将泥沙从倒圆锥形冲刷坑内搬运出来,即:

$$k_{11}P \cdot D \cdot t_e + k_{12}\frac{1}{2}\rho h V^3 \cdot D \cdot t_e = W = \frac{1}{12}\pi k_{10}^2 d_s^4(\rho_s - \rho)g \tag{4-10}$$

式中,P 为波能流,D 为圆桩直径,t_e 为波流共同作用下的平衡冲刷时间,ρ_s 为底床泥沙密度,ρ 为水的密度,g 为重力加速度,k_{11} 和k_{12} 为待定系数,k_{11} 代表波能流冲刷泥沙做功的比例系数,与波浪的非线性等波动力因素有关;k_{12} 代表水流动能搬运泥沙的做功比例。$k_1 = D/(2d_s)$ 与底床泥沙的水下休止角有关。

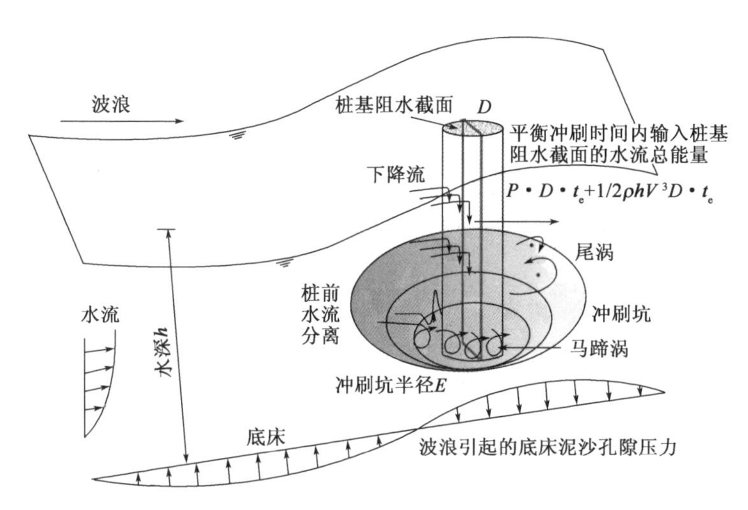

图4-5　波流共同作用下圆桩周围水流分布示意图

由式(4-10)得:

$$\frac{d_s}{D} = \frac{\sqrt[4]{\frac{12D \cdot t_e}{\pi(\rho_s - \rho)g}\left(k_{11}P + k_{12}\frac{1}{2}\rho hV^3\right)}}{D}$$

为了便于公式拟合,将上式可以写成:

$$\frac{d_s}{D}=k_{13}\frac{\sqrt[4]{\frac{D\cdot t_e}{(\rho_s-\rho)g}\cdot\frac{1}{2}\rho gH^2\frac{gT_w}{2\pi}\tanh(kh)\frac{1}{2}\left[1+\frac{2kh}{\sinh(2kh)}\right]}}{D}+k_{14}\frac{\sqrt[4]{\frac{D\cdot t_e}{(\rho_s-\rho)g}\cdot\frac{1}{2}\rho hV^3}}{D}\tag{4-11}$$

其中，k_{13} 和k_{14} 为简化公式之后的待定系数 。T_w 为波浪周期，H 为波高，h 为水深，$k=\frac{2\pi}{L_w}$ 为波数，L_w 为波长，V 单纯水流条件下的垂线平均流速。$t_e=4.605\,T^*$ 为平衡冲刷时间，T^* 为波流共同作用下的冲刷时间尺度。

目前对波流共同作用下桩基的平衡冲刷时间 t_e 的研究很少，Petersen[38] 在研究波流共同作用下的平衡冲刷时间时参考了式(4-4)和式(4-5)的形式，通过物理模型实验发现，波流共同作用下的 T^* 与 θ_w 、KC 和 U_{cw} 有关(图 4-6)，即 $T_*=f(\theta_w,KC,U_{cw})$ ，其中，θ_w 为波浪单独作用下的相对切应力，实验结果汇总如图 4-6 所示。在 Petersen[38] 的实验中，KC 的范围为 4 ~20。从图 4-6 可以看出，当 $0.3\leqslant U_{cw}\leqslant 0.7$ 时，针对同一 θ_w 值，不同 KC 所对应的 T_* 近似集中成为一条曲线，KC 对 T^* 的影响不大，T^* 可简化为只与 θ_w 和U_{cw} 相关的函数。而当 $U_{cw}=0$ 时，T^* 受 KC 的影响非常巨大 ，不同的 KC 所对应的 T^* 之间具有很大的差异，此时相当于波浪单独作用下的桩基冲刷，可根据 $T^*=10^{-6}\left(\frac{KC}{\theta_w}\right)^3$ 计算平衡冲刷时间；当 $U_{cw}=1$ 时，等价于恒定流作用下的桩基冲刷，可根据 $T^*=\frac{1}{2000}\frac{\delta}{D}\theta^{-2.2}$ 计算平衡冲刷时间，θ 为未经桩基扰动的恒定流单独作用时对底床的相对切应力。根据 Petersen[38] 的实验结果，得到以下波流共同作用下的冲刷时间尺度计算公式：

$$T^*=\begin{cases}\dfrac{T^*(U_{cw}=0.3)-10^{-6}\left(\frac{KC}{\theta_w}\right)^3}{0.3}U_{cw}+\dfrac{0.3\times10^{-6}\left(\frac{KC}{\theta_w}\right)^3}{0.3} & (U_{cw}<0.3)\\ k_{15}U_{cw}^2+k_{16}U_{cw}+k_{17} & (0.3\leqslant U_{cw}\leqslant 0.7)\\ \dfrac{\frac{1}{2000}\frac{\delta}{D}\theta^{-2.2}-T^*(U_{cw}=0.7)}{0.3}U_{cw}+\dfrac{T^*(U_{cw}=0.7)-0.7\times\frac{1}{2000}\frac{\delta}{D}\theta^{-2.2}}{0.3} & (U_{cw}>0.7)\end{cases}\tag{4-12}$$

$$k_{15} = 743310\theta_{w}^{2} - 157555\theta_{w} + 457.11$$

$$k_{16} = -720511\theta_{w}^{2} + 157500\theta_{w} - 564.87$$

$$k_{17} = 158490\theta_{w}^{2} - 3791.2\theta_{w} + 228.29$$

$$\theta_{w} = \frac{U_{fm}^{2}}{g\left(\frac{\rho_{s} - \rho}{\rho}\right)d_{50}}, U_{fm} = \sqrt{\frac{f_{w}}{2}}U_{m}, U_{m} = \frac{\pi H}{T_{w}} \cdot \frac{1}{\sin(kh)}$$

$$k = \frac{2\pi}{L_{w}}, L_{w} = \frac{gT_{w}^{2}}{2\pi}\tanh(kh), \theta = \frac{v_{*}^{2}}{g\left(\frac{\rho_{s} - \rho}{\rho}\right)d_{50}}, v_{*} = V\sqrt{g}/C, C = \frac{\sqrt{g}}{k}\ln\left(\frac{12R}{K_{s}}\right)$$

其中，d_{50} 为底床中值粒径，U_{m} 为波浪作用下近底水质点轨迹速度最大值，θ 为波浪作用下底床相对切应力，U_{fm} 为波浪作用下底床摩阻流速，f_{w} 为波浪作用下摩阻系数，可按照4.3节中提及的Swart[98]计算，v_{*} 为摩阻流速，V 单纯水流条件下的垂线平均流速，C 为谢才系数，$k = 0.4$ 为卡门常数，R 为水力半径，K_{s} 为底床粗糙度，可取 $3d_{90}$，g 为重力加速度。平衡冲刷时间 t_{e} 可根据波流共同作用下的冲刷时间尺度 T^{*}，通过式(4-5)计算。

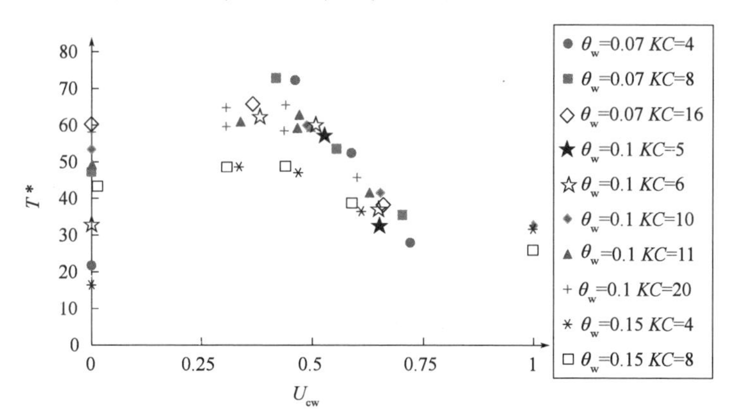

图4-6 波流共同作用下时间尺度 T^{*} 与 θ_{w} 和 U_{cw} 的关系(Petersen[38])

为了方便计算，在后文计算 U_{cw} 时统一采用摩阻流速 v_{*} 代替近底层流速 V_{c}，即：

$$U_{cw} = \frac{v_{*}}{v_{*} + U_{m}}$$

根据 Sumer[27,101]、陈海鸥[50]、Qi WenGang[39]的实验资料,式(4-12)拟合结果为:

$$\frac{d_{s}}{D}=0.008151\frac{\sqrt[4]{\frac{D\cdot t_{e}}{(\rho_{s}-\rho)g}\cdot\frac{1}{2}\rho g H^{2}\frac{gT_{w}}{2\pi}\tanh(kh)\frac{1}{2}\left[1+\frac{2kh}{\sinh(2kh)}\right]}}{D}+$$

$$0.04225\frac{\sqrt[4]{\frac{D\cdot t_{e}}{(\rho_{s}-\rho)g}\cdot\frac{1}{2}\rho h V^{3}}}{D}$$

$$\sigma_{\frac{d_s}{D}}=0.65 \tag{4-13}$$

其中,$t_{e}=4.605\,T^{*}$,$\sigma_{\frac{d_s}{D}}=\{d_{s(实测)}/D-d_{s[式(4-13)计算]}/D\}_{max}$。

图 4-7 为相同实验资料下,分别利用式(4-15)与各家经典波流冲刷公式的计算结果和实测数据进行的比较,横坐标为计算值,纵坐标为实测值,黑色直线的斜率为45°,实验点越接近这条直线说明公式的计算准确度越高。从图中可以看出,李林甫公式和陈海鸥公式由于自身公式结构的原因,当预测细圆桩冲刷时均出现了负值,表明他们的公式仅适用于大直径圆桩;王汝凯公式的计算结果普遍偏大;虽然 Sumer 公式对于细圆桩的预测结果与实测值非常接近,但是其对于大直径圆桩的计算结果全部为0,说明 Sumer 公式仅适用于细圆桩波流冲刷;式(4-13)不仅可以同时适用于大、小直径圆桩的波流冲刷计算,而且具有更高的准确性。由于拟合公式时使用的数据全部来自动床情况,因此式(4-13)仅适用于动床条件。目前有关波流共同作用下桩基冲刷临界条件的研究还十分匮乏,所有实验基本上都是建立在动床的基础上,这与波流叠加的复杂性有直接的关系。恒定流条件下的桩基临界冲刷条件为 $V=(0.4\sim0.5)V_{c}$,V 为水流垂线平均流速,V_{c} 为底床泥沙的临界起动流速,由于波浪的叠加有助于泥沙的起动,所以波流共同作用下的临界条件应该低于 $(0.4\sim0.5)V_{c}$。由于波流共同作用下的桩基冲刷临界条件尚不明确,出于安全角度考虑,可直接利用式(4-13)进行计算,而不区分清水冲刷和动床冲刷条件。随着今后数据的不断丰富,还可对式(4-11)的待定系数 k_{13} 和k_{14} 进行修正,或者继续添加墩型系数 K_{ξ}、泥沙级配系数 K_{σ} 等参数。

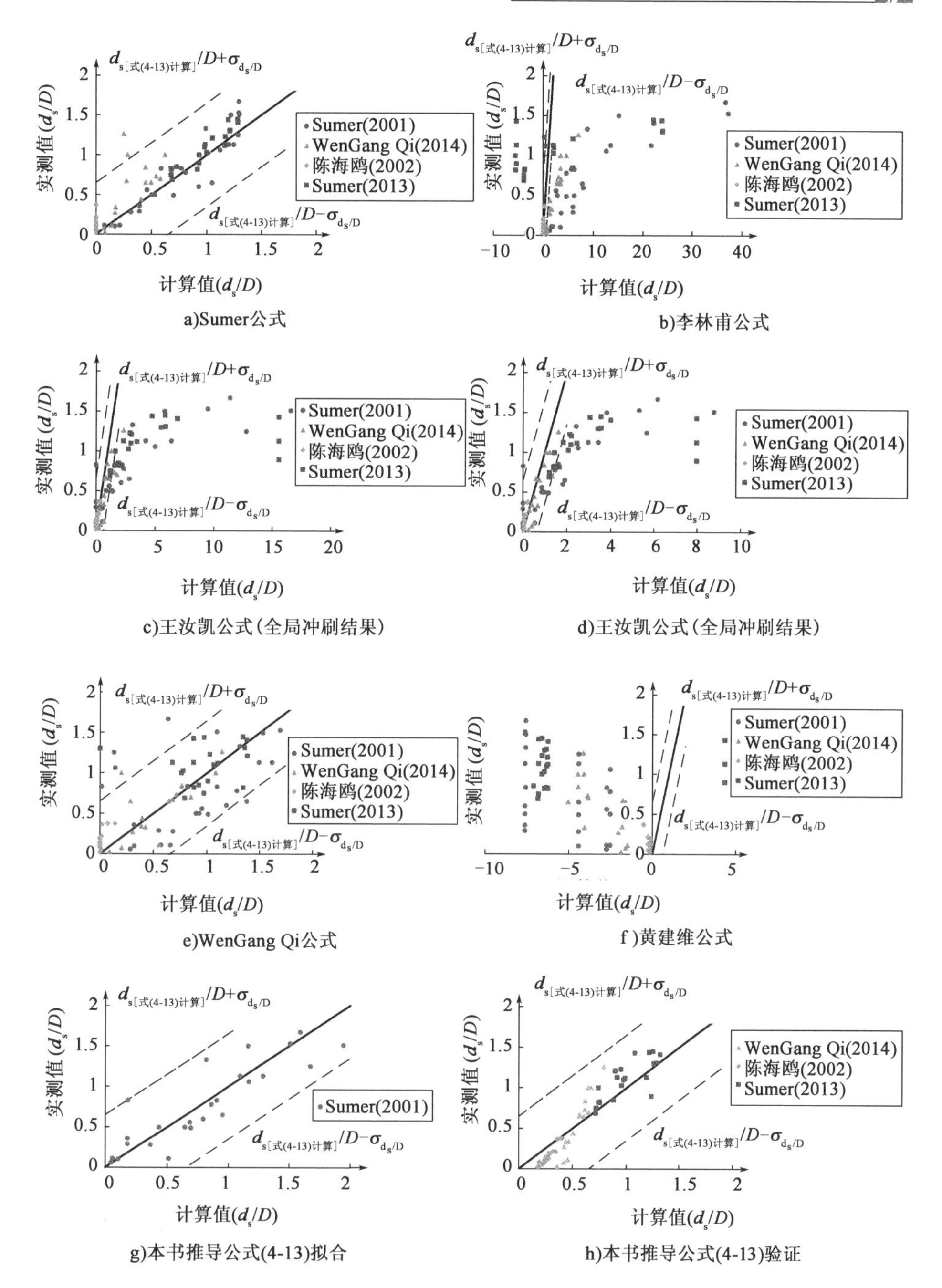

a)Sumer公式

b)李林甫公式

c)王汝凯公式(全局冲刷结果)

d)王汝凯公式(全局冲刷结果)

e)WenGang Qi公式

f)黄建维公式

g)本书推导公式(4-13)拟合

h)本书推导公式(4-13)验证

图4-7 波流共同作用下各家公式计算结果

4.6 小　　结

基于能量守恒原理对波浪单独作用和波流共同作用下的单圆桩局部冲刷过程进行了研究,分别提出了适用于波浪单独作用和波流共同作用下单圆桩局部冲刷的半经验半理论公式[式(4-9)]和[式(4-13)],计算结果与实测数据吻合良好。与以往的公式相比,两个公式均同时适用于大、小直径圆桩,而且公式中各物理量之间的逻辑关系比较清晰,准确度更高。同时还提出了利用式(4-12)来计算波流共同作用下的时间尺度计算方法,为研究波流作用下冲刷坑随时间的变化提供了支持。

5 三桩导管架海上风电基础冲刷物理模型实验

5.1 引　　言

基于江苏辐射沙洲海域的地质条件和水动力条件，风电基础很多设计为三桩导管架形式。因此，结合江苏海上风电的设计情况，物理模型冲刷实验将围绕三桩导管架风电基础形式展开。目前，世界上很多国家都颁布了海上风电装机设计与施工规范，对结构物的大部分细节进行了具体的规定。但是，许多规范并没有提供有关不同基础形式局部冲刷的预测方法，如 BSH[102] 和 DIN[103]。我国的《海上风力发电机组认证规范》指出：在基础设计过程中应考虑部分桩基未被支撑，如对基础处的特定环境没有其他可用数据，设计时桩基冲刷深度可以设定为 2.5D，其中 D 为桩体直径，在保证定期检测和检查的情况下，可以保守性的做较小的设定。这一冲刷估算方法与德国提出的局部冲刷预测方法[43]一致（Guideline for the Certification of Offshore Wind Turbines）。另一个提出基础冲刷具体方法的规范是由挪威船级社提出的 DNV[44]，规范规定按照 Sumer[25] 提出的公式进行冲刷估计，具体公式如下：

$$\frac{d_s}{D_0} = 1.3 \times \{1 - \exp[-0.03 \times (KC - 6)]\} \qquad (KC \geqslant 6) \qquad (5\text{-}1)$$

$$KC = \frac{U_m T_w}{D_0}$$

式中，d_s 为风电基础局部冲刷深度，D_0 为风电基础桩基直径，U_m 为波浪水质点在近底轨道运动时的最大流速，T_w 为波周期。

实际上，根据 Sumer[25] 的实验，式（5-1）有三个限定条件：①公式只适用于波浪单独作用下的单圆桩局部冲刷；②公式只适用于动床情况下，即 $\theta_w > \theta_c$，θ_w 为波浪作用下对底床的相对切应力，θ_c 为底床泥沙临界起动相对切应力；③公式只适用于小直径圆桩，即 $D_0/L_w < 0.2$，其中 L_w 为波长。根据从以上限定，首先，海上风电基础冲刷不仅仅只受到波浪的影响，同时还受到潮流的影响，实际

上海上风电基础冲刷应考虑波流共同作用，根据 Melville[59] 的研究，恒定流条件下的桩基冲刷上限为 $2.4D_0$，而式(5-1)的极限冲刷值仅为 $1.3D_0$，因此水流对桩基冲刷的影响不应忽略；其次，实际工程中的水流条件非常复杂，不能保证动床条件，目前波浪作用和波流共同作用下的桩基冲刷研究还集中在动床条件，清水冲刷还未涉及，但是根据以往恒定流条件下的实验研究发现，局部冲刷深度并非随着流速的增加而持续增大，而是出现两个峰值，第一个峰值出现在底床泥沙临界起动流速，即 $V = V_c$，第二个峰值出现在底床处于动平床阶段，对于底床粒径较粗的情况(如 $d_{50} > 0.7$mm)，泥沙随着流速的增加不会产生沙纹，这样的泥沙的最大冲刷深度将在水流流速达到临界起动流速 V_c 时取得，当底床泥沙粒径较细时，随着流速的增加将会产生沙纹，最大冲刷深度出现在动平床阶段。最大冲刷深度不仅与流速有关，还与底床粒径密切相关，动床条件下的实验结果不能适应于清水冲刷，尤其是在底床粒径较大的情况下，动床公式的计算结果往往低估最大冲刷深度，这可能导致严重的安全事故；再次，海洋中的波浪不是单色波，而是包含各种频率的风浪和涌浪，不同波浪的波长也不一致，虽然对于小直径圆桩($D_0/L < 0.2$)式(5-1)成立，但不代表 $KC \leq 6$ 时桩基周围就不会发生冲刷，Sumer[96] 通过实验发现，大直径圆桩($D_0/L_w > 0.2$)在 $KC \leq 6$ 时同样会发生冲刷，但是式(5-1)对大直径圆桩显然无能为力。

对于恒定流条件下引起的桥墩局部冲刷问题，很多学者进行了广泛的研究，但是对于三桩导管架这种新的基础形式，目前还没有人进行水流条件下的冲刷实验，也没有相关的墩型系数 K_ξ 的提出。虽然 Whitehouse[104] 和 Harris[50] 等人进行了许多海上风电基础的冲刷实验，但是这些实验基本上都是针对单桩基础形式，因此三桩导管架这种海上风电基础形式的局部冲刷规律仍然需要进一步研究。

本章主要研究恒定流条件下三桩导管架基础冲刷的特点和其对周围水流环境的影响，以及不同流速、水深、角度、底床粒径和波高对最大冲刷深度的影响规律。

5.2 实验条件和测量数据

5.2.1 粗颗粒底床水流与冲刷实验

粗颗粒底床实验数据全部来自新西兰奥克兰大学土木与环境工程流体力学实验室，所有实验在一个宽 2.4m、深 0.3m、长 16.5m 的水槽里进行。该水

槽主要由4部分组成:入流水槽、出流水槽、泥沙收集水槽以及水流通道。实验沙坑设置在入水口下游7m处,沙坑全长2.8m,0.45m深,宽度与水槽过水断面宽度一致。全部水槽沿水流方向的截面图如图5-1所示。为了保证输入水流流量的稳定,入流水流由实验室水库提供,水库水位与外界自来水相连,可以保证水位恒定不变。同时,在入流口处安排10层0.5m长,直径为0.03m的PVC管,从而减小水流的横向紊动。水流流速由ADV测量,沙坑段底床泥沙中值粒径选为 $d_{50}=0.85$mm,粒径几何标准差 $\sigma_g=1.3<1.5$,根据Dey[78]和的研究,实验用沙属于均匀沙,更多有关模型沙的物理性质的描述如表5-1。

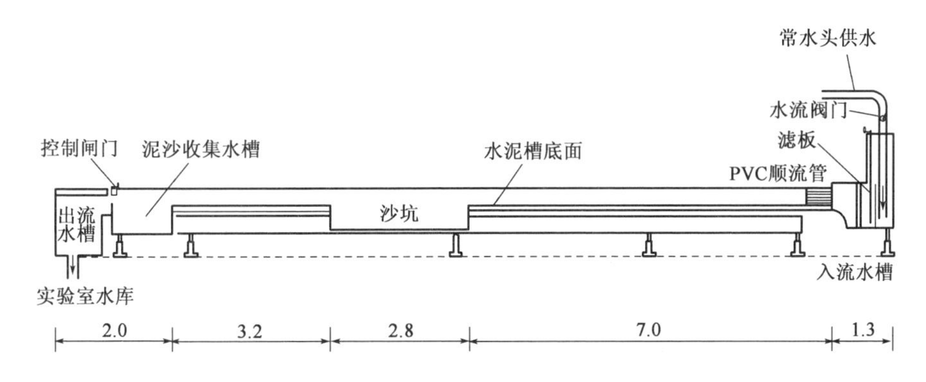

图5-1 水槽截面示意图(尺寸单位:m)

模型沙的物理性质 表5-1

形式	d_{16}(mm)	d_{84}(mm)	d_{50}(mm)	σ_g	比重	v_{*c}(m/s)
底床	0.62	1.04	0.85	1.3	2.65	0.02

注:d_{16} 和 d_{84} 分别代表有16%和84%的泥沙粒径小于该粒径;v_{*c} 为底床泥沙临界起动摩阻流速。

由于实验采用的泥沙粒径较粗(>0.7mm),当水流流速接近临界起动流速时不会有沙纹产生,根据Chee[5]的实验结论,该模型沙条件下的局部最大冲刷深度在临界起动流速时获得。在实验中,三桩导管架基础冲刷考虑4种水深、4种流速和3类水流交角。其中,冲刷历时为2h的组次为4×4×3=48,冲刷历时为30h的组次为2×4×3=24组,具体实验条件安排如表5-2所示。另外还有5组与导管桩直径一致的单圆桩冲刷实验作为对比。

粗颗粒底床(d_{50} = 0.85mm)实验条件　　表 5-2

模型	沿水深平均流速 V	水深 h (m)	水流交角 α (°)	冲刷时间 t (h)
三桩导管架	$0.5V_c$、$0.7V_c$、$0.8V_c$、$0.9V_c$	0.1、0.15、0.2、0.25	0、30、60	2(包括全部 4 种流速、4 种水深和 3 种水流交角) 30(只包括 $0.5V_c$ 和 $0.9V_c$ 两种流速,其余与两小时相同)
单圆桩	$0.9V_c$	0.1、0.15、0.2、0.25	—	30

鉴于桩基局部冲刷属于三维问题,垂向水流及马蹄涡形旋涡水流运动是决定冲刷深度及形态的主要因素。因此,需采用正态模型予以研究。考虑到实验场地和生流能力,三桩导管架模型是根据近期东中国海在建的风电基础形式按照 1∶60 正态比尺制作,单圆桩直径与导管桩直径一致,高度分为两种:一种与三桩导管架中导管桩高度相同,另一种高度为 700mm(大于实验中所应用的最大水深)。根据重力相似准则,恒定流条件下实验水深变化范围相当于实际情况中 6 ~ 15m 水深,流速变化范围为 1.32 ~ 2.87m/s。三种模型的几何特征以及冲刷深度测量点位置如图 5-2 所示。在模型放入沙坑中央后,用钢梁将坑内的泥沙压平整,并保证坑内泥沙面高度与外界水槽底面齐平。实验开始前,先从下游向水槽内缓缓注水,从而提供一个初始水深,以防止入流口突然放水造成的冲刷。冲刷完成后,入流阀门关闭,水槽内的水缓慢排出,然后进行冲刷深度和冲刷坑范围的测量。这里定义冲刷坑范围是从主桩圆心到冲刷坑边缘的水平距离,如图 5-2f) ~ g),沿水流方向的冲刷距离(E_x)取冲刷坑上、下游范围内的最大冲刷距离,垂直于水流方向的冲刷距离(E_y),为冲刷坑两侧的平均距离。

图 5-2a) 和 b) 为三桩导管架基础模型的俯视图和前视图;图 5-2c) ~ e) 为三种水流交角,黑色圈点为冲刷深度测量点位置,分布于主桩和导管桩迎水面 0°,±90°,180°,以及其连接处,位于横桩的冲刷点布置于其中点处;图 5-2f) 和 g) 为直径相同,高度不同的两种单圆桩;E_x 和 E_y 分别为沿水流方向和垂直于水流方向上冲刷坑边缘到主桩中心最大距离,具体实验结果如表 5-3 所示,图 5-2i) 和 j) 分别为单圆桩和三桩导管架基础周围的冲刷形态,图 5-2k) 为利用 ADV 测量流速的过程。

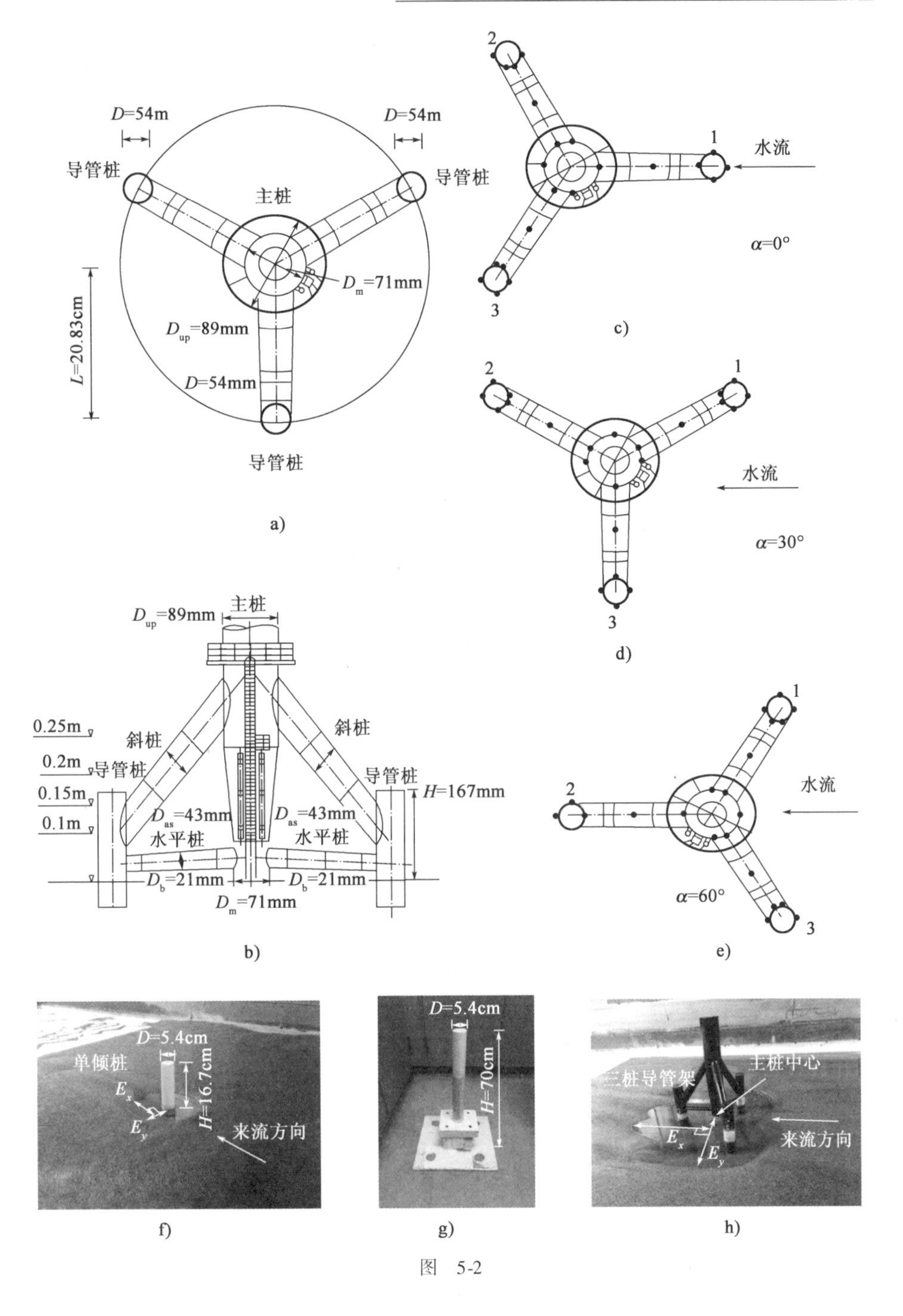

D=54m
D=54m
导管桩
导管桩
主桩
D_m=71mm
D_up=89mm
L=20.83cm
D=54mm
导管桩
a)
2
1
水流
α=0°
3
c)
2
1
水流
α=30°
3
d)
主桩
D_up=89mm
0.25m
斜桩
斜桩
0.2m
导管桩
导管桩
H=167mm
0.15m
D_as=43mm
D_as=43mm
0.1m
水平桩
水平桩
D_b=21mm
D_b=21mm
D_m=71mm
b)
1
2
水流
α=60°
3
e)
D=5.4cm
单倾桩
H=16.7cm
E_x
E_y
来流方向
f)
D=5.4cm
H=70cm
g)
三桩导管架
主桩中心
E_x
E_y
来流方向
h)

图 5-2

i)

j)

k)

图 5-2　冲刷模型与测点布置

d_{50} =0.85mm 粗颗粒底床恒定流冲刷实验条件及结果　　表 5-3

序　号	t (h)	V/V_c	h (m)	α (°)	d_s (mm)	d_s/D	E_x (mm)	E_y (mm)	POMSD
1	30	0.9	0.25	60	172	3.2	715	481	2
2	30	0.9	0.2	60	140	2.5	645	451	2
3	30	0.9	0.15	60	127	2.35	605	412	1 或 3
4	30	0.9	0.1	60	80	1.48	585	337	1 或 3
5	30	0.5	0.25	60	40	0.74	531	424	1 或 3
6	30	0.5	0.2	60	26	0.48	496	409	1 或 3
7	30	0.5	0.15	60	17	0.31	431	380	1 或 3
8	30	0.5	0.1	60	13	0.24	359	354	1 或 3

续上表

序 号	t (h)	V/V_c	h (m)	α (°)	d_s (mm)	d_s/D	E_x (mm)	E_y (mm)	POMSD
9	30	0.9	0.25	30	158	2.93	641	475	3
10	30	0.9	0.2	30	140	2.59	641	465	3
11	30	0.9	0.15	30	138	2.56	426	460	3
12	30	0.9	0.1	30	91	1.59	287	395	3
13	30	0.5	0.25	30	56	1.04	206	276	3
14	30	0.5	0.2	30	26	0.48	181	264	3
15	30	0.5	0.15	30	17	0.31	159	234	3
16	30	0.5	0.1	30	16	0.3	156	231	3
17	30	0.9	0.25	0	149	2.75	250	276	2 或 3
18	30	0.9	0.2	0	130	2.41	265	264	2 或 3
19	30	0.9	0.15	0	130	2.4	256	264	2 或 3
20	30	0.9	0.1	0	88	1.63	265	259	2 或 3
21	30	0.5	0.25	0	40	0.74	277	330	2 或 3
22	30	0.5	0.2	0	30	0.56	242	285	2 或 3
23	30	0.5	0.15	0	18	0.33	237	275	2 或 3
24	30	0.5	0.1	0	14	0.26	222	265	2 或 3
25	2	0.9	0.25	60	105	1.94	255	368	1 或 3
26	2	0.9	0.2	60	94	1.74	260	377	1 或 3
27	2	0.9	0.15	60	85	1.57	255	336	1 或 3
28	2	0.9	0.1	60	65	1.2	242	312	1 或 3
29	2	0.9	0.25	0	109	2.02	370	357	2 或 3
30	2	0.9	0.2	0	98	1.81	355	353	2 或 3
31	2	0.9	0.15	0	96	1.78	350	358	2 或 3
32	2	0.9	0.1	0	69	1.28	315	322	2 或 3
33	2	0.9	0.25	30	119	2.2	327	395	3

续上表

序　号	t (h)	V/V_c	h (m)	α (°)	d_s (mm)	d_s/D	E_x (mm)	E_y (mm)	POMSD
34	2	0.9	0.2	30	93	1.72	355	370	3
35	2	0.9	0.15	30	88	1.63	327	370	3
36	2	0.9	0.1	30	66	1.22	305	335	3
37	2	0.8	0.25	60	81	1.5	255	332	1 或 3
38	2	0.8	0.2	60	74	1.37	242	315	1 或 3
39	2	0.8	0.15	60	71	1.31	240	312	1 或 3
40	2	0.8	0.1	60	47	0.87	209	287	1 或 3
41	2	0.8	0.25	0	90	1.67	335	335	2 或 3
42	2	0.8	0.2	0	85	1.57	310	333	2 或 3
43	2	0.8	0.15	0	82	1.52	335	340	2 或 3
44	2	0.8	0.1	0	68	1.26	261	290	2 或 3
45	2	0.8	0.25	30	85	1.57	327	370	3
46	2	0.8	0.2	30	88	1.63	317	345	3
47	2	0.8	0.15	30	72	1.33	323	355	3
48	2	0.8	0.1	30	54	1	262	325	3
49	2	0.7	0.25	60	55	1.02	210	287	1 或 3
50	2	0.7	0.2	60	53	0.98	215	295	1 或 3
51	2	0.7	0.15	60	47	0.87	200	277	1 或 3
52	2	0.7	0.1	60	45	0.83	195	269	1 或 3
53	2	0.7	0.25	0	73	1.35	280	296	2 或 3
54	2	0.7	0.2	0	62	1.15	302	315	2 或 3
55	2	0.7	0.15	0	61	1.13	285	304	2 或 3
56	2	0.7	0.1	0	53	0.98	260	312	2 或 3
57	2	0.7	0.25	30	63	1.17	287	330	3
58	2	0.7	0.2	30	63	1.17	292	325	3

续上表

序 号	t (h)	V/V_c	h (m)	α (°)	d_s (mm)	d_s/D	E_x (mm)	E_y (mm)	POMSD
59	2	0.7	0.15	30	55	1.02	277	325	3
60	2	0.7	0.1	30	53	0.98	252	315	3
61	2	0.5	0.25	60	26	0.48	171	247	1 或 3
62	2	0.5	0.2	60	18	0.33	160	242	1 或 3
63	2	0.5	0.15	60	8	0.15	165	236	1 或 3
64	2	0.5	0.1	60	8	0.15	160	240	1 或 3
65	2	0.5	0.25	0	32	0.59	250	252	2 或 3
66	2	0.5	0.2	0	18	0.33	245	236	2 或 3
67	2	0.5	0.15	0	12	0.22	255	239	2 或 3
68	2	0.5	0.1	0	10	0.19	245	230	2 或 3
69	2	0.5	0.25	30	35	0.65	240	330	3
70	2	0.5	0.2	30	25	0.46	251	295	3
71	2	0.5	0.15	30	12	0.22	221	255	3
72	2	0.5	0.1	30	12	0.22	221	250	3
73C	30	0.9	0.25	—	82	1.52	244	160	—
74C	30	0.9	0.2	—	93	1.72	225	165	—
75C	30	0.9	0.15	—	92	1.7	190	160	—
76C	30	0.9	0.1	—	75	1.39	160	157.5	—
77C′	30	0.9	0.25	—	113	2.09	420	165	—

注：表中 t 代表冲刷历时，V 代表平均来流流速，V_c 为底床泥沙的临界起动流速，h 为水深，α 为水流交角，d_s 为最大冲刷深度，D 代表导管桩直径，POMSD 代表最大冲刷深度出现位置，E_x 和 E_y 分别代表沿水流方向和垂直于水流方向的冲刷坑最大范围，后缀为 C 的实验组次为与导管桩一致的单圆桩冲刷，后缀为 C′的实验组次代表直径与导管桩一致，但是不淹没的圆桩冲刷。

5.2.2 细颗粒底床波流冲刷实验

细颗粒底床波流冲刷实验主要在南京水利科学研究院的实验室进行，物理模型布置在长 50m、宽 30m 的实验厅内，如图 5-3 所示。模型水流由双向泵系统控制，波浪运动采用推板式造波机，推板长 12m，造波机与水流方向夹角为 60°，根据 Sumer[25] 的研究发现，波流夹角在 0°和 90°时对于冲刷深度的影响不大，因此这里认为波流夹角对冲刷坑深度的影响很有限。三桩导管架基础模型采用

1：60的正态模型比尺，尺寸与粗颗粒底床条件下的模型一致。细颗粒模型沙采用中值粒径 $d_{50}=0.066\text{mm}$ 的煤粉，密度为 1.35g/cm^3。波浪和水流条件如表5-4所示，根据重力相似准则，水深变化范围相当于实际情况中的6～9.6m，流速变化范围为0.54～1.24m/s，波高范围为3～4.8m。

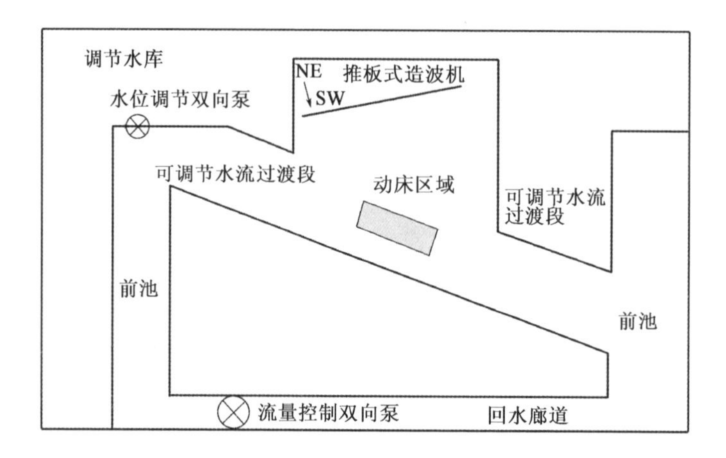

图5-3　模型场地俯视图

细颗粒底床（$d_{50}=0.066\text{mm}$）实验条件　　表5-4

水深(cm)	流速(cm/s)	波高(cm)	周期(s)	水流交角(°)
16	7 10	5 8	0.7	60 120
10 16	7 10	0	0	60 120

根据李昌华[76]的研究，实验所用煤粉在水深为16cm时，临界起动流速 $V_c=3.48\text{cm/s}$；水深为10cm时，临界起动流速 $V_c=3.2\text{cm/s}$。细颗粒底床冲刷结果如表5-5所示。

$d_{50}=0.066\text{mm}$ 细颗粒底床波流共同作用下冲刷实验条件及结果　　表5-5

序　号	t (h)	V (cm/s)	h (m)	波流夹角 α(°)	H (cm)	波周期 T_w (s)	d_s (mm)	d_s/D	POMSD
1	2	0	0.16	—	8	0.7	24	0.44	主桩
2	2	0.07	0.16	60	8	0.7	38	0.7	主桩
3	2	0.1	0.16	60	8	0.7	47	0.87	主桩
4	2	0.1	0.16	60	5	0.7	46	0.85	主桩

续上表

序号	t (h)	V (cm/s)	h (m)	波流夹角 α(°)	H (cm)	波周期 T_w (s)	d_s (mm)	d_s/D	POMSD
5	2	0	0.16	—	5	0.7	12	0.22	主桩
6	2	0.07	0.16	60	5	0.7	31	0.57	主桩
7	2	0.1	0.16	60	2	0.7	40	0.74	主桩
8	2	0.1	0.16	120	5	0.7	25	0.46	主桩
9	2	0.07	0.16	120	5	0.7	14	0.26	主桩
10	2	0.1	0.16	120	8	0.7	27	0.5	主桩
11	2	0.07	0.16	60	0	0	23	0.43	下游导管桩
12	2	0.07	0.16	0	0	0	20	0.37	下游导管桩
13	2	0.07	0.1	60	0	0	20	0.37	下游导管桩
14	2	0.07	0.1	0	0	0	18	0.33	下游导管桩

注：表中 t 代表冲刷历时，V 代表平均来流流速，h 为水深，α 在 1 ~ 10 号实验中为波流交角，在实验 11 ~ 14中为水流交角，H 为波高，T_w 为波周期，d_s 为最大冲刷深度，D 代表导管桩直径，POMSD 代表最大冲刷深度出现的位置。

5.2.3 三桩导管架结构对周围水流影响范围实验

为了了解三桩导管架基础对周围水流的影响范围，在奥克兰大学水槽中，利用 ADV 测量了水流交角 $\alpha=60°$，水深 h 为 25cm，流速 V 为 $0.9V_c$ 实验条件下的风电基础周围的垂线平均流速。流速测线、测点布置方式如图 5-4 所示。由于测点沿主轴线对称，因此将测得的流速点对称位置取平均以减少测量可能带来的误差。

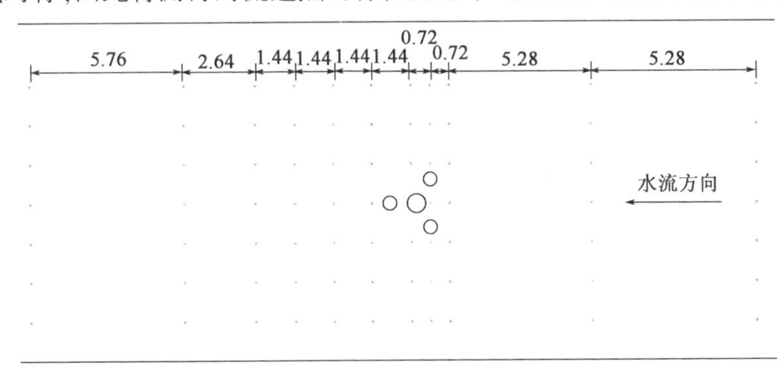

图 5-4 流速测点布置示意图(尺寸单位：m)

注：图中数值均为 X/L 下的间距，$L=20.83$cm。

各个测点测得的三个方向的流速 u,v,w 值如表5-6所示。

$\alpha=60°$、$h=0.25\text{m}$、$V=0.9V_c$ 条件下三桩导管架周围流速分布 表5-6

流向位置 (X/L)	侧向位置 (Y/L)	u (cm/s)	v (cm/s)	w (cm/s)	$\frac{u}{u(X/L=6.504)}$
11.784	0	36.68	0.87	0.79	1
6.504	0	36.67	1.49	1.35	1
1.224	0	32.56	1.51	0.15	0.89
0.504	0	28.38	1.22	-1.96	0.77
-1.656	0	7.01	-0.95	6.46	0.19
-3.096	0	22.11	0.36	6.13	0.6
-4.536	0	26.65	0.66	3.44	0.73
-5.976	0	29.31	0.76	2.26	0.8
-8.616	0	31.01	0.08	1.41	0.85
-14.376	0	32.86	-0.26	0.29	0.9
11.784	1.45	35.52	0.84	0.57	1.01
6.504	1.45	35.01	0.85	0.68	1
1.224	1.45	32.93	1.11	0.44	0.94
0.504	1.45	32.26	0.29	0.05	0.92
-0.216	1.45	35.21	0.92	-1.15	1.01
-1.656	1.45	36.06	0.93	0	1.03
-3.096	1.45	36.32	1.7	1.09	1.04
-4.536	1.45	36.24	1.16	1.26	1.03
-5.976	1.45	36.43	1.42	1.46	1.04
-8.616	1.45	36.61	-0.15	0.66	1.05
-14.376	1.45	37.27	-0.04	0.56	1.06
11.784	2.9	32.59	0.81	0.53	0.99
6.504	2.9	32.85	0.65	0.11	1
1.224	2.9	32.86	1.62	0.85	1
0.504	2.9	32.57	1.17	0.81	0.99
-0.216	2.9	33.14	0.94	0.83	1.01
-1.656	2.9	33.24	1.23	0.7	1.01
-3.096	2.9	34.89	1.28	1.11	1.06

续上表

流向位置 (X/L)	侧向位置 (Y/L)	u (cm/s)	v (cm/s)	w (cm/s)	$\frac{u}{u(X/L=6.504)}$
-4.536	2.9	34.94	1.17	1.02	1.07
-5.976	2.9	36.88	1.17	1.29	1.13
-8.616	2.9	37.5	-0.1	0.09	1.14
-14.376	2.9	38.47	0.41	0.18	1.17
11.784	4.35	32.6	0.8	0.71	1
6.504	4.35	32.49	0.79	0.34	1
1.224	4.35	32.76	1.85	1.25	1.01
0.504	4.35	32.48	1.64	1.18	1
-0.216	4.35	32.54	1.33	1.22	1
-1.656	4.35	33.41	1.43	0.83	1.03
-3.096	4.35	34.05	1.36	1.09	1.05
-4.536	4.35	34.92	1.25	0.79	1.07
-5.976	4.35	35.86	1.33	1	1.1
-8.616	4.35	36.52	0.07	0.21	1.12
-14.376	4.35	37.3	0.48	0.13	1.15

注:$L=20.83$cm 为主桩中心到导管桩中心的水平距离,X/L 代表三桩导管架主桩中心到测点之间的相对流向距离,Y/L 是主桩中心到测点之间的垂直于流向的相对距离,u、v、w 分别代表沿水流方向、垂直于水槽侧壁和垂直于水槽底面的流速分量。

5.3 实验结果分析

5.3.1 粗颗粒底床冲刷实验

参考 Meiville[10] 的桥墩平衡冲刷深度公式构造方式,恒定流条件下粗颗粒底床三桩导管架基础引起的平衡冲刷深度公式可以写成:

$$\frac{d_s}{D}=K_I K_h K_d K_\sigma K_\alpha \tag{5-2}$$

式(5-2)中各参数 K 代表不同的因素对冲刷深度的影响,K_I 为水流强度对冲刷深度的影响,K_h 为水深对冲刷深度的影响,K_d 代表底床粒径的影响,K_σ 代表底床粒径级配的影响,K_α 为涉水建筑物与水流的交角对冲刷的影响。

由于在粗颗粒底床冲刷实验中，只有一种中值粒径 $d_{50}=0.85\text{mm}$ 的泥沙应用，因此式(5-2)可以简化为：

$$\frac{d_s}{D}=\frac{d_{smax}}{D}K_1K_yK_\alpha=CK_1K_yK_\alpha \tag{5-3}$$

d_{smax} 为粗颗粒底床冲刷各组次中最大的冲刷深度，因此 K_1、K_y、K_α 全部小于1。

(1)平衡冲刷位置

根据表5-3中体现的冲刷结果，无论冲刷历时为2h还是30h的冲刷，最大冲刷深度全部发生在导管桩的迎水面。虽然主桩的直径($D_m=7.1\text{cm}$)大于导管桩($D=5.4\text{cm}$)，但是由于主桩底部并未实际插入底床(底面仅与床面齐平)，一旦冲刷坑形成，大部分下降流将直接通过冲刷坑流向下游，输入主桩迎水面马蹄涡的水流能量有限，所以形成的冲刷坑深度较浅。当水流交角 $\alpha=0°$ 时，基础垂直于水流方向对称，最大冲刷深度全部出现在下游导管桩(2和3)；当 $\alpha=30°$ 时，由于主桩离2根导管桩的一侧距离较近，因此其阻水效果大于单独导管桩的一侧，大量的水流被导向单独的导管桩，造成很大的流速和底床拖曳力，从而最大冲刷深度则全部发生在单一导管桩(3)的一侧；当 $\alpha=60°$ 时，情况变得相对复杂，当水流条件为深水 $h=0.25\text{m}$ 和 0.2m、大流速 $V=0.9V_c$ 时，最大冲刷深度出现在下游导管桩(2)，而在其他水流条件时，最大冲刷深度出现在上游导管桩(1和3)。因此，对于后面的研究，用导管桩直径 $D=5.4\text{cm}$ 对最大冲刷深度无量纲化。

(2)冲刷深度和范围随时间的发展

根据Melville[88]对桥墩的清水冲刷平衡冲刷时间的研究发现，在清水冲刷条件下，桥墩局部冲刷深度平衡冲刷时间随平均流速和水深的增加而增大。因此，选取实验中水深最大0.25m、流速最高 $0.9V_c$ 的情况作为确定平衡冲刷时间 $t_{e\text{-}limit}$ 的临界组次，实验的其他组次将在 $t_{e\text{-}limit}$ 以内达到冲刷平衡。

图5-5为水深为0.25m，平均流速为 $0.9V_c$，水流交角 $\alpha=60°$ 时风电基础各部分无量纲冲刷深度随时间的发展。可以看出，最大冲刷深度一直出现在管桩附近。而位于Alpha Ventus[105]的三桩导管架风电基础的实际观测最大冲刷深度出现在主桩下方附近，这可能与波浪的存在有关。值得注意的是，在冲刷开始后约12h最大冲刷深度由上游导管桩转移到下游导管桩。根据Hannah[106]的恒定流串联双桩冲刷实验，上游桩的冲刷深度始终大于下游桩。而在图5-7的实验中，作为串联的主桩和下游导管桩却出现了相反的情况。实际上，在本次实验的全部的冲刷组次中，主桩的最大冲刷深度始终小于导管桩的最大冲刷深度。同时，在Sumer和Fredsøe的三桩群[42](三圆桩两两间距相等)冲刷实验中，无论

是在水流还是波浪单独作用下，下游单桩的冲刷深度总是小于上游桩，这与图5-7给出的冲刷特征明显不同。这是因为，一方面，当水流流速较小时，水流能量较弱，上游被冲起的泥沙经常沉积在下游导管桩附近，水流再无能力将其输移到更远的地方；另一方面，由于主桩下方冲刷坑较浅，主桩对下游导管桩的掩护作用十分明显，所以在水动力不是很强的情况下，水流交角 $\alpha=60°$ 时最大冲刷深度出现在上游导管桩。而随着流速和水深的增加，在主桩冲刷坑不断加深的同时，沉积在下游导管桩的泥沙被完全冲向下游。由于主桩底部并非插入底床泥沙之中，当冲刷坑达到一定深度时，主桩实际上已经完全处于悬空状态，考虑到其与下游导管桩的串联形式，两者在过水断面上的投影可视为一体。此时，因为下游导管桩已经完全暴露于水流当中，相比于上游导管桩其阻水面积更大，导致其产生了更大的冲刷深度。另外，根据30h冲刷实验的观测结果发现，在流速为 $0.9V_c$ 的情况下，三桩导管架风电基础的各个构件所形成的冲刷坑将相互贯通，融合成为一个大的整体冲刷坑，受到导管桩冲刷坑的影响，横桩中点的最大冲刷深度将大于主桩最大冲刷深度；在流速为 $0.5V_c$ 的情况下，由于各构件冲刷坑深度和范围都比较小，冲刷坑之间各自独立，横桩中点只有非常轻微的冲刷出现，其冲刷深度远小于主桩和导管桩，个别位置还会出现淤积情况。

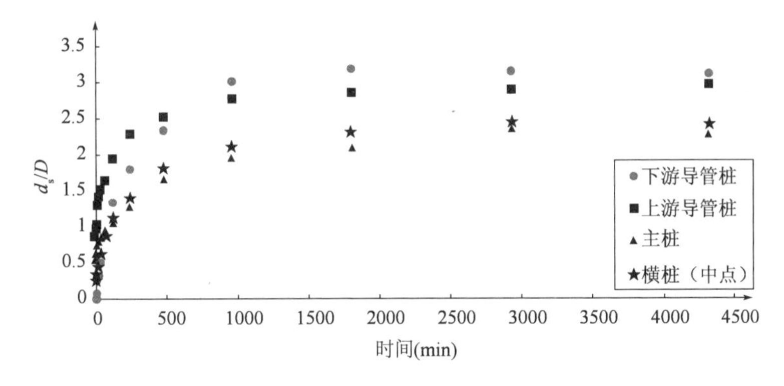

图5-5　三桩导管架风电基础各部分冲刷深度发展

注：d_s 为三桩导管架基础最大冲刷深度，D 为导管桩直径，$h=0.25$m，$V=0.9V_c$，$\alpha=60°$。

从图5-5中还可以看出，随着冲刷深度的增加，三桩导管架的各个部分的冲刷发展速率在逐渐降低，冲刷开始30个小时之后，各部分冲刷基本上都达到了平衡。值得注意的是，在该水流条件下，最大冲刷深度 d_s 已经达到 $3.2D$，这一冲刷深度远远大于现有的风电基础设计规范推荐的 $1.3D$ 和 $2.5D$。这一增大是由于主桩，斜桩和近底的横梁组成的桩群效应造成的。大量的水流被结构物导向三桩导管架基础与底床的空隙，形成强大的流速和水流拖曳力从而造成更大的冲刷深度。应该引起注意的是,如果考虑波浪叠加在水流情况,水流对底床的拖曳力将更大,桩基周围的泥沙在波浪作用下更加容易起动,并由水流输送到远处,可能导致更大的冲刷深度。

图5-6表现了冲坑范围随时间发展的变化,E_x、E_y 和 L 分别为主桩圆心到冲刷坑边缘和导管桩圆心的水平距离,定义如图5-2h)所示。在冲刷的前8个小时,冲刷坑沿水流方向和垂直于水流方向的范围基本一致,之后随着冲刷的进一步进行,大量的泥沙被带往下游,冲刷坑上下游坡面逐渐形成不对称的"勺"形,因此在8h之后冲刷坑沿水流方向的范围大大超过侧向冲刷范围。但是与冲刷深度相同的发展规律相同,当冲刷时间超过30h时,冲刷坑范围基本上达到平衡。

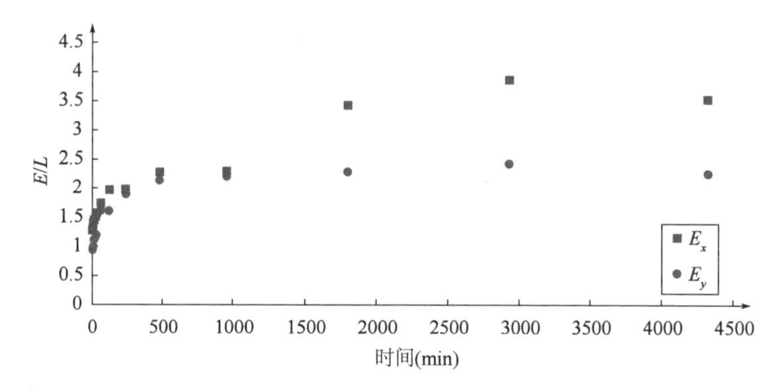

图5-6　冲刷坑范围随时间的发展($h=0.25\text{m}$,$V=0.9V_c$,$\alpha=60°$,$L=20.83\text{cm}$)

(3)水深对风电基础冲刷的影响

一般恒定流条件下桩基的局部冲刷深度将随水深的增加而增加,直到一个水深临界值 h/D,当水深超过这一临界值后,即使水深继续增加,局部冲刷深度也不再改变。一般潮流或者河流的垂向流速分布在主流区服从对数规律,垂向相邻两层的流速不同导致驻点压强之间有一个梯度,从而形成下降水流在桩前构成马蹄涡。当水深较浅时,水深对垂向流速分布的调节作用明显,从而影响局部冲刷深度。当水深很大时,大部分流速梯度集中在距离底床一定深度范围内,即使水深进一步增加,其对近底层流速梯度的调整作用也十分有限,因此对冲刷深度的影响不再明显。Melville[10]认为水深对冲刷深度的影响界限为 $h/D=3$,而Ettema[8]则认为水深对冲刷深度的影响和直径与底床粒径的比值 D/d_{50} 有关,对于大比值情况,临界影响水深 h/D 仅为1,但是对于小比值的情况,临界影响水深 h/D 将增加到6。Shapperd[66]提出在同一水深和相对流速的水动力条件下,当 $D/d_{50}=46$ 时,局部冲刷深度取得最大值,此外 D/d_{50} 无论是大于46还是

小于46，相对冲刷深度都将减小。

在本次实验中，D/d_{50}值很高（对于导管桩$D/d_{50}=64$，主桩$D_m/d_{50}=84$），如果考虑桩群效应，D/d_{50}将会更高。根据Ettema[8]的结论，当相对水深$h/D>1$时，水深的增加将不会对冲刷深度构成影响。但是根据图5-7，当h/D从1.85增加到4.63时，三桩导管架风电基础的最大冲刷深度仍呈现出明显的增加过程，这点说明风电基础冲刷与单圆桩冲刷具有明显的不同。可见在风电基础冲刷的预测中，直接利用单桩冲刷的一些定量的规律并不合适。对比单独导管桩的冲刷实验可以发现两个特点：第一，随着水深的增加，单圆桩局部冲刷呈现增加后减小，这是因为当相对水深$h/D \geq 3.7$时，单圆桩全部浸入水中成为潜桩，根据Dey[107]的实验成果，冲刷深度将随着浸入率$M=(h-H_{露})/h$的增加而减小，其中h为水深，$H_{露}$为圆桩露出床面的高度；第二，无论哪种角度，三桩导管架基础的最大冲刷深度都大于单圆桩的情况，并且随着水深h的增加，单独导管桩的最大冲刷深度与三桩导管架的最大冲刷深度之间的差距将越来越大，很明显桩群效应在水深对冲深度的影响过程中扮演了重要的角色。

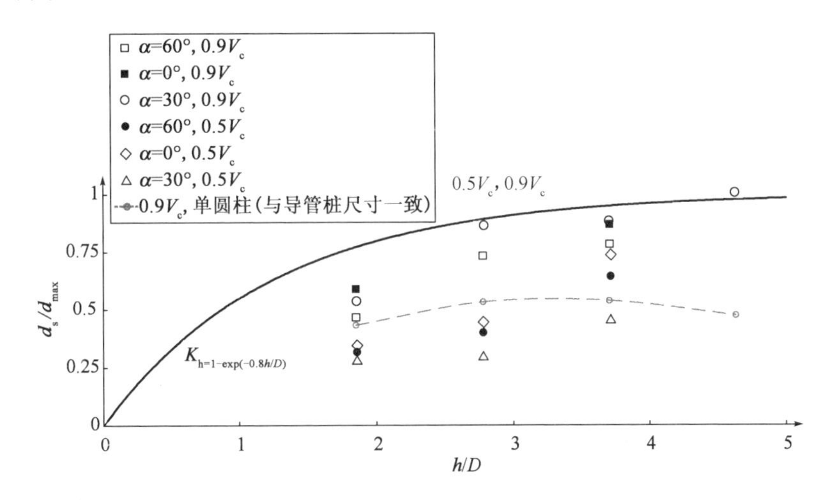

图5-7　无量纲最大冲刷深度随水深的变化

注：d_s为三桩导管架风电基础最大冲刷深度，$d_{smax}=d_{s(h/D=4.63)}$，h为水深，D为导管桩直径，对于单圆桩的结果以3.2D进行无量纲化。

定义水深系数$K_h=\dfrac{d_{s(h/D)}}{d_{s(h/D=4.63)}}$，为了安全角度考虑，$K_h$曲线可取全部30h（$0.5V_c$和$0.9V_c$）冲刷实验结果的外包络线，并且满足在$h/D=0$处$K_h=0$。则水深系数$K_h$表达式如下：

$$K_h = 1 - \exp(-0.8h/D) \qquad (h/D \leqslant 4.63) \tag{5-4}$$

式中,h 为水深,D 为导管桩直径。

(4)水流强度对冲刷深度的影响

正是由于水流连续不断地为桩前马蹄涡和桩后尾涡提供能量,才使得桩基周围的底床拖曳力超过临界条件,从而开始冲刷。对于单圆桩的情况,当水流垂向平均流速超过0.4~0.5倍临界起动流速 V_c 时,桩前泥沙开始起冲。当流速介于(0.4~0.5)V_c 和 V_c 之间时,由于桩基附近以外的底床泥沙没有进入运动状态,因此称此时的冲刷为清水冲刷;当来流平均流速超过 V_c 时,底床泥沙进入全面运动状态,不断有沙波输入和输出冲刷坑,此时为动床冲刷。

考虑到在全部粗颗粒底床冲刷实验中,达到冲刷平衡的实验只包含 $0.5V_c$ 和 $0.9V_c$ 两种流速。依据以往的冲刷研究成果,对于单桩而言,清水冲刷深度将随着流速的增加而近似于线性增加。为了厘清风电基础的清水冲刷是否具有同样的特点,进行了48组冲刷时间为2h清水冲刷实验,实验包括4种流速($0.5V_c$、$0.7V_c$、$0.8V_c$ 和 $0.9V_c$),4种水深和3种水流交角。根据Melville[88]的实验研究,50%~80%的冲刷深度将在清水冲刷过程的前10%平衡冲刷时间内完成。虽然冲刷时间仅为2h,但是根据表5-7所示,无论流速大小,其2h冲刷深度基本上均在平衡冲刷深度的65%~75%之间,平均比例约为71%。因此,2h的冲刷深度已经可以在一定程度上体现冲刷的规律。

冲刷时间为2h的冲刷深度与平衡冲刷深度的比例 表5-7

水深(m)	水流交角					
	$\alpha=60°$		$\alpha=0°$		$\alpha=30°$	
	$V=0.5V_c$	$V=0.9V_c$	$V=0.5V_c$	$V=0.9V_c$	$V=0.5V_c$	$V=0.9V_c$
0.25	0.65	0.61	0.8	0.73	0.63	0.75
0.2	0.69	0.7	0.61	0.75	0.96	0.63
0.15	0.62	0.67	0.67	0.74	0.71	0.65
0.1	0.67	0.81	0.71	0.78	0.75	0.73

图5-8表现了全部2h和30h的冲刷实验结果,与单桩的清水冲刷类似,三桩导管架风电基础在流速为 $0.5V_c$,$0.7V_c$,$0.8V_c$ 和 $0.9V_c$ 的情况下,局部冲刷深度随流速的增加基本上呈现线性增加的规律。K_I 的表达式如下:

$$K_I = 2(V/V_c) - 0.8 \qquad (V/V_c < 1) \tag{5-5}$$

式中，V 为来流垂线平均流速，V_c 为底床泥沙的临界起动流速。

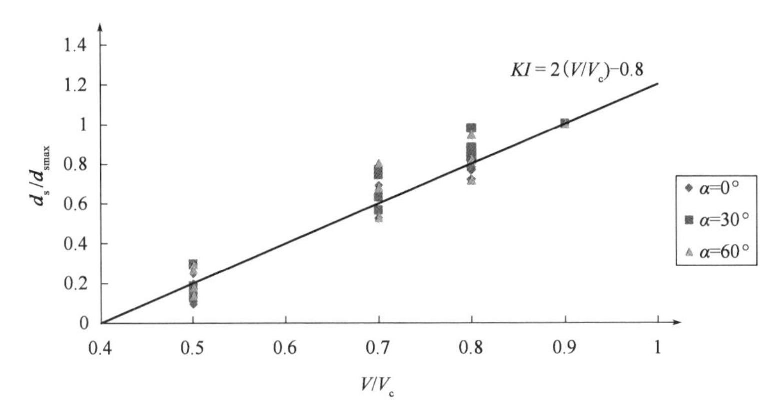

图 5-8　水流强度对冲刷深度的影响

注：d_s 为三桩导管架风电基础最大冲刷深度，$d_{smax}=d_{s(V=0.9V_c)}$。

由式(5-5)可以得到，当 $V=0.4V_c$ 时，三桩导管架风电基础开始发生冲刷，这一值与 Melville[10] 推荐的单桩恒定流起冲流速 $0.4V_c$ 一致，略小于我国《公路工程水文勘测设计规范》(JTG C30—2015)[1] 规定的 $0.5V_c$，这可能与风电基础复杂的结构效应有关。

(5)水流交角对冲刷深度的影响

水流交角对冲刷深度的影响往往体现在结构物阻水效果的改变，当结构物的阻水效果增大时，结构物迎水面下降流增强，形成更加强劲的马蹄涡从而造成更深的冲刷坑，反之亦然。

图 5-9 表现了在不同水流交角下，三桩导管架基础最大冲刷深度的变化。当水流垂线平均流速为 $0.5V_c$ 时，不同水深条件下，冲刷深度随水流交角的变化没有明显规律。同时各组冲刷结果差距较大，这是因为 $0.5V_c$ 比较接近临界起冲流速 $0.4V_c$，冲刷深度较小的缘故。当流速进一步提高到 $0.9V_c$ 时，最大冲刷深度一般出现在 $\alpha=30°$ 或 $60°$，特别是当大水深和大流速的条件下，最大冲刷深度往往出现在 $\alpha=60°$。根据 Stahlmann[105] 的波浪单独作用下的三桩导管架基础物理模型冲刷实验结果，在小尺度模型条件下，$\alpha=60°$ 时取得的最大冲刷深度大于 $\alpha=30°$；在大尺度模型条件下，$\alpha=60°$ 时的冲刷深度小于 $\alpha=0°$。在海洋环境中，受潮汐的影响，不仅水位呈周期性的涨落，流速的大小和方向也随之改变。考虑到波浪和水流单独作用下 $\alpha=60°$ 时可能发生的最不利冲刷深度以及最大冲刷位置的变化，在实际工程中特别注意这一角度可能带来的不良后果。

由于图 5-10 中,冲刷深度随水流交角 α 的变化规律与水深和流速有关,因此推荐水流交角系数 K_{α} 保守取值为 1。

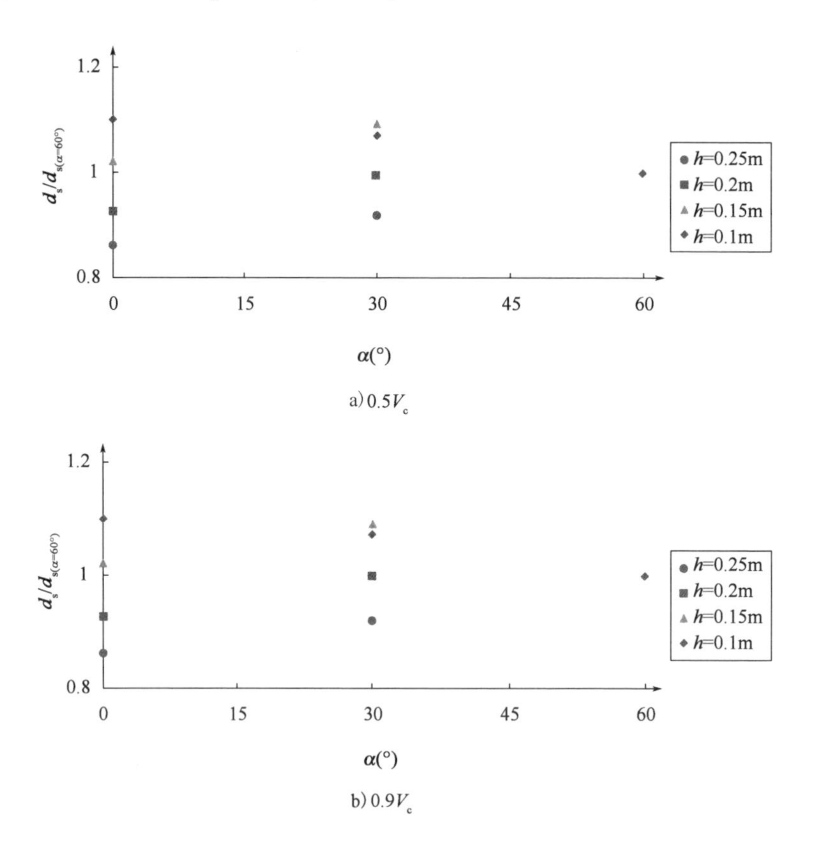

图 5-9 水流交角对冲刷深度的影响

注:d_s 为三桩导管架风电基础最大冲刷深度,α 为水流交角。

(6)三桩导管架基础的形状系数

由于 $0.5V_c$ 已经非常接近三桩导管架基础的临界起冲流速 $0.4V_c$,引起的最大冲刷深度较小,因此选取流速为 $0.9V_c$ 的冲刷数据进行粗颗粒底床恒定流条件下形状系数 K_{ξ} 的率定。图 5-10 反映了不同水流交角和不同水深条件下,流速为 $0.9V_c$ 时三桩导管架与式(2-28)计算得到的单独导管桩最大冲刷深度的比值。随着水深的增加,更多的基础部分进入水中,冲深比也随之增加。当相对水深 h/D 处于 2.78 ~ 3.70 时,冲深比稍有下降,这是因为在这一过程中导管桩开始没入水中,水深的增加虽然对冲刷深度的增加有促进作用,但是随着导管桩变为潜桩,其阻水效果大为减弱,两者作用抵消,因此冲深比相对持平。随着水深

的进一步增加，更多的斜桩进入水中，影响最大冲刷深度的是三桩导管架基础整体，而导管桩对冲刷深度单独的影响已经不再显著，因此冲深比再度上升。由于水深控制了三桩导管架基础的阻水形状，流速仅反映了水流能量的大小，对阻水面积的大小没有贡献，鉴于风电基础复杂的结构形式，水深将成为影响冲刷形状系数的主要因子。通过数值拟合，粗颗粒底床（$d_{50}=0.85\text{mm}$）三桩导管架基础的形状系数公式如下：

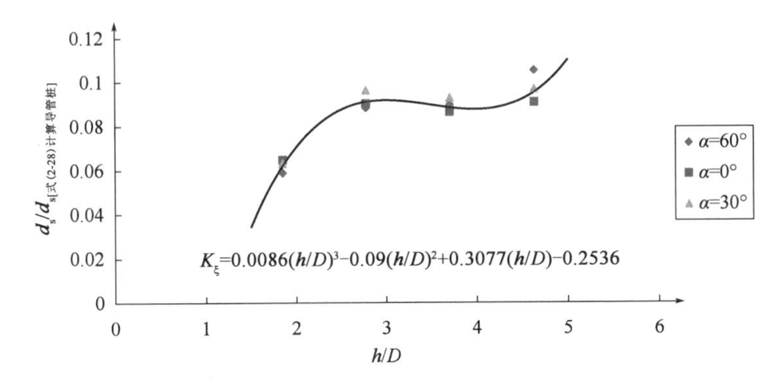

图 5-10　三桩导管架风电基础形状系数

注：d_s 为三桩导管架的最大冲刷深度，$d_{s[式(2\text{-}28)计算导管桩]}$ 为单独导管桩的计算冲深。

$$K_{\xi}=0.0086(h/D)^3-0.09(h/D)^2+0.3077(h/D)-0.2536 \qquad (h/D\leqslant 4.63) \tag{5-6}$$

（7）三桩导管架风电基础冲刷范围

受水下休止角的控制，一般涉水建筑物的局部冲刷坑范围往往与冲刷深度具有一定的比例关系。图 5-11 为全部 30h 实验的冲刷范围与深度的回归分析，其中冲刷范围定义如图 5-11 所示。

冲刷范围可按照以下公式计算：

$$E_x/L=2.9(d_s/L)+0.74 \qquad (d_s>0) \tag{5-7}$$

$$E_y/L=1.48(d_s/L)+1.1 \qquad (d_s>0) \tag{5-8}$$

式中，d_s 为三桩导管架风电基础的最大冲刷深度，L 为主桩中心到导管桩中心的水平距离，定义如图 5-2 所示。根据 E_x 和 E_y 的定义，即使在导管桩附近形成一个独立的小冲刷坑，主桩中心与导管桩中心之间的距离也会计入冲刷范围，因此式（5-7）和式（5-8）在纵轴上的截距不为 0。

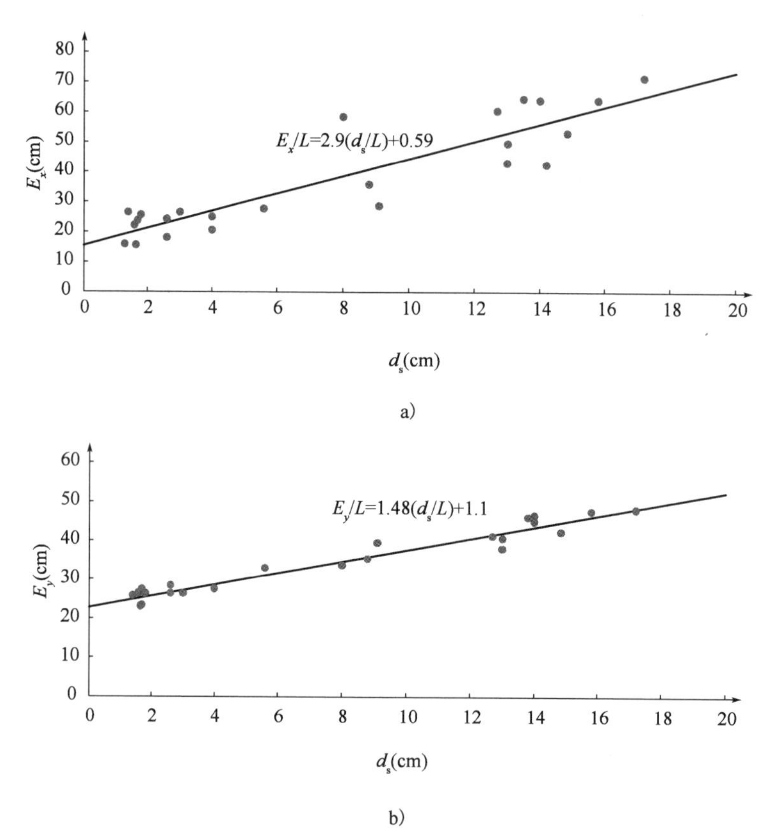

图 5-11　三桩导管架基础冲刷坑范围与冲刷深度的关系

注：E_x 和 E_y 为沿流向和垂直于流向的主桩中心到冲刷坑边缘的距离，$L=20.83\text{cm}$ 为主桩中心与导管桩中心的水平距离。

5.3.2　细颗粒底床冲刷实验

(1)水深和水流交角对冲刷的影响

如图 5-12a)所示，与粗颗粒底床的局部冲刷规律一致，恒定流条件下细颗粒底床的局部冲刷深度随水深的增加而增加。结合图 5-12b)，无论是在恒定流水流还是三种不同波流条件下，水流交角 $\alpha=60°$时的最大冲刷深度全部大于0°，而且波浪存在时两种水流交角之间的冲刷差异较无波浪时更为显著。这表明，一方面，波浪的存在将扩大由于水流交角不同而引起的冲刷差距；另一方面，水流交角 $\alpha=60°$对于细颗粒底床而言同样是一种危险角度。

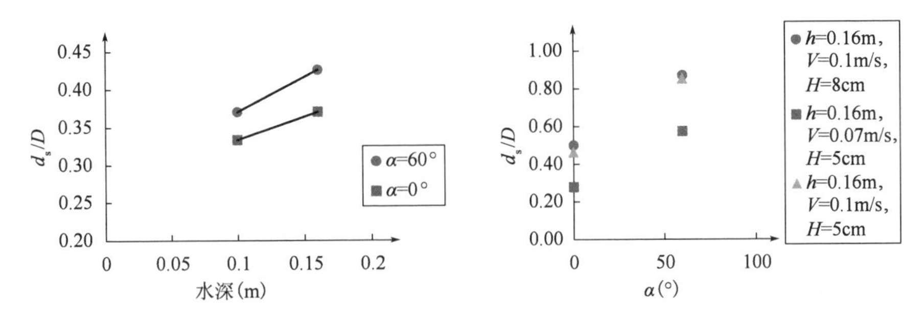

图 5-12　水深和流速对冲刷深度的影响

(2)波高和流速对冲刷深度的影响

如图 5-13 所示,在波流共同作用下,三桩导管架基础细颗粒底床的局部冲刷深度将随着波高的增加和流速的增大而不断增加。当流速为 0 只有波浪作用时,波高差异对冲刷深度的影响非常显著,可达 0.22 倍导管桩直径 D;随着流速增加到 7cm/s 时,不同波高导致的冲刷差异减小到 0.13D;当流速进一步增大到 10cm/s 时,冲刷差异仅为 0.02D。形成这一现象的主要原因是:波浪掀沙,水流输沙是波流共同作用下风电基础冲刷的主要机理。当水流流速为 0 时,风电基础的冲刷全部来自波浪的作用,由于波浪的边界层一般较恒定流薄,因此其对底床施加了一个强大的拖曳力,但是同样因为波浪周期性的往复运动,所以波浪在不破碎的情况下输沙能力和效率并不比恒定流有明显的突出。水流不仅是将泥沙输送到下游的最主要驱动力,而且本身对泥沙的起动也具有一定的贡献。当流速较小时,水流掀沙的能力远低于波浪,此时波浪的掀沙能力成为冲刷深度大小的主要依据;随着流速的不断增加,水流本身使泥沙起动的能力逐渐与波浪的掀沙能力相当甚至可能超过波浪,此时风电基础冲刷深度的大小将主要依赖水流作用,波浪的作用相对减弱。因此,出现图 5-13 所示波高对冲刷深度的影响随流速的增加而减弱的现象。

(3)最大冲刷深度出现位置

在恒定流条件下,全部最大冲刷深度都出现在下游导管桩附近,这与粗颗粒底床高水深、大流速条件下的最大冲刷位置完全一致。但是当波浪单独作用和波流共同作用时,细颗粒底床的最大冲刷深度转移到了主桩下方,表明波浪对细颗粒底床最大冲刷深度位置能够产生很大的影响。

5.3.3　三桩导管架结构对周围水流的影响范围

设立在水中的结构物将会对周围的水流产生一个扰动,这种扰动虽然发生在结构物表面，由于水流具有黏性，其仍然会扩散一定距离，并且在超出这一范围后恢复来流状态。表 5-6 中，$X/L=6.504$ 断面设置在沙坑前缘，以此条断面入流流速作为其余断面无量纲化的依据。

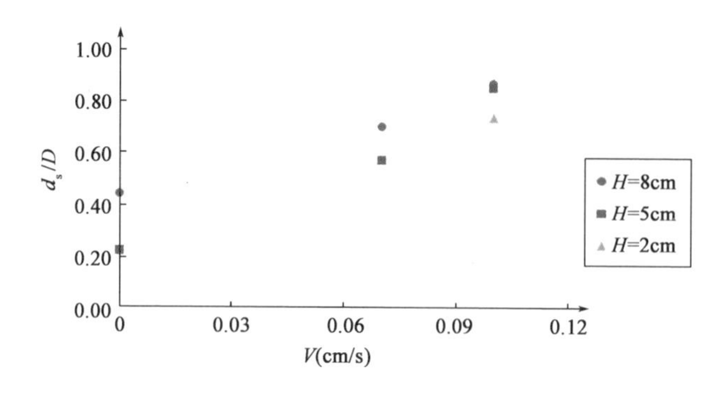

图 5-13　冲刷深度与波高和流速之间的关系（$\alpha=60°$）

（1）三桩导管架风电基础对 u 的影响

图 5-14 中所示，在结构物中轴线上（$Y/L=0$），随着水流逐渐接近结构物，沿水流方向的流速 u 也相应减小，直到在主桩前 $X=0.12L$ 处已经减小到 0.77 倍来流流速，而在桩后 $X=2.04L$，由于结构物的掩护作用，这一比值甚至减小到 0.19。在主桩下游，随着距离的不断增加，流速逐渐恢复，直到 $X=14.376L$ 处，u 方向上的流速也仅仅恢复到来流流速的 0.9 倍，可见三桩导管架风电基础对于其下游流速的影响范围远大于上游。

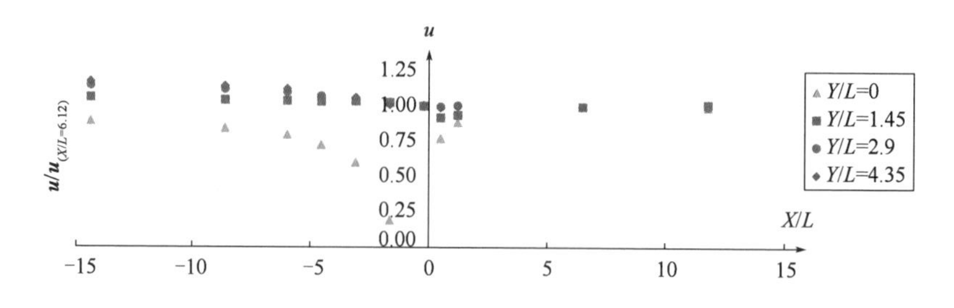

图 5-14　风电基础周围 u 的变化

注：$L=20.83$cm 为主桩中心与导管桩中心的水平距离。

随着流速测点离基础主轴线距离的不断增加，流速 u 受到结构物的影响也逐渐降低，当 $Y/L\geqslant1.45$ 时，主桩前已经没有明显的流速减小，这一比值远小于风电基础在沿水流方向上的影响范围。在结构物下游，受到水槽边壁的约束归流作用，流速 u 有一个微小的增加趋势。

(2)三桩导管架风电基础对 v 的影响

由于水流受到结构物阻碍形成绕流,产生一个垂直于水槽边壁的流速 v。如图 5-15,位于三桩导管架风电基础模型上游的测点横流流速 v 的数值不大,均小于 1cm/s,只有在主轴线下游一定范围内出现了比较明显的波动,这与桩后复杂的尾涡系脱离有关。总体而言,v 在结构物附近以及下游一定范围内($X/L<10$)的数值大于上游来流和下游边界测点,其影响范围明显小于 u。

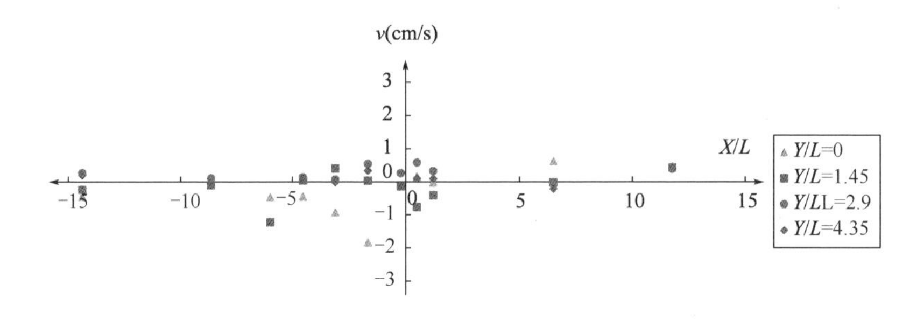

图 5-15　风电基础周围 v 的变化

注:$L=20.83$cm 为主桩中心与导管桩中心的水平距离。

(3)三桩导管架风电基础对 w 的影响

如图 5-16 所示,在基础主轴线上($Y/L=0$),随着上游水流接近主桩垂向流速 w 产生一个明显的下降流。同时在主桩下游也形成一个强烈的上升流,这与大部分单圆桩周围的垂向流速分布非常一致。与横流流速相同,在主轴线以外,其余全部测点的垂向流速均保持在一个很小的量级,因此 w 在 y 方向上仅在主轴线附近具有一定的影响,其影响范围 $Y/L<1.45$。在沿水流方向,主轴线最大影响范围为下游 $X=9$L 处,其影响范围虽然大于 v,但是仍然远小于 u。

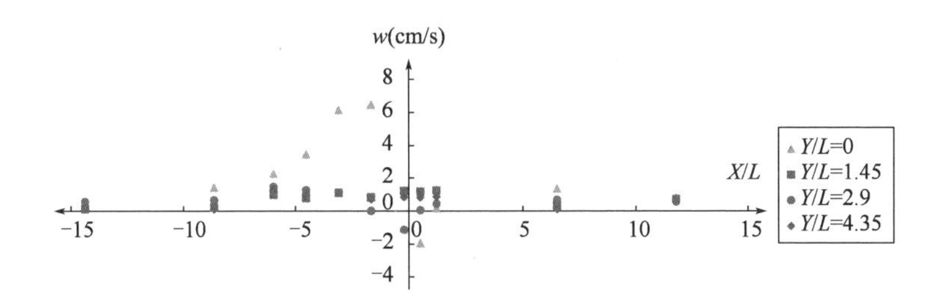

图 5-16　风电基础周围 w 的变化

注:$L=20.83$cm 为主桩中心与导管桩中心的水平距离。

5.4 小　　结

根据物理模型实验结果得到：

(1)在恒定流条件下，无论是粗颗粒底床($d_{50}=0.85$mm)还是细颗粒底床($d_{50}=0.066$mm)，三桩导管架风电基础的最大冲刷深度始终发生在导管桩附近。

(2)随着水流流速和水深的增加，风电基础的最大冲刷深度也随之增大。

(3)在粗颗粒底床($d_{50}=0.85$mm)清水冲刷条件下，三桩导管架风电基础的冲刷深度随着流速的增加而线性增加，这点与单桩的冲刷规律相同；但是即使当相对水深 h/D 超过3达到4.63时，其冲刷深度仍有随水深增加而进一步扩大的趋势，这与单桩冲刷时的情况不同。

(4)当粗颗粒底床($d_{50}=0.85$mm)，$h/D=4.63$，来流垂线平均流速为$0.9V_c$时，实验最大冲刷深度达到$3.2D$，其中D为导管桩直径。按照清水冲刷深度与流速的线性关系，这一比值将在临界起动流速V_c时达到最大值$3.84D$。无论是哪一种冲刷深度都将远远超过我国以及国际现行的风电基础设计规程中建议的$1.3D$和$2.5D$。

(5)不同的水流交角对风电基础的最大冲刷深度具有一定影响。虽然在粗颗粒底床清水冲刷条件下，冲刷深度随水流交角的变化规律并不明显，但是在大水深高流速情况下水流交角$\alpha=60°$时随着最大冲刷位置的改变，最大冲刷深度已经显示出超过其他两种角度(0°和30°)的趋势。在Stahlmann[105]的三桩导管架风电基础模型波浪冲刷实验中，对于$\alpha=60°$的情况也表现出相对较大的冲刷深度。在细颗粒底床条件下，无论是恒定流还是波流共同作用下，水流交角$\alpha=60°$时的冲刷深度均大于$\alpha=0°$。因此在实际工程中，综合潮流和波浪的叠加效果，应充分考虑$\alpha=60°$时可能带来的不利影响，尽量避免三桩导管架风电基础与大流速水流或者大波浪成$\alpha=60°$夹角。

(6)无论是波浪单独作用还是波流共同作用时，细颗粒底床三桩导管架风电基础的最大冲刷深度均发生在主桩周围，而不是恒定流条件下的导管桩。

(7)单独波浪作用条件下，水深和周期相同时风电基础冲刷深度将随着波高的增加而增大；波流共同作用时，随着流速的增加，不同波高引起的冲刷深度差异将逐渐减小。

(8)当水流交角$\alpha=60°$时，恒定流条件下，风电基础对于顺流流速u的影响范围远大于其他两个方向上的流速v和w。特别是风电基础对于下游流速的减

小范围可达到 14.376L 处，L 为主桩中心与导管桩中心的水平距离，这一值远大于其迎水面和两侧对水流的影响范围。沿水流方向影响范围近似为 $-14.376 \leq X/L < 6.504$，垂直于水流方向影响范围为 $|Y/L| < 1.45$，其中 X 为测点到主桩中心沿水流方向的距离分量，正值为上游负值为下游，Y 代表测点到主桩中心垂直于水流方向的水平距离分量。

以上结论全部基于实验室物理模型实验得到，受实验条件的客观限制，比尺效应往往使得物理模型实验结果与实际的冲刷结果之间存在一定差距，这一差距一般无法避免，因此将物理模型实验的结论运用到实际工程中时应因地制宜，在充分了解实际情况的基础上选择合理的设计方案。

6 辐射沙洲海域三桩导管架风电基础冲刷数值模拟

第5章通过物理模型实验给出了三桩导管架风电基础在粗颗粒底床恒定流条件下的最大冲刷深度的计算方法、形状系数和冲坑发展规律。在我国沿海区域,底床一般由粉沙和淤泥组成,粒径较细。人工建设的海上风电场将承受波浪和水流的共同作用,甚至极端水动力条件,如海啸波的影响。为了研究不同水动力条件下,三桩导管架风电基础在细颗粒底床的最大冲刷深度和冲坑特征,本章以江苏辐射沙洲海域底床泥沙为例,建立了数值模型。

由于风电基础周围的绕流形态和冲刷过程是一个非常复杂的三维运动过程,桩前的马蹄涡和桩后的尾涡分别形成垂向和水平旋涡,因此二维数值模型已经不能反映实际冲刷过程。Flow-3D 是近年来应用比较广泛、发展比较完备的软件,不但可用于模拟一维、二维和三维条件下水流或者波浪与结构物、底床泥沙之间的相互作用,还可以应用于热传导、污染物扩散、化学反应和模型压铸等领域。

6.1 数值模型原理介绍

6.1.1 控制方程

与二维数值模型不同,Flow-3D 采用直接离散 Navier-Stokes 方程组的方式,其质量连续性方程为:

$$V_{\mathrm{F}}\frac{\partial\rho}{\partial t}+\frac{\partial}{\partial x}(\rho uA_x)+\frac{\partial}{\partial y}(\rho vA_y)+\frac{\partial}{\partial z}(\rho wA_z)+\xi\frac{\rho uA_x}{x}=R_{\mathrm{DIF}}+R_{\mathrm{SOR}} \tag{6-1}$$

式中,V_{F} 代表每个网格中参与计算的液体体积与网格体积的比值,ρ 为流体密度,A_x、A_y 和 A_z 分别是 x、y 和 z 方向上可流动的流体所占面积的百分比,u、v、w 分别代表 x、y 和 z 方向上的液体流速,R_{SOR} 为源汇项,R_{DIF} 为紊动耗散项,ξ 为坐标系判数,笛卡尔坐标系时 $\xi=0$,圆柱坐标系时,$\xi=1$。

等式(6-1)右侧的紊动耗散项可表示为:

$$R_{\mathrm{DIF}} = \frac{\partial}{\partial x}\left(v_{\rho}A_{x}\frac{\partial \rho}{\partial x}\right)+R\frac{\partial}{\partial y}\left(v_{\rho}A_{y}\frac{\partial \rho}{\partial y}\right)+\frac{\partial}{\partial z}\left(v_{\rho}A_{z}\frac{\partial \rho}{\partial z}\right)+\xi\frac{v_{\rho}A_{x}}{x}\frac{\partial \rho}{\partial x} \tag{6-2}$$

其中,$v_{\rho} = S_{c}\mu/\rho$,μ 为动力黏度,$S_{c} = \nu/D$,ν 为运动黏度,$R = \frac{r_{\mathrm{m}}}{r}$ 与所应用的坐标系有关,当模型采用圆柱坐标系时,需要将笛卡尔坐标系进行转化,$\frac{\partial}{\partial y} \rightarrow \frac{1}{r}\frac{\partial}{\partial \theta} = \frac{r_{\mathrm{m}}}{r}\frac{\partial}{\partial y}$,$r_{\mathrm{m}}$ 是一个固定的参照半径。对于不可压流体,ρ 为常数,则式(6-1)简化为:

$$\frac{\partial}{\partial x}(\rho u A_{x}) + \frac{\partial}{\partial y}(\rho v A_{y}) + \frac{\partial}{\partial z}(\rho w A_{z}) = R_{\mathrm{SOR}} \tag{6-3}$$

x、y 和 z 方向上的动量方程组为:

$$\frac{\partial u}{\partial t} + \frac{1}{V_{\mathrm{F}}}\left(uA_{x}\frac{\partial u}{\partial x} + vA_{y}\frac{\partial u}{\partial y} + wA_{z}\frac{\partial u}{\partial z}\right) = -\frac{1}{\rho}\frac{\partial p}{\partial x} + G_{x} + f_{x} - b_{x} - \frac{R_{\mathrm{SOR}}}{\rho V_{\mathrm{F}}}(u - u_{\mathrm{w}} - \delta u_{\mathrm{s}}) \tag{6-4}$$

$$\frac{\partial v}{\partial t} + \frac{1}{V_{\mathrm{F}}}\left(uA_{x}\frac{\partial u}{\partial x} + vA_{y}\frac{\partial v}{\partial y} + wA_{z}\frac{\partial v}{\partial z}\right) = -R\left(\frac{1}{\rho}\frac{\partial p}{\partial y}\right) + G_{y} + f_{y} - b_{y} - \frac{R_{\mathrm{SOR}}}{\rho V_{\mathrm{F}}}(v - v_{\mathrm{w}} - \delta v_{\mathrm{s}}) \tag{6-5}$$

$$\frac{\partial w}{\partial t} + \frac{1}{V_{\mathrm{F}}}\left(uA_{x}\frac{\partial w}{\partial x} + vA_{y}\frac{\partial w}{\partial y} + wA_{z}\frac{\partial w}{\partial z}\right) = -\frac{1}{\rho}\frac{\partial p}{\partial z} + G_{z} + f_{z} - b_{z} - \frac{R_{\mathrm{SOR}}}{\rho V_{\mathrm{F}}}(w - w_{\mathrm{w}} - \delta w_{\mathrm{s}}) \tag{6-6}$$

其中,t 为时间,p 为流体压强,(G_{x}, G_{y}, G_{z}) 为体加速度项,(f_{x}, f_{y}, f_{z}) 为黏性加速度项,(b_{x}, b_{y}, b_{z}) 为由于孔隙的存在而产生的对流体流动的损失项,$(u_{\mathrm{w}}, v_{\mathrm{w}}, w_{\mathrm{w}})$ 为移动的物体引起的流动变化,$(u_{\mathrm{s}}, v_{\mathrm{s}}, w_{\mathrm{s}})$ 代表质量源项的速度,$U_{\mathrm{s}} = (u_{\mathrm{s}}, v_{\mathrm{s}}, w_{\mathrm{s}}) = \frac{\mathrm{d}Q}{\rho_{\mathrm{Q}}\mathrm{d}A}\vec{n}$,$\mathrm{d}Q$ 为流量,ρ_{Q} 为流体源密度,$\mathrm{d}A$ 源项面积,$\vec{n}$ 指向表面外法向。

$$\rho V_{\mathrm{F}} f_{x} = wsx - \left[\frac{\partial}{\partial x}(A_{x}\tau_{xx}) + R\frac{\partial}{\partial y}(A_{y}\tau_{xy}) + \frac{\partial}{\partial z}(A_{z}\tau_{xz}) + \frac{\xi}{x}(A_{x}\tau_{xx} - A_{y}\tau_{yy})\right] \tag{6-7}$$

$$\rho V_F f_y = wsy - \left[\frac{\partial}{\partial x}(A_x \tau_{xy}) + R\frac{\partial}{\partial y}A_y \tau_{yy}) + \frac{\partial}{\partial z}(A_z \tau_{yz}) + \frac{\xi}{x}(A_x - A_y \tau_{xy})\right] \tag{6-8}$$

$$\rho V_F f_z = wsz - \left[\frac{\partial}{\partial x}(A_x \tau_{xz}) + R\frac{\partial}{\partial y}(A_y \tau_{yz}) + \frac{\partial}{\partial z}(A_z \tau_{zz}) + \frac{\xi}{x}(A_x \tau_{xz})\right] \tag{6-9}$$

其中，τ_{ij} 表示流体在 i 作用面上沿 j 方向的剪切应力，可用以下方程表示：

$$\tau_{xx} = -2\mu\left[\frac{\partial u}{\partial x} - \frac{1}{3}\left(\frac{\partial u}{\partial x} + R\frac{\partial v}{\partial y} + \frac{\partial w}{\partial z} + \frac{\xi u}{x}\right)\right] \tag{6-10}$$

$$\tau_{yy} = -2\mu\left[\frac{\partial v}{\partial y} + \frac{\xi u}{x} - \frac{1}{3}\left(\frac{\partial u}{\partial x} + R\frac{\partial v}{\partial y} + \frac{\partial w}{\partial z} + \frac{\xi u}{x}\right)\right] \tag{6-11}$$

$$\tau_{zz} = -2\mu\left[\frac{\partial w}{\partial z} - \frac{1}{3}\left(\frac{\partial u}{\partial x} + R\frac{\partial v}{\partial y} + \frac{\partial w}{\partial z} + \frac{\xi u}{x}\right)\right] \tag{6-12}$$

$$\tau_{xy} = -\mu\left(\frac{\partial v}{\partial x} + R\frac{\partial u}{\partial y} - \frac{\xi v}{x}\right) \tag{6-13}$$

$$\tau_{xz} = -\mu\left(\frac{\partial u}{\partial z} + \frac{\partial w}{\partial x}\right) \tag{6-14}$$

$$\tau_{yz} = -\mu\left(\frac{\partial v}{\partial z} + \frac{\partial w}{\partial y}\right) \tag{6-15}$$

以上方程中 μ 为黏滞系数。

6.1.2 紊流模型

紊流是一个相当复杂的流动形态，流体质点相互掺混，形成大大小小尺寸不等的旋涡，表现为流场中同一点处的流速在其平均值上下波动的现象，特别是在流速很大或者雷诺数 Re 很大时，流体的紊动现象更加显著。

对于大部分水流数值模拟，以下六种紊动模型较为常见：普朗特掺混长度模型、一方程模型、二方程 κ-ε 模型 、RNG 模型、LES 大涡模型和 κ-ω 模型 。根据 Roulund[108]的研究，由于 κ-ω 模型更善于模拟强逆压梯度下边界层流，因此相对于其他几种紊动模型 κ-ω 模型在模拟结构物前的马蹄涡系时效果更好。无论是从结构物受力角度还是周围局部冲刷角度，κ-ω 模型都是目前比较先进的紊流模型。

在数值模拟计算中，κ-ω 紊动模型的计算过程如下，定义 k 为紊动能，由式(6-16)表示。

$$k = \frac{1}{2}(\overline{u'^2} + \overline{v'^2} + \overline{w'^2}) \tag{6-16}$$

其中，u'、v'、w' 代表 x -、y -、z - 方向上流速脉动值。

$$\frac{\partial k}{\partial t}+\frac{1}{V_{\mathrm{F}}}\left(uA_x\frac{\partial k}{\partial x}+vA_y\frac{\partial k}{\partial y}+wA_z\frac{\partial k}{\partial z}\right)=P_{\mathrm{T}}+G_{\mathrm{T}}+\mathrm{Diff}_{\mathrm{k}}-\beta^{*}k\omega \tag{6-17}$$

式中，

$$P_{\mathrm{T}}=\mathrm{CSPRO}\left(\frac{\mu}{\rho V_{\mathrm{F}}}\right)\left\{2A_x\left(\frac{\partial u}{\partial x}\right)^2+2A_y\left(R\frac{\partial v}{\partial y}+\xi\frac{u}{x}\right)^2+2A_z\left(\frac{\partial w}{\partial z}\right)^2+\right.$$

$$\left(\frac{\partial v}{\partial x}+R\frac{\partial u}{\partial y}-\xi\frac{v}{x}\right)\left[A_x\frac{\partial v}{\partial x}+A_y\left(R\frac{\partial u}{\partial y}-\xi\frac{v}{x}\right)+\left(\frac{\partial u}{\partial z}+\frac{\partial w}{\partial x}\right)\left(A_z\frac{\partial u}{\partial z}+A_x\frac{\partial w}{\partial x}\right)+\right.$$

$$\left.\left.\left(\frac{\partial v}{\partial z}+R\frac{\partial w}{\partial y}\right)\left(A_z\frac{\partial v}{\partial z}+A_yR\frac{\partial w}{\partial y}\right)\right]\right\}$$

其中，CSPRO 表示紊动参数，默认值为 1，R 和 ξ 和坐标系有关。

$$G_{\mathrm{T}}=-\mathrm{CRHO}\left(\frac{\mu}{\rho^3}\right)\left(\frac{\partial p}{\partial x}\frac{\partial\rho}{\partial x}+R^2\frac{\partial p}{\partial y}\frac{\partial\rho}{\partial y}+\frac{\partial p}{\partial z}\frac{\partial\rho}{\partial z}\right)$$

其中，μ 为动力黏度，ρ 为流体密度，p 为压强，CRHO 为另一个紊动参数，默认值为 0，当计算热量导致的浮力流动时，近似为 2.5。

$$\mathrm{Diff}_{\mathrm{k}}=\frac{1}{V_{\mathrm{F}}}\left\{\frac{\partial}{\partial x}\left(v_{\mathrm{k}}A_x\frac{\partial k}{\partial x}\right)+R\frac{\partial}{\partial y}\left(v_{\mathrm{k}}A_yR\frac{\partial k}{\partial y}\right)+\frac{\partial}{\partial z}\left(v_{\mathrm{k}}A_z\frac{\partial k}{\partial z}\right)+\xi\frac{v_{\mathrm{k}}A_xk}{x}\right\}$$

其中，v_{k} 为 k 的扩散系数。

$$\beta^{*}=\beta_0^{*}f_{\beta^{*}}=0.09f_{\beta^{*}}$$

当 $x_{\mathrm{k}}\leqslant 0$ 时，$f_{\beta^{*}}=1$；当$x_{\mathrm{k}}>0$ 时，$f_{\beta}^{*}=\dfrac{1+680x_{\mathrm{k}}^2}{1+400x_{\mathrm{k}}^2}$。

$$x_{\mathrm{k}}=\frac{1}{\omega^3}\left(\frac{\partial k}{\partial x}\frac{\partial\omega}{\partial x}+\frac{\partial k}{\partial y}\frac{\partial\omega}{\partial y}+\frac{\partial k}{\partial z}\frac{\partial\omega}{\partial z}\right)$$

$$\frac{\partial\omega}{\partial t}+\frac{1}{V_{\mathrm{F}}}\left(uA_x\frac{\partial\omega}{\partial x}+vA_y\frac{\partial\omega}{\partial y}+wA_z\frac{\partial\omega}{\partial z}\right)=\alpha\frac{\omega}{k}(P_{\mathrm{T}}+\mathrm{CDIS3}\cdot G_{\mathrm{T}})+\mathrm{Diff}_{\omega}-\beta\omega^2 \tag{6-18}$$

$$\omega=\frac{\varepsilon}{k} \tag{6-19}$$

其中，$\alpha=\dfrac{13}{25}$，CDIS3 = 0.2 为无量纲参数，$\beta=\beta_0f_{\beta}$，$\beta_0=\dfrac{9}{125}$，$f_{\beta}=\dfrac{1+70x_{\omega}}{1+80x_{\omega}}$，$x_{\omega}=\left|\dfrac{\Omega_{ij}\Omega_{jk}S_{ki}}{(\beta_0^{*}\omega)^3}\right|$。

其中，Ω_{ij} 为平均旋转张量，S_{ki} 代表平均应变率张量。

6.1.3 泥沙输运模型

在泥沙运动的描述过程中,第 i 种悬移质含沙量输移的连续方程为:

$$\frac{\partial C_{s,i}}{\partial t} + \nabla\cdot(\vec{u}_{s,i} C_{s,i}) = \nabla\cdot\nabla(k_{diff} C_{s,i}) \tag{6-20}$$

其中,$C_{s,i}$ 为第 i 种悬移质的含沙量,k_{diff} 为扩散率,$\vec{u}_{s,i}$ 为悬沙速度。由于每种粒径的泥沙的密度和粒径各不相同,导致重力和拖曳力也不相同,从而每种悬移质的运动速度与其他悬移质或者流体本身流速也不一样。假设悬移质颗粒之间没有强相互影响,悬移质颗粒与水沙混合物之间的速度差异主要表现在泥沙沉速上,即:

$$\vec{u}_{s,i} = \vec{u} + \vec{u}_{settling,i} \frac{C_{s,i}}{\rho_{s,i}}$$

$\vec{u}$ 表示水沙混合物速度,$\rho_{s,i}$ 为第 i 种泥沙密度,$\vec{u}_{settling,i}$ 为第 i 种泥沙的泥沙沉速。

水流对底床的拖曳力用相对切应力表达:

$$\theta_i = \frac{\tau}{\|g\| d_{s,i}(\rho_{s,i} - \rho)}$$

其中,τ 为水流对底床的拖曳力,$\|g\|$ 为重力加速度的标量。如果水流作用于底床床面的拖曳力相对切应力 θ_i 大于泥沙临界起动拖曳力对应的相对切应力 $\theta_{cr,i}$,则床面的泥沙就会开始运动,其中泥沙带起的流速按照(Mastbergen 和 Van Den Berg[109])的方法计算,具体公式如下:

$$\vec{u}_{lift,i} = \alpha_i \vec{n}_s d_*^{0.3} (\theta_i - \theta_{cr,i})^{1.5} \sqrt{\frac{\|g\| d_{s,i}(\rho_{s,i} - \rho)}{\rho}} \tag{6-21}$$

其中,

$$d_* = d_{s,i} \left[\frac{\rho(\rho_{s,i} - \rho)\|g\|}{\mu^2}\right]^{\frac{1}{3}}$$

$\vec{u}_{lift,i}$ 表示泥沙由静止进入悬浮状态的上扬速度,主要用来描述底床泥沙起动的规模,α_i 为卷挟系数,推荐值为0.018,一般可通过物理模型实验来率定,$\vec{n}_s$ 为泥沙床面的外法向,$d_{s,i}$ 为第 i 种泥沙的粒径,$\theta_{cr,i}$ 为第 i 种底床泥沙的临界相对切应力。

与悬浮过程相反,当泥沙自身的重力大于水流的上举力时,悬浮的泥沙便开始落淤,于是便有了沉降速度,根据 Soulsby[110] 的研究,悬浮物中第 i 种泥沙的下沉速度公式为:

$$u_{\mathrm{settling},i}=\frac{\nu_{\mathrm{f}}}{d_{\mathrm{s},i}}[(10.36^2+1.049d_*^3)^{0.5}-10.36]$$

其中，ν_{f} 流体运动黏度。假设沉降速度的方向与重力一致，则有：

$$\vec{u}_{\mathrm{settling},i}=u_{\mathrm{settling},i}\frac{\vec{g}}{\|g\|}$$

在计算推移质泥沙运动输沙时依据 Meyer-Peter 和 Muller 公式，第 i 种泥沙的单位宽度底床泥沙通量为：

$$q_{\mathrm{b},i}=\Phi_i\left[\|g\|\frac{\rho_{\mathrm{s},i}-\rho}{\rho}d_{\mathrm{s},i}^3\right]^{\frac{1}{2}} \tag{6-22}$$

$$\Phi_i=\beta_i(\theta_i-\theta'_{\mathrm{cr},i})^{1.5}c_{\mathrm{b},i}$$

其中，$q_{\mathrm{b},i}$ 推移质体积单宽输沙率，Φ_i 为无量纲推移质单宽输沙率，$\theta'_{\mathrm{cr},i}$ 为经过水下休止角及泥沙中值粒径修正的临界相对切应力。β_i 推荐值为 8.0，可根据实际情况率定，$c_{\mathrm{b},i}$ 为第 i 种泥沙占整体泥沙的百分比。

根据 Van Rijn[75] 推移质厚度 δ_i 可由以下公式计算：

$$\frac{\delta_i}{d_{\mathrm{s},i}}=0.3\,d_*^{0.7}\left(\frac{\theta_i}{\theta'_{\mathrm{cr},i}}-1\right)^{\frac{1}{2}}$$

则第 i 种泥沙的底床推移质速度 $u_{\mathrm{bedload},i}$ 可以表示为：

$$u_{\mathrm{bedload},i}=\frac{q_{\mathrm{b},i}}{\delta_i f_{\mathrm{b}} c_{\mathrm{b},i}}$$

f_{b} 为泥沙相应的临界堆积率，$u_{\mathrm{bedload},i}$ 的方向与其毗邻的水流流速方向一致。

单位时间内，穿过计算网格面的推移质质量为：

$$Q_{\mathrm{b},i}=u_{\mathrm{bedload},i}\,\delta_i f_{\mathrm{b}}\rho_{\mathrm{s},i} \tag{6-23}$$

6.1.4 网格和结构物的识别

模型采用长方体结构化网格有限差分方法，全部矢量变量设置于网格面心上，标量变量设置在网格体心上，如图 6-1 所示。结构物表面与网格的边界线的交点连线构成的封闭几何体即为流体计算中结构物的体现形式（图 6-2），因此应针对不同结构物的几何形状调整其周围的网格尺寸，特别是在底床附近，虽然理论上网格越精细越能反映真实的结构物表面情况，但在实际计算过程中，细小的网格将严重降低计算效率，将数值模拟的计算结果与物理模型的实验结果进行对比验证是平衡网格尺寸和计算效率的有效方法。

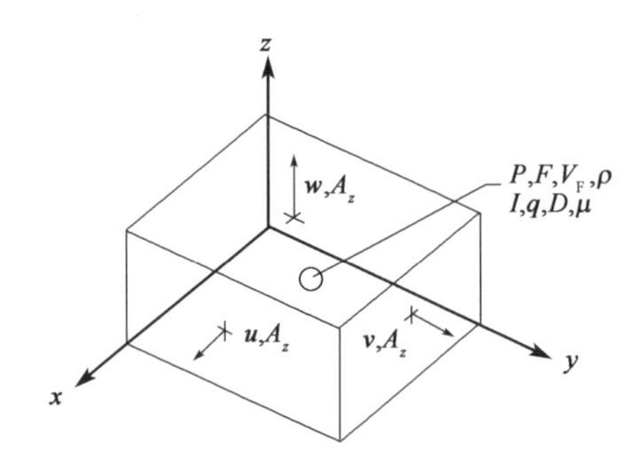

图 6-1 各物理量在每个网格单元上的存储位置

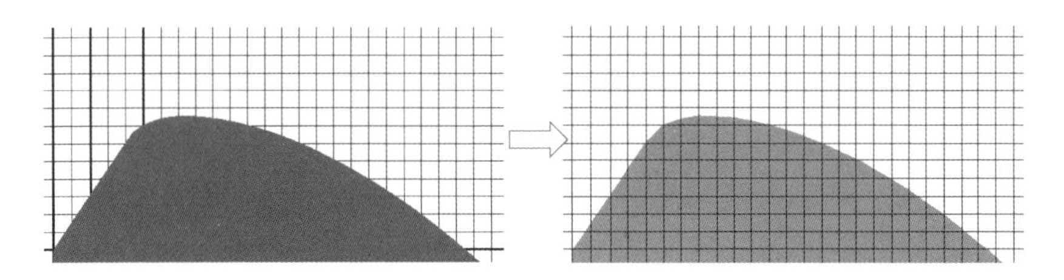

图 6-2 结构物形状在模型网格中的体现(相邻网格交点之间的连线构成结构物表面)

6.1.5 自由表面处理方法(VOF 法)

为了尽可能地反映真实水流表面的波动,模型采用了 VOF 方法进行液面的捕捉。其基本思想为:对于每一个计算单元赋予一个流体体积函数 F,表示计算单元内流体体积与单元内全部可容纳流体的体积之比。当网格单元完全处于空气中时,$F=0$;网格单元完全被流体填充时,$F=1$;部分流体部分空气时取 $0<F<1$。所以判断一个网格计算单元处于自由表面需要同时满足两个限制条件:①该单元的 F 函数处于 0 到 1 之间;②与该单元相邻的至少一个单元其 F 值为 0。在数值模型计算中,F 满足公式

$$\frac{\partial F}{\partial t}+\frac{1}{\nu_{\mathrm{F}}}\left(\frac{\partial A_x uF}{\partial x}+R\frac{\partial A_y vF}{\partial y}+\frac{\partial A_z wF}{\partial z}+\xi\frac{A_x uF}{x}\right)=F_{\mathrm{DIF}}+F_{\mathrm{SOR}} \tag{6-24}$$

其中,$F_{\mathrm{DIF}}=\frac{1}{V_{\mathrm{F}}}\left[\frac{\partial A_x\nu_{\mathrm{F}}}{\partial x}\frac{\partial F}{\partial x}+R\frac{\partial A_y\nu_{\mathrm{F}}}{\partial y}\frac{\partial F}{\partial y}+\frac{\partial A_z\nu_{\mathrm{F}}}{\partial z}\frac{\partial F}{\partial z}+\xi\frac{A_x\nu_{\mathrm{F}}F}{x}\right]$,$\nu_{\mathrm{F}}$ 为耗散系数,与紊动施密特数有关,耗散项 F_{DIF} 只在两种流体紊动混合时才有意义。F_{SOR} 受源汇项 R_{SOR} 控制,代表体积的时间变化率。V_{F} 代表每个网格中参与计算的液体体积与网格体积的比值,A_x、A_y 和A_z 分别是 x、y 和 z 方向上可流动的流体

所占面积的百分比，u、v、w 分别代表 x、y 和 z 方向上的液体流速，R_{SOR} 为源汇项，R_{DIF} 为紊动耗散项，ξ 为坐标系判数，笛卡尔坐标系时 $\xi=0$，圆柱坐标系时，$\xi=1$。

6.1.6 方程离散方法

数值模型采用广义极小残差法，其主要思路为：在计算下一时刻的流速之前先引入一个中间过渡流速（u^*，v^*，w^*），然后求解包含过渡流速和压强修正值的泊松方程，根据压强修正值可计算下一时刻的压力值，直到收敛为止，之后根据新时刻下的流速和压力值计算流体体积函数 F，并重新构成新的液面和边界条件。值得注意的是，过渡流速在运算过程中可以不满足连续性方程。

6.1.7 初始条件

为了使数值模型更快地达到水流稳定，在恒定流冲刷案例中，初始条件由已经达到稳定的水流场提供；在考虑波浪冲刷作用的案例中，全流场初始水位分布按照波浪边界提供的波要素计算；对于海啸（如海啸波）冲刷的案例中，全流场初始水位保持不变，初始流速为零。

6.1.8 边界条件

在长方体计算域中，长方体的每个面需要提供一个边界条件，一共需要 6 个边界条件，如图 6-3 所示。对于计算域底部采用不透水的墙型边界条件（wall），在该边界处切向 $\vec{u}_\tau$ 和法向流速 $\vec{u}_n$ 均为 0。计算域两侧和顶部均设为对称边界（symmetry），这种边界默认边界两侧的流体运动完全相同，因此既不会存在穿越边界的流量，也不会产生平行于边界的拖曳力，可视为边界两边的流体运动完全一致对称。

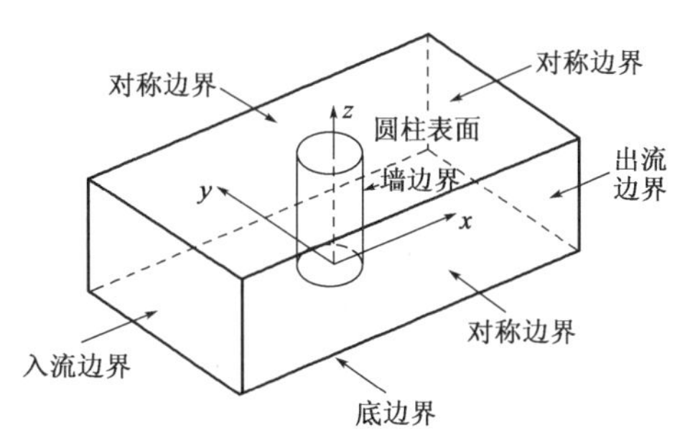

图 6-3 模型边界条件示意图

在恒定流冲刷的模型实验中,为了保证来流流速垂向上满足对数分布,预先在相同宽度和底床摩阻但是长度更长(300m)的数值水槽中进行水流预算。当流速断面分布达到稳定后,截取这一流速剖面作为冲刷数值模拟的入流边界(grid overlay)。此时的出流边界条件按照固定水位(与入流边界相同)条件下的压强(specific pressure)提供。

在有波浪作用的冲刷模型实验中,首先根据波高 H 和水深 h 以及周期 T 的比值通过图 6-4 确定波浪类型,然后根据波浪类型输入不同的波要素边界条件(wave),当有水流同时存在时,可在波浪入流边界条件中添加流速值,从而创造波流共同作用的入流边界。同时,在模型下游设置了波浪吸收层(absorbing layer),以防止波浪反射对计算结果的干扰,具体吸收层参数设置将在后文叙述。无论是在波浪单独作用还是波流共同作用下,出流边界均设置为固定水位压强边界(specific pressure)。

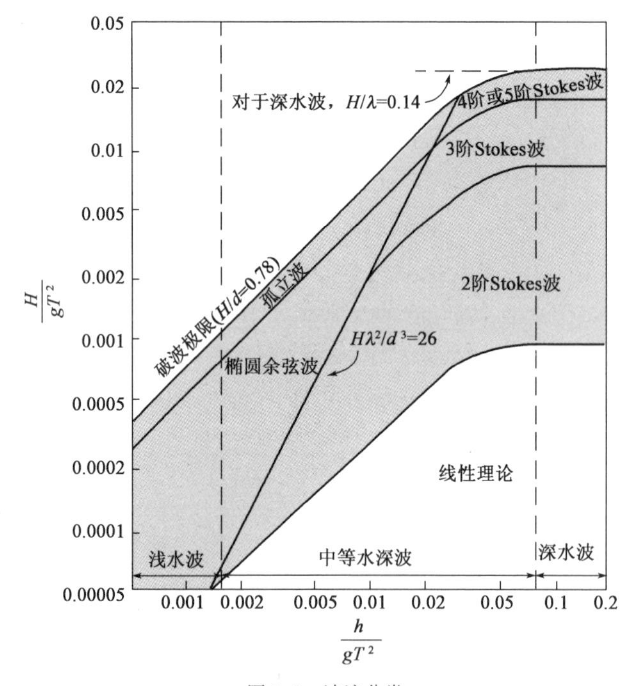

图 6-4　波浪分类

h-水深,H-波高,T-波周期,g-重力加速度

对于海啸波,入流边界条件按照孤立波设置,出流边界条件设置为(outflow)辐射边界,这种边界主要利用辐射边界原理可以让波动以最小的反射平顺地离开计算网格区域。

6.1.9 求解方法

求解的主要思路为以下三个步骤:

(1)根据初始条件或者上一时间层的压力,平流等计算结果,对动量方程式(6-4)~式(6-6)显式计算下一时间的流速。

(2)为了满足连续性方程式(6-1),引入压强矫正项,并计算每个网格由于压强矫正带来的流速改变量,并将这个该变量叠加到上一步的流速中去。

(3)不断地循环以上两步,最终得到满足误差限定的流速和压强即为新时刻下的真实的流速和压强。同时将计算结果带入式(6-22)中,得到新时刻下的液体在网格中的分布情况。

对于动量方程式(6-4)~式(6-6),流速显式计算方法如下:

$$u_{i,j,k}^{n+1} = u_{i,j,k}^{n} + \delta t^{n+1}\left[-\frac{P_{i+1,j,k}^{n+1} - P_{i,j,k}^{n+1}}{(\rho\delta x)_{i+\frac{1}{2},j,k}^{n}} + G_x - \mathrm{FUX} - \mathrm{FUY} - \mathrm{FUZ} + \mathrm{VISX} - BX - \mathrm{WSX}\right] \tag{6-25}$$

$$v_{i,j,k}^{n+1} = v_{i,j,k}^{n} + \delta t^{n+1}\left[-\frac{P_{i,j+1,k}^{n+1} - P_{i,j,k}^{n+1}}{(\rho\delta y)_{i,j+\frac{1}{2},k}^{n}} + G_y - \mathrm{FVX} - \mathrm{FVY} - \mathrm{FVZ} + \mathrm{VISY} - BY - \mathrm{WSY}\right] \tag{6-26}$$

$$w_{i,j,k}^{n+1} = w_{i,j,k}^{n} + \delta t^{n+1}\left[-\frac{P_{i,j,k+1}^{n+1} - P_{i,j,k}^{n+1}}{(\rho\delta z)_{i,j,k+\frac{1}{2}}^{n}} + G_z - \mathrm{FWX} - \mathrm{FWY} - \mathrm{FWZ} + \mathrm{VISZ} - BZ - \mathrm{WSZ}\right] \tag{6-27}$$

其中,

$$(\rho\delta x)_{i+\frac{1}{2},j,\mathrm{k}}^{n} = \frac{\rho_{i,j,\mathrm{k}}^{n}\delta x_i + \rho_{i+1,j,k}^{n}\delta x_{i+1}}{2} \tag{6-28}$$

FUX、FUY、FUZ 分别表示(x,y,z)方向上的对流流量;VISX、VISY、VISZ 分别代表三个方向上的黏性加速度,BX、BY、BZ 表示三个方向上流体穿过多孔介质的流量损失值,WSX、WSY、WSZ 表示各个方向上的壁面黏性加速度,G_x、G_y、G_z 则包括重力、旋转和体非惯性加速度在各个方向上的分量,δx、δy、δz 代表长方体网格在(x,y,z)方向上的大小,下标表示网格单元在计算域中的位置编号,δt^n 为第 n 个时间步的时间步长。

差分方法采用二阶单调保守迎风差分法[67],对于穿越网格 x 方向表面的变量计算方式如下：

$$Q^{*} = Q_i + \frac{1}{2}A(1 - C)\delta x_i \tag{6-29}$$

其中，Q_i 为网格中心点的变量值，C 为柯朗数，δx_i 为网格在 x 方向上的尺寸，A 为网格内

$$x_0 = \frac{1}{6}A(1 - 2C)\delta x_i$$

位置处流量的一阶导数的二阶近似，可以通过对相邻的两个一阶导数进行线性差值计算得到。而后者可以通过计算网格中心点的导数得到，如：

$$\frac{\mathrm{d}Q}{\mathrm{d}x_{i+\frac{1}{2}}} = 2 \cdot \frac{Q_{i+1} - Q_i}{\delta x_{i+1} + \delta x_i}$$

其中变量 Q 即为两个一阶导数 Q_{i+1} 和Q_i 的二阶近似。用这种方法可以很容易地将更高精度的近似扩展到全部非一致网格单元。

为了保证单调性，必须严格限制导数 A 的值，依据[67]：

$$A \leqslant 2\min\left[\frac{\mathrm{d}Q}{\mathrm{d}x_i}, \frac{\mathrm{d}Q}{\mathrm{d}x_{i+1}}\right]$$

若 Q_i 为局部最小或最大值，即上式两个导数值为反向，则令 A 为 0。

6.2 数值模型的建立和验证

6.2.1 流速验证

(1)水槽断面垂向流速分布验证

要准确地反映圆桩周围的水流特征，首先要确保使数值水槽内的流动符合实际情况。为了保证水流断面上的流速得以充分发展，数值水槽的长度设为 300m，水槽高度设为 1m，宽度设为 6m。入流边界设为流速边界(specified velocity boundary) $V = 0.326\mathrm{m/s}$，水深 $h = 0.54\mathrm{m}$，这与 Roulund[108] 实验条件相同。出流边界设为固定水深(specified pressure boundary) $h = 0.54\mathrm{m}$。水槽两侧和顶部采用对称边界(symmetry boundary)，水槽底部设为墙壁边界。全部计算域内的初始水深和初始流速与入流边界条件一致，分别为 0.54m 和 0.326m/s。数值水槽底部分为两种情况，一种为光滑底床；另一种为粗糙高度为 0.01m 的粗糙底床，两种底床在流速验证时将区分验证。

图 6-5 展示了不同底床条件下，水槽中部的流速垂线分布验证。可见模拟

结果与实测值拟合良好，水槽内水流可以反映实际明渠流动情况。

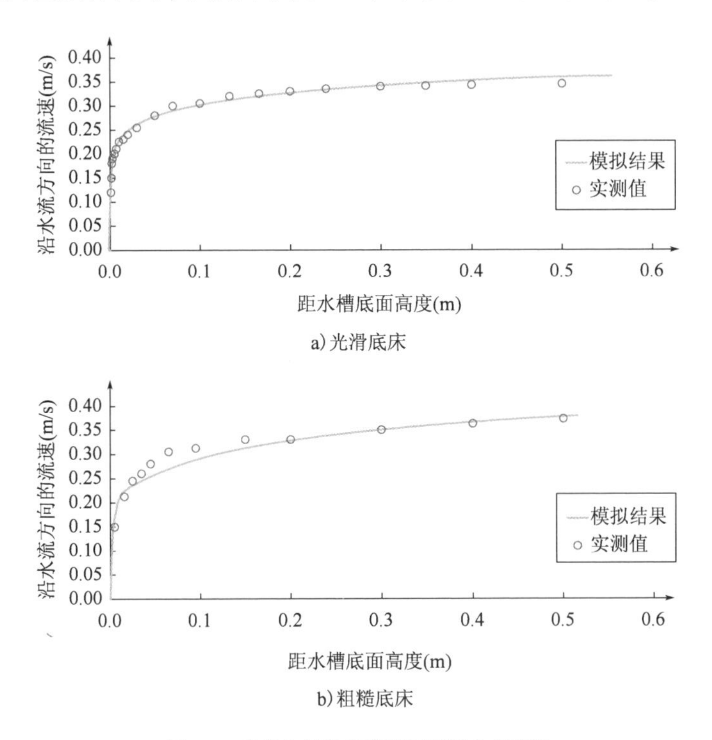

a) 光滑底床

b) 粗糙底床

图 6-5 光滑和粗糙底床流速垂线分布验证

(2) 圆柱周围流速分布验证

在经过验证的两种水流条件下（水深 $h=0.54\text{m}$，平均流速 $u=0.326\text{m/s}$，一种光滑底面；一种粗糙底面，bed roughness height = 0.01m），进一步进行圆桩周围的流态验证。同时以水槽中心为基点，缩短模型水槽长度至 11.428m（大于 21 倍圆柱直径 D），宽度仍保持 6m 不变（大于 11 倍圆柱直径 D），高度 1m（超过最大水深 $h=0.54\text{m}$）。圆柱设置在模拟范围的中心，直径为 $D=0.536\text{m}$，距离入流边界 $10D$，出流边界 $10D$，左右水槽边壁各 $5D$。

利用之前已经通过验证的水槽流场作为新数值水槽的入流边界，其余边界条件与之前相同。同时，在圆柱周围进行水平和垂直范围内的网格加密。全部网格数量为 953677 个，其中沿水流方向（x 方向）197 个，横流方向（y 方向）103 个，垂直于底床面方向（z 方向）43 个，临近底床处的网格高度选取为 1mm，并且在垂向向上和向下两个方向上逐渐平缓过渡，过水断面在垂向上布置 36 个网格，在圆桩附近和近底面采用网格加密的方法，圆柱直径范围内均匀布置 27 个网格，其余网格向两侧逐渐延伸，具体网格布置如图 6-6 所示。

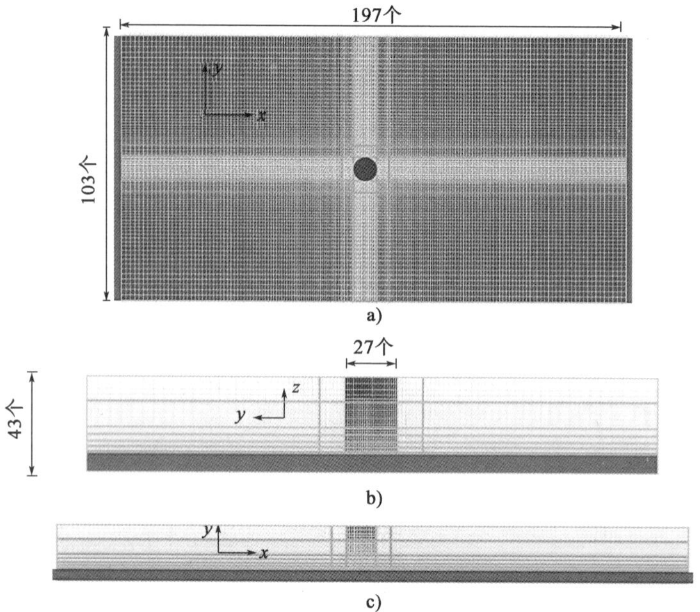

图 6-6　圆桩绕流计算网格布置示意图

注：水深 $h=0.54\mathrm{m}$，平均流速 $u=0.326\mathrm{m/s}$。

图 6-7～图 6-10 分别表现了光滑底床和粗糙底床条件下圆桩周围的水流数值模型计算结果和实测结果的对比，二者结果非常一致，可见数值模型可以反映实际水流情况。

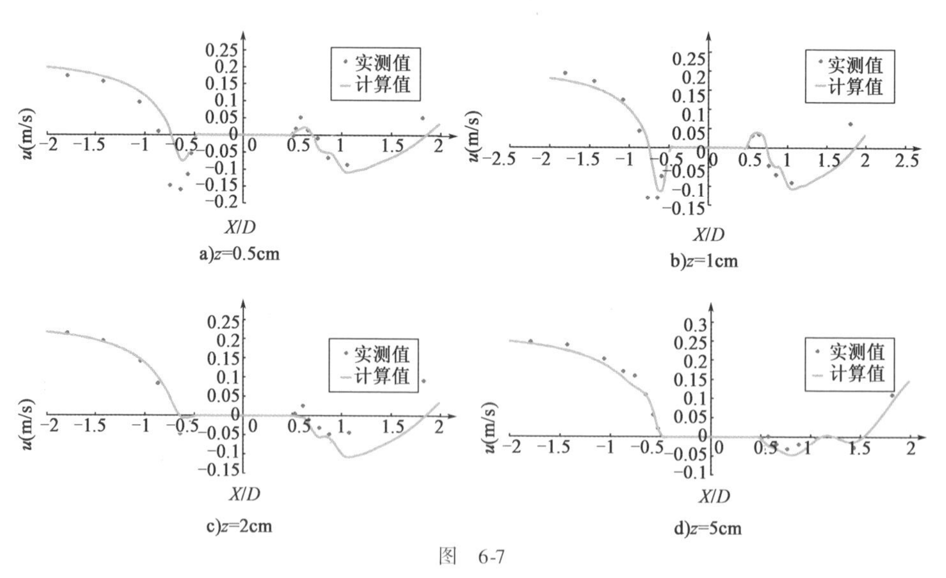

图　6-7

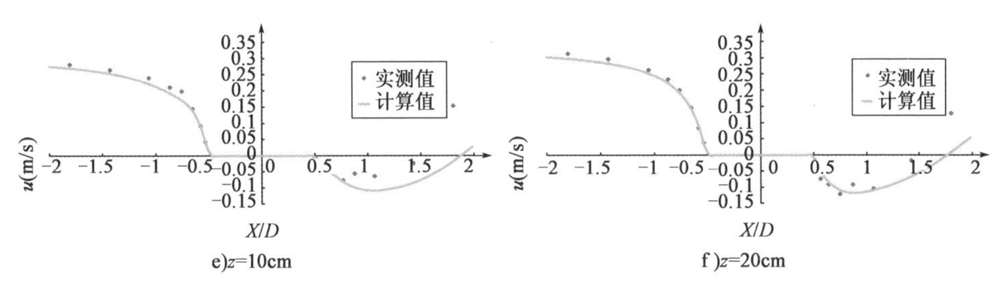

e)z=10cm　　f)z=20cm

图 6-7　光滑底床圆桩轴线处水平流速验证

注：水深 $h=0.54$m，平均流速 $u=0.326$m/s，a)～f)表现不同水深处的水平流速沿中轴线分布；横坐标原点为圆桩圆心，X/D 为相对距离，负值为上游，正值为下游。

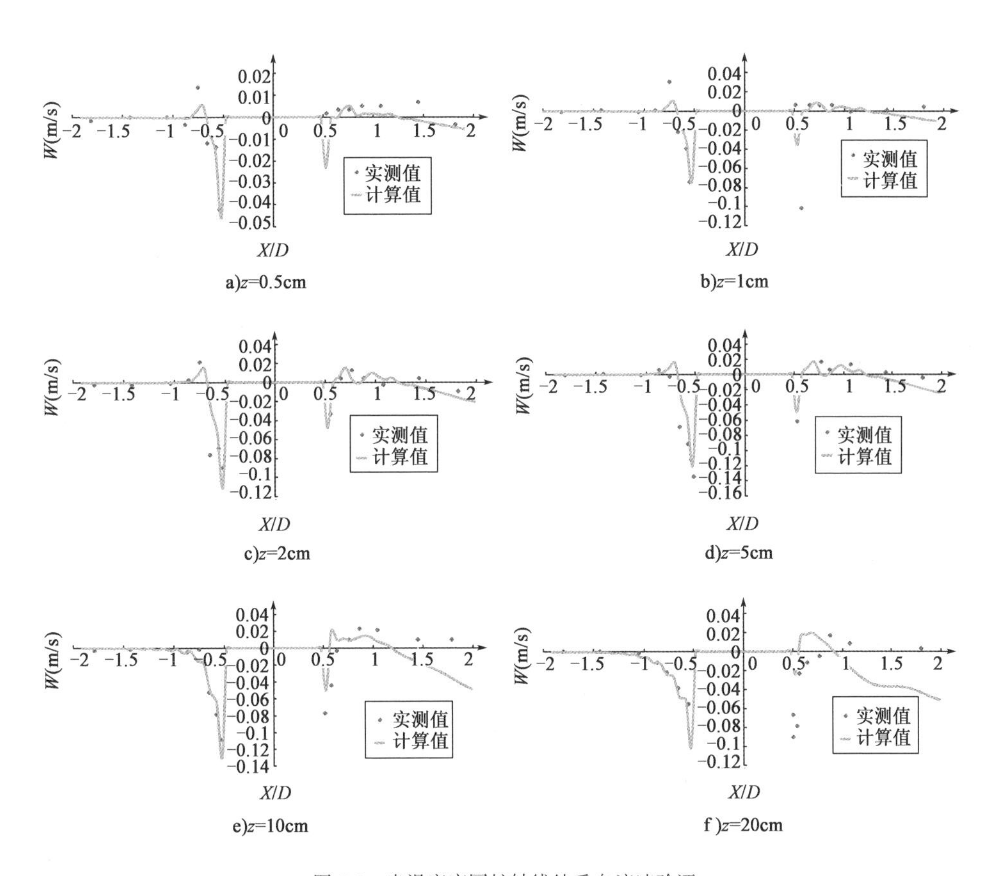

a)z=0.5cm　　b)z=1cm

c)z=2cm　　d)z=5cm

e)z=10cm　　f)z=20cm

图 6-8　光滑底床圆桩轴线处垂向流速验证

注：水深 $h=0.54$m，平均流速 $u=0.326$m/s，a)～f)表现不同水深处的垂向流速沿中轴线分布；横坐标原点为圆桩圆心，X/D 为相对距离，负值为上游，正值为下游。

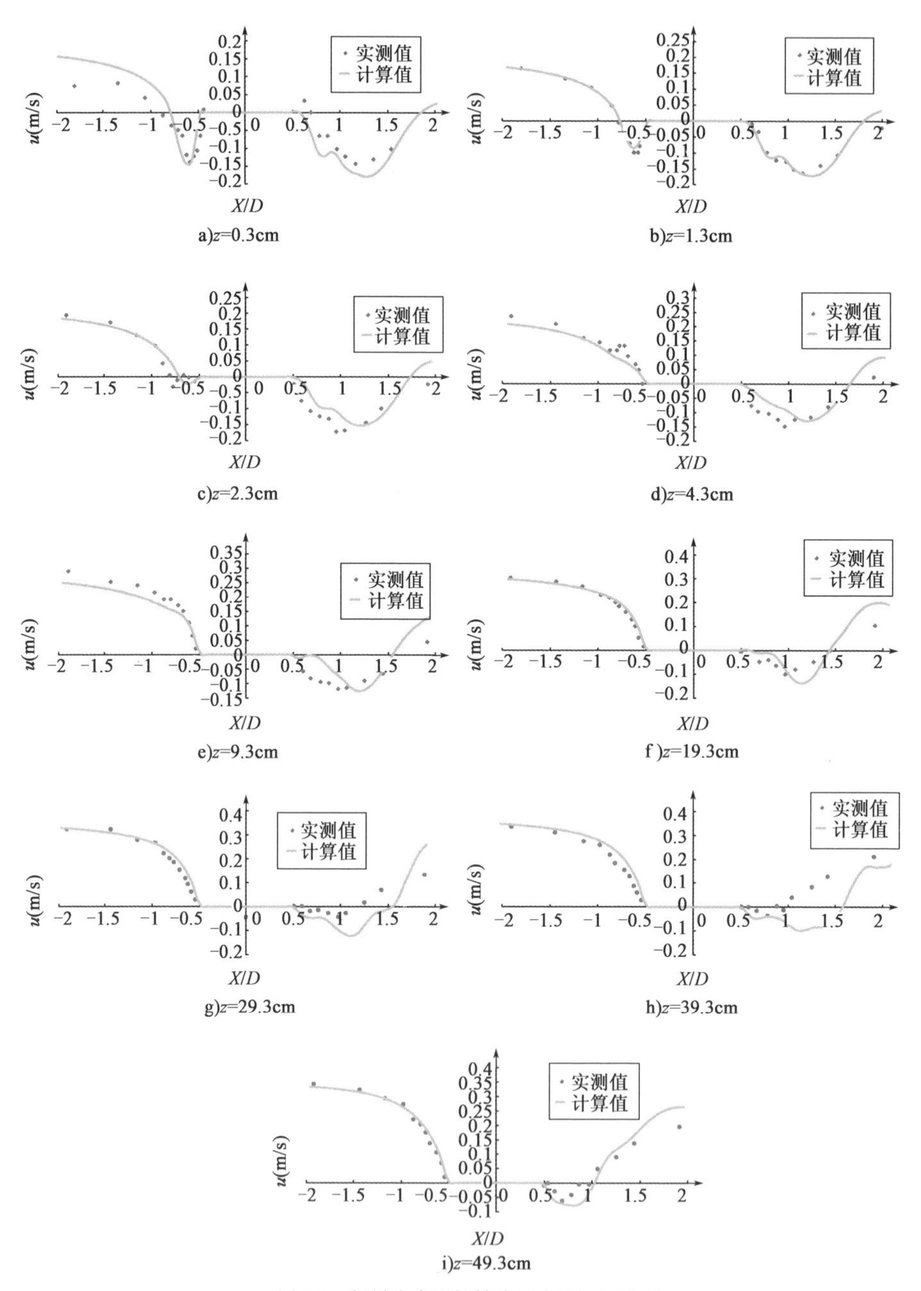

图6-9　粗糙底床圆桩轴线处水平流速验证

注：水深 $h=0.54\mathrm{m}$，平均流速 $u=0.326\mathrm{m/s}$，a)～f)表现不同水深处的水平流速沿中轴线分布；横坐标原点为圆桩圆心，X/D 为相对距离，负值为上游，正值为下游。

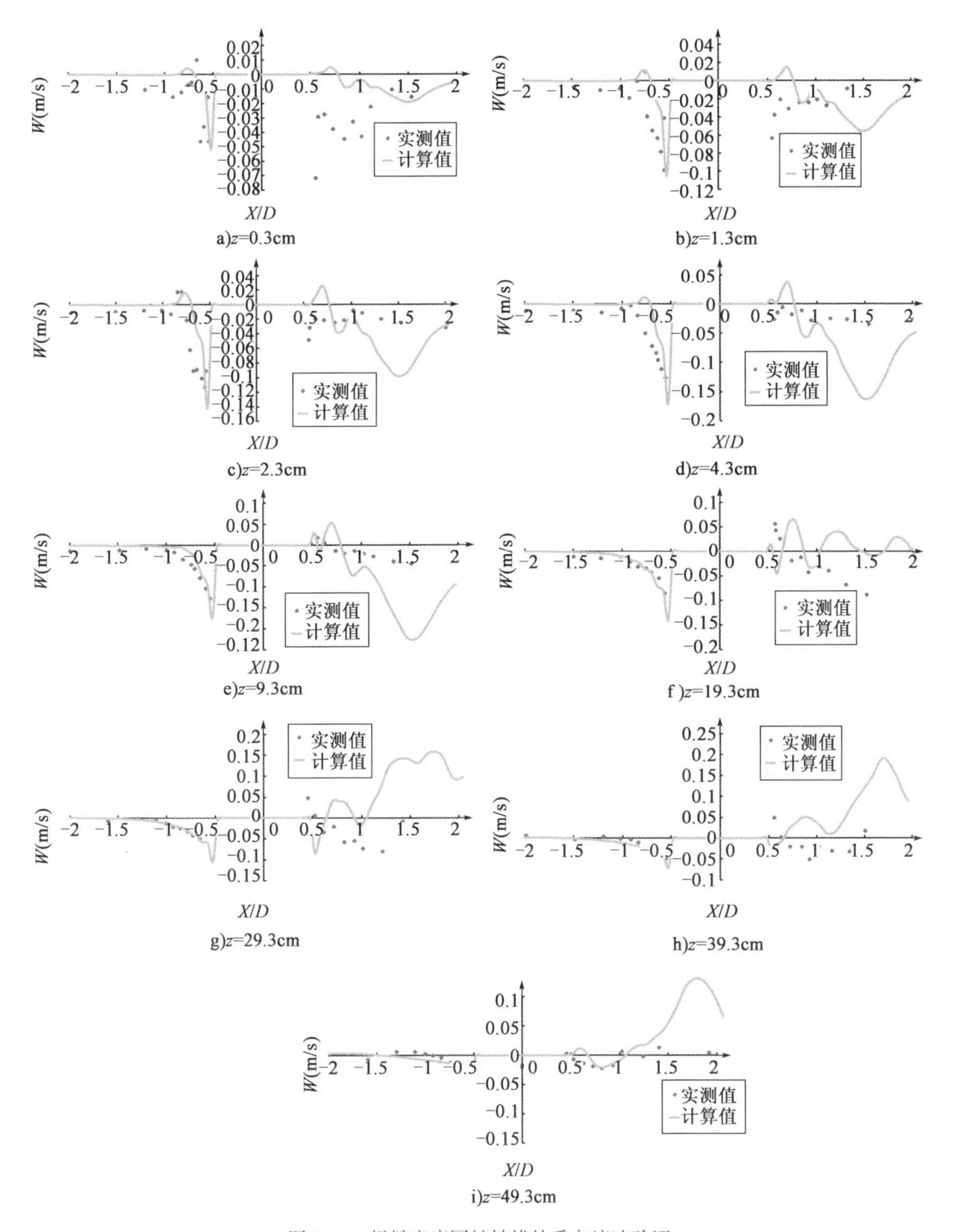

图 6-10 粗糙底床圆桩轴线处垂向流速验证

注：水深 h = 0.54m，平均流速 u = 0.326m/s，a) ~ f) 表现不同水深处的垂向流速沿中轴线分布；横坐标原点为圆桩圆心，X/D 为相对距离，负值为上游，正值为下游。

6.2.2 桩前底床拖曳力验证

引起桩基冲刷的主要因素为马蹄涡,因此若要获得接近真实的冲刷结果必须建立一个可以真实反映马蹄涡对结构物周围区域拖曳力增大的数值模型。图6-11表现了光滑底床桩前轴线上的水流拖曳力分布,Roulund[108]的计算结果虽然可以明显地反映出桩前马蹄涡引起的反向拖曳力现象,但是其大小仅为实测值的62%左右,而建立的模型计算得到的桩前最大反向切应力可达实测值的93%,因此该模型不仅可以很好地反映圆桩周围绕流情况,还能较好地反映桩前拖曳力的增加。

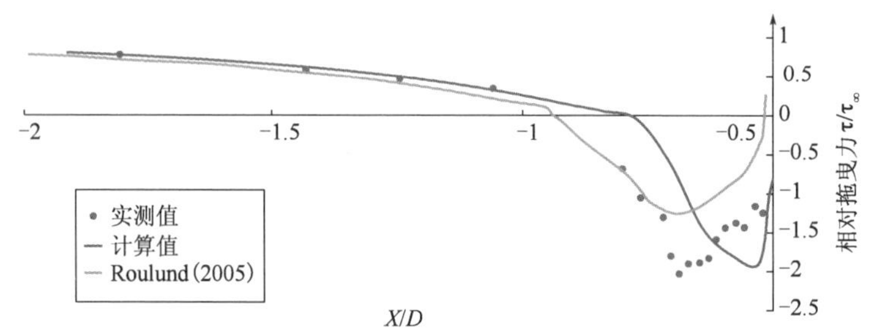

图6-11　光滑底床桩前中轴线床面相对切应力分布

注:坐标原点取在圆桩中心,$X/D<0$ 为来流区域。

6.2.3 桩前压力分布

同样在光滑底床条件下,将圆桩直径减小为0.15m,水深调整至0.2m,垂线平均流速调整为0.26m/s。待水流稳定后,测量桩前床面轴线以及圆桩迎水面上的压力,如图6-12所示。

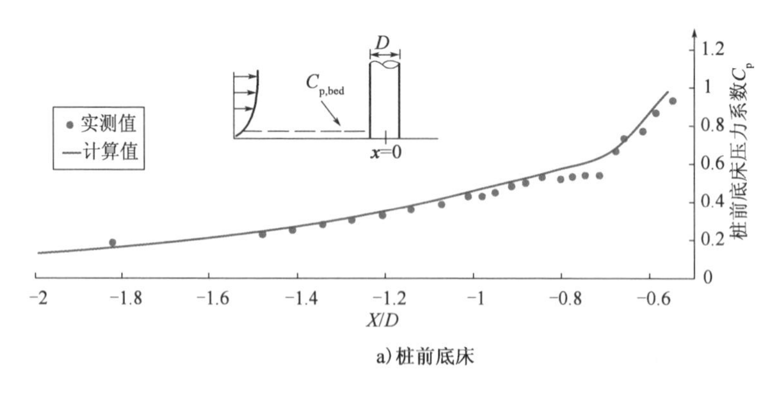

a)桩前底床

图　6-12

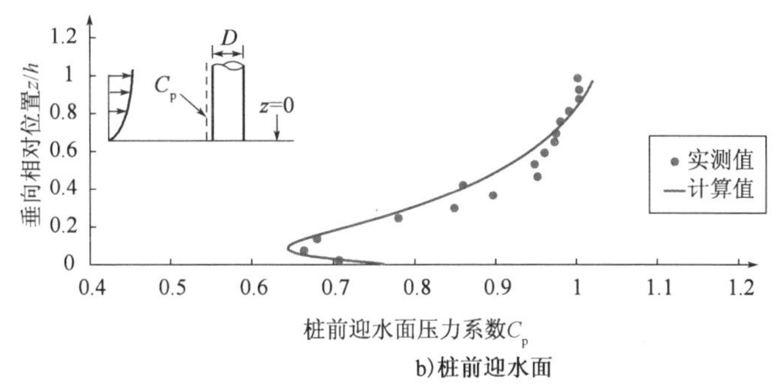

b)桩前迎水面

图 6-12 桩前底床和圆桩迎水面压强分布

注：$C_p = \dfrac{p - p_\infty}{\dfrac{1}{2}\rho v_\infty^2}$，其中 p 为压强，p_∞ 为无穷远处未经圆柱影响处相应高度位置压强，ρ 为流体密度，v_∞ 为无穷远处相应高度位置的流速。

由图 6-12 可见，经过流速验证的数值模型无论是在桩前底床床面还是圆桩迎水面上均能准确反映压力的分布。

6.2.4 圆桩周围拖曳力分布

在测量圆桩周围拖曳力分布时，实验保持水深 0.2m，垂线平均流速调整为 0.3m/s，圆桩直径缩小至 0.05m，底床光滑。

在经过流速、压力验证的基础上，图 6-13 为圆桩周围水流切应力分布，可以看出，切应力在量级和分布趋势上均和试验结果较为一致，说明模型在结构物周围底床切应力分布角度可以基本反映客观实际情况。

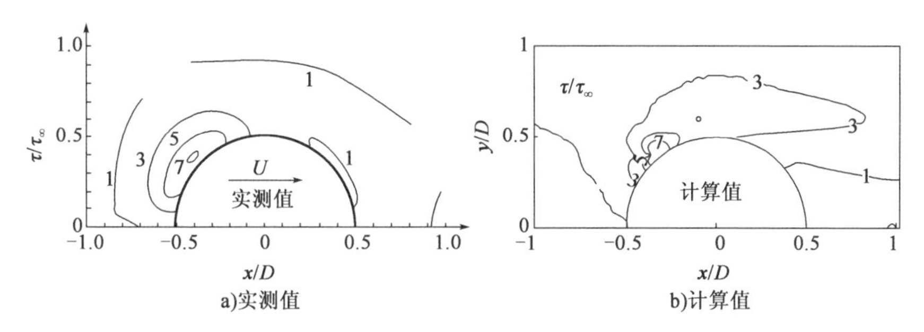

图 6-13 光滑底床圆桩周围水流切应力分布

6.2.5 冲刷验证

(1)恒定水流管线冲刷验证

由于风电基础底部靠近床面处存在横桩，横桩的冲刷过程与管线冲刷十分类似，因此需要先对模型进行恒定流管线冲刷验证。模型水槽水深设为0.35m，管线直径为0.1m，底床为中值粒径 $d_{50}=0.36\text{mm}$ 的均匀沙。来流断面平均流速有3种，分别为0.35m/s、0.4m/s 和0.5m/s。由于管线初始放置在水平底床上，在恒定流水动力条件下，管线在上下游的底床接触点处将产生一个压力差，在这个压力差的作用下，管线正下方的泥沙发生类似"管涌"的现象，下游接触点的床面最先破坏，随后冲刷坑一面加深一面向上下游不断发展，直到冲刷平衡。而数学模型无法准确模拟渗流对泥沙起动的影响，因此在初始时刻先将管线提起一定距离（距离床面3mm），然后在冲刷进行到第150s时令管线回归正常高度。对于 $V=0.5\text{m/s}$，由于在 $t=90\text{s}$ 时有验证剖面，所以将管线回位时间提前至第60s。

一般管线冲刷只涉及二维水流泥沙运动，因此在之前验证好的三维模型网格的基础上，保持(x,z)方向上的网格布置，y 方向上网格数设置为1，整体模型降为二维进行验证。由于管线直径只有0.1m，所以缩短了水流方向（x 方向）的网格范围，令入流边界距离管线10D，出流边界距离管线20D，全部边界条件与前文一致。验证结果如图6-14～图6-16所示，图中 x 为距离管线中心的水平距离，D 为管线直径，Z 为管线冲刷深度，全部长度均以 m 为单位进行无量纲化。

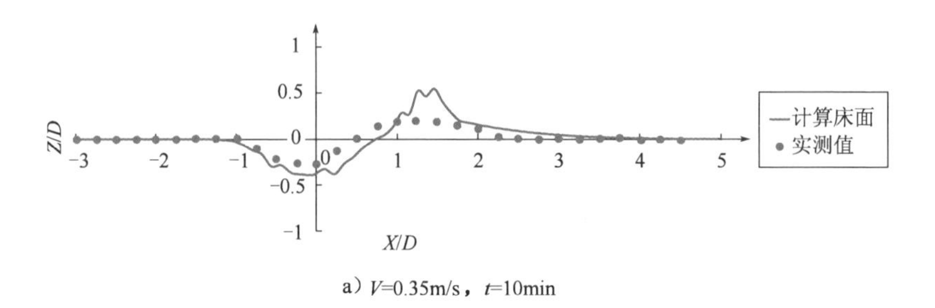

a) V=0.35m/s，t=10min

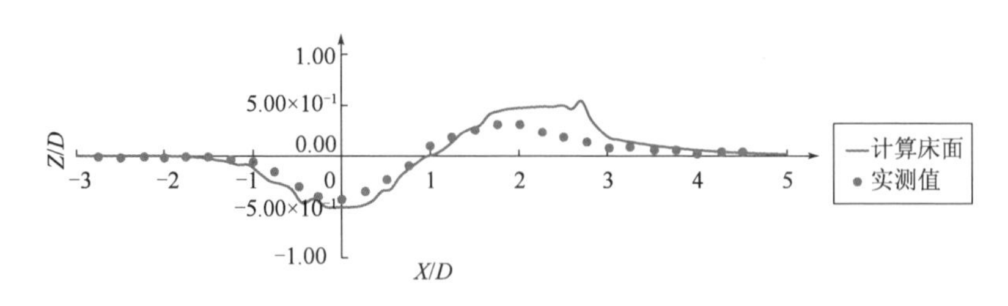

b) V=0.35m/s，t=30min

图 6-14

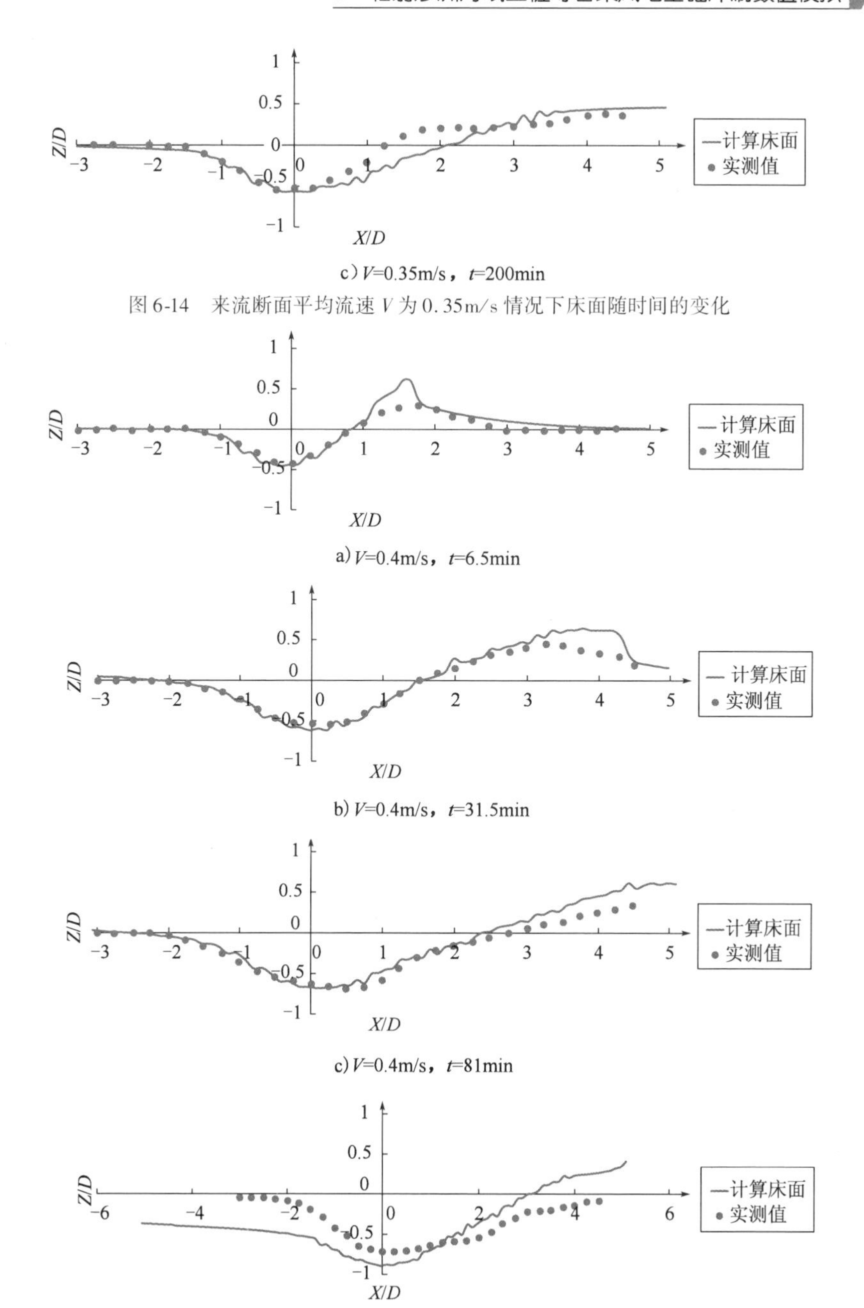

c) V=0.35m/s，t=200min

图6-14 来流断面平均流速 V 为0.35m/s情况下床面随时间的变化

a) V=0.4m/s，t=6.5min

b) V=0.4m/s，t=31.5min

c) V=0.4m/s，t=81min

d) V=0.4m/s，t=282min

图6-15 来流断面平均流速 V 为0.4m/s情况下床面随时间的变化

如图 6-14 ~ 图 6-16 所示，数值模型的计算结果与实测床面变化非常一致，数值模型可以反映近底横桩(管)的冲刷过程。

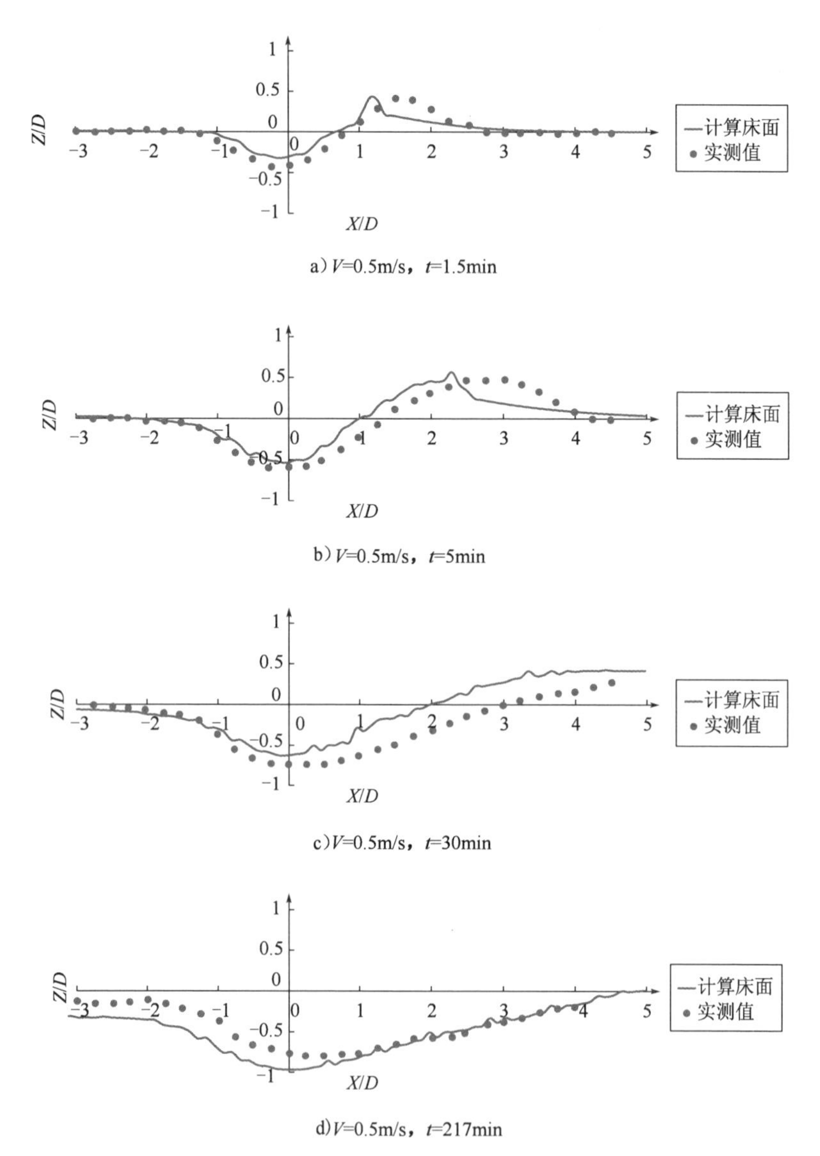

a) V=0.5m/s，t=1.5min

b) V=0.5m/s，t=5min

c) V=0.5m/s，t=30min

d) V=0.5m/s，t=217min

图 6-16　来流断面平均流速 V 为 0.5m/s 情况下床面随时间的变化

(2)恒定水流圆桩冲刷验证

在之前流速、压力和切应力经过验证的数值模型基础上，令水槽水深为 h =

0.4m,断面来流平均流速 $V=0.46\text{m/s}$,圆桩直径 D 为 0.1m,底床均匀沙中值粒径$d_{50}=0.26\text{mm}$。Melville[88]中认为当结构物处于清水冲刷时,冲刷达到平衡所需要的时间比动床冲刷更长,但是即便如此,清水冲刷仍然会在前 10% 的平衡冲刷时间内将完成超过 50% 的平衡冲刷深度。考虑到计算过程耗费的时间成本,这里只对冲刷过程的前 60min 进行验证。

如图 6-17 所示,无论是桩前还是桩后,冲刷深度随时间的发展计算值与实测数据吻合良好。

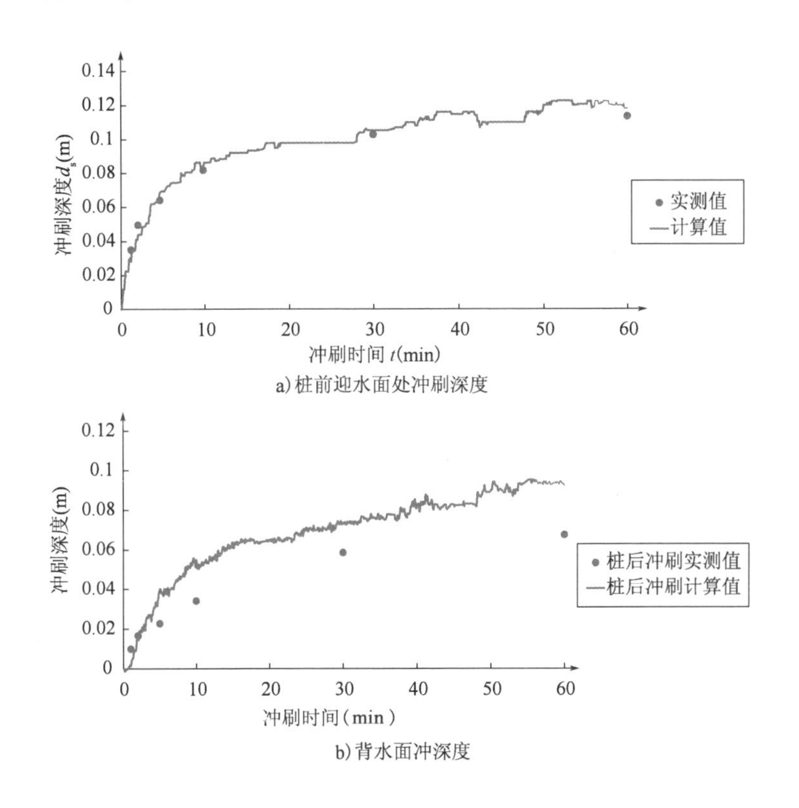

a)桩前迎水面处冲刷深度

b)背水面冲深度

图 6-17 恒定流圆桩冲刷随时间发展

(3)波浪作用下圆桩冲刷验证

根据 Sumer[25]的实验条件,模型水槽长 28m、宽 4m、深 1m,实验水深 $h=0.4\text{m}$,圆桩直径 $D=0.1\text{m}$,推波板造波频率为 0.22Hz,波浪导致的近底层水质点最大流速$U_m=0.326\text{m/s}$,底床均匀沙中值粒径d_{50}为 0.18mm,对应的临界相对切应力θ_{cr}为 0.058。

①造波与消波。

由于在 Sumer[25] 的文章中只提及了实验波频率T_w和水深 h,并没有提供波高 H,因此需要计算波高。首先根据 $L_0 = \frac{gT_w^2}{2\pi}$ 计算微幅波理论波长 L_0 ,然后根据相对水深 $\frac{h}{L_0}$ 查表得到 $\sinh(kh)$ 和 $\tanh(kh)$ 的值,最后根据公式 $H = \frac{U_m T_w}{\pi}\sinh(kh)$ 和 $L_w = \tanh(kh) \cdot L_0$ 计算得到实验条件下的波高 H 约为 0.135m 波长L_w约为 8.84m, $\frac{H}{gT_w^2} = 0.00067$, $\frac{h}{gT_w^2} = 0.00197$。查图 6-4 得,实验波浪属于椭圆余弦波。由于模型圆柱直径只有 0.1m,小于 1/10 的波长 L_w,因此该实验为细桩波浪冲刷实验,圆柱的存在对于周围的波浪分布没有影响。为了减少计算量,将入射波浪边界设置在圆柱上游 5D 处,沙坑下边界范围到圆柱下游 10D 处,宽度方面取 11D。

在入射边界,输入波频率为 0.22Hz,波高为 0.135m 的椭圆余弦波。并在沙坑下游设置 26.61m 的消波区域(约为 3 倍波长),消波方法主要为设置吸收层,吸收层为一斜坡,斜坡角度为 2.5°,斜坡孔隙率设为 0.85,为了保证水槽内的平均水深保持不变,将出流边界设为固定的水位边界。

从图 6-18 的消波结果可以看出,波浪数值模型计算得到的波面和理论值十分接近。

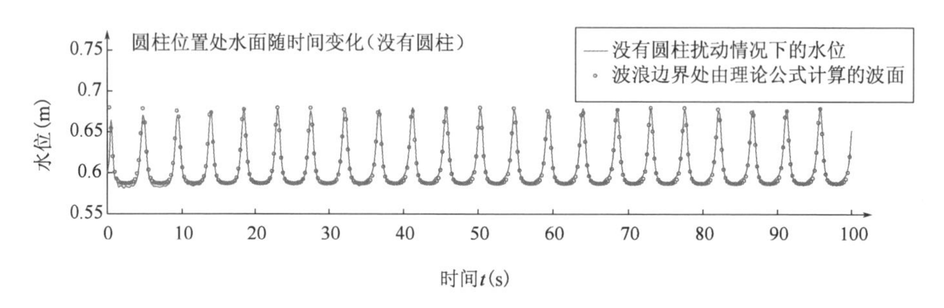

图 6-18 理论计算波高与圆桩位置处波高的比较

②冲刷验证。

图 6-19 表现了波浪作用下圆桩迎水面、背水面以及两侧的冲刷深度随时间发展的变化。总体上看数值计算结果与实际实验结果比较一致,由于波浪水质点运动周期性的改变方向,在每个波周期内只有一部分时间的水动力可以使冲刷坑深度增加,因此冲刷过程呈阶梯状增加。

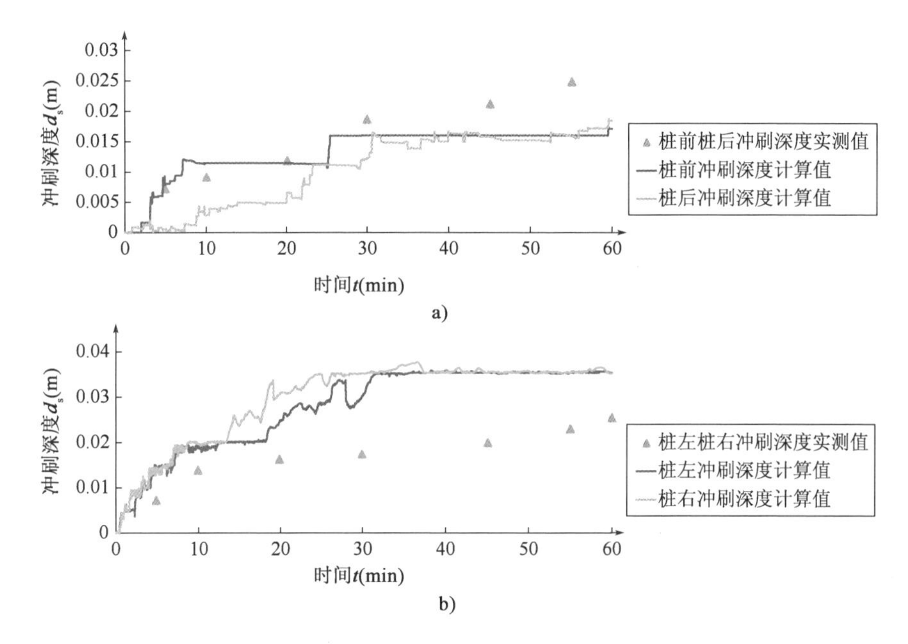

图 6-19 波浪作用下圆桩周围的冲刷深度随时间的发展

(4)三维数值模型验证总结

综上所述,建立的数值模型可以在结构物绕流,压强和切应力分布,横桩(管线)冲刷,恒定流圆桩冲刷和波浪作用下圆桩冲刷方面反映实际情况。模型计算结果具有较高的可信度,可以用于后续的冲刷实验研究。

6.3 数值模拟条件和计算结果分析

6.3.1 三桩导管架风电基础周围流场

为了深入了解导管桩露出水面和完全淹没状态时海上风电基础周围的绕流情况,现拟定两种水深 9.8m(导管桩露出)和 13.5m(导管桩淹没),来流断面平均流速均为 1.5m/s,在上一节验证好的数值模型基础上进行恒定流数值模拟。

如图 6-20 所示,在三根导管桩迎水面都出现了下切水流,并形成马蹄涡,特别是在两侧的导管桩背水面还出现清晰的上升流现象,这可能与上层水流流速显著增大导致的压强减小现象有关。受到水流挤压的影响,在导管桩顶部和两侧以及主桩两侧,水流的流速均体现出明显的增加。由于上游导管桩以及横桩的掩护,主桩在迎水面没有形成清晰的马蹄涡,迎水面横桩下方流速散乱无章。

但是在两侧的横桩下方,由于主桩和导管桩之间由横桩和斜桩链接,一定程度上减小了主桩和导管桩之间的过水断面面积,水流的流速有所增大。

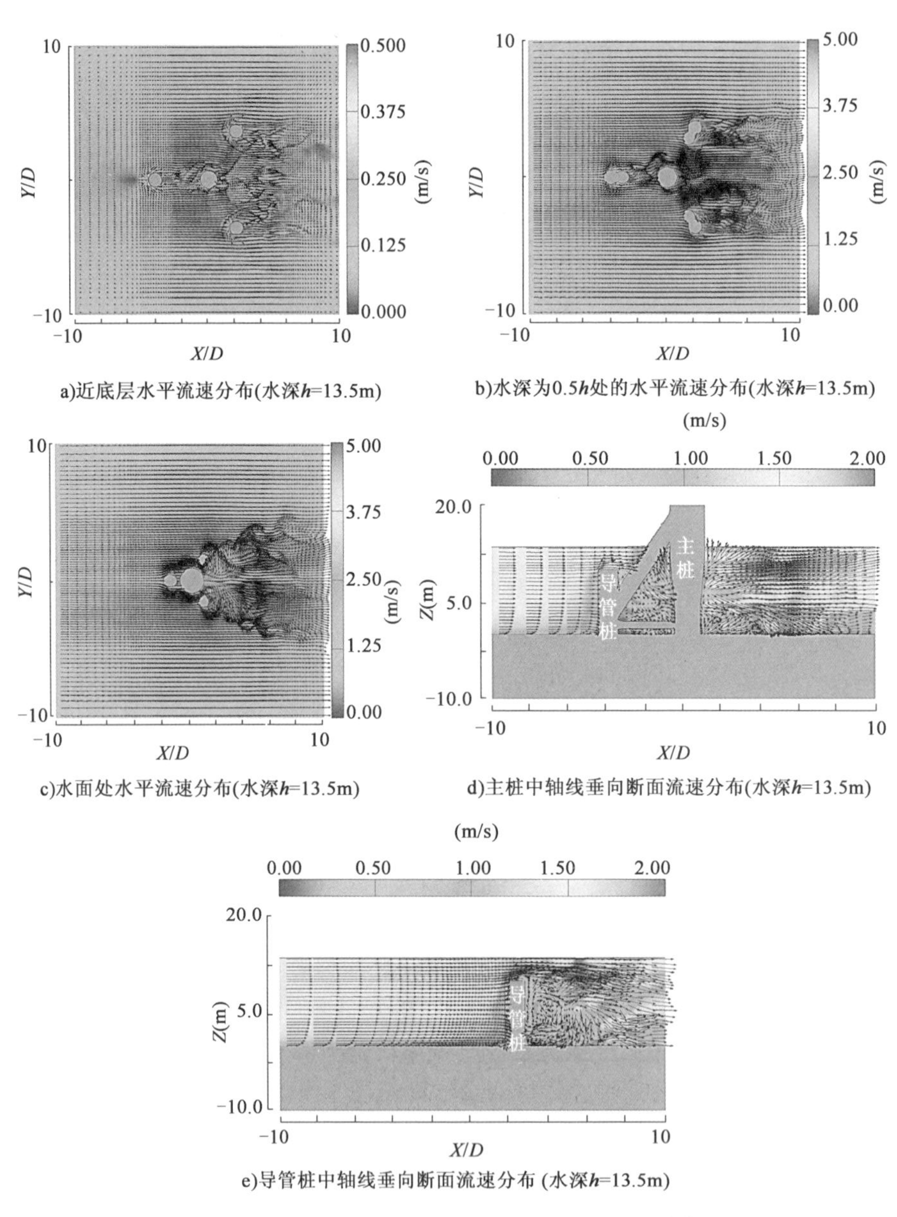

图 6-20 水流交角 α = 0°三桩导管架基础周围流速分布（来流平均流速 1.5m/s）

无论是在主桩还是三个导管桩的桩后都出现了水流分离导致的涡脱现象,如图6-20a)~c)所示,水流分离点一般出现在圆桩下游约145°位置,涡脱自由散乱,没有稳定的卡门涡街生成。这是由于来流的平均流速为1.5m/s,主桩上部直径为5.49m,下部直径为4m,导管桩直径为2.8m,运动黏度$\nu=1.003\times10^{-6}m^2/s$,则雷诺数$Re_{主桩}\approx5980000-8200000$,$Re_{导管桩}=4190000$。当雷诺数$Re>150000$时,水流在结构物表面分离点前的边界层由层流转变为紊流,紊动使得边界层内产生强烈的混合效果,从而令分离点后移,尾涡区域变窄,绕流阻力系数C_D随之下降。当雷诺数$Re>500000$时,水流进入阻力平方区,圆桩阻力系数C_D不再随雷诺数增加而发生变化,可见三桩导管架风电基础的主桩和导管桩部分均处于这一流动状态。而卡门涡街现象一般在$Re=60\sim20000$都可以观察到,但有规则的卡门涡街将在$60<Re<5000$范围内产生,而只有在$90<Re<200$范围内观察到的卡门涡街现象才是较稳定的,因此在计算的水动力条件下不会发生稳定的卡门涡街现象。

值得注意的是,虽然三个导管桩的尺寸完全一致,但是近底层最大流速还是出现在下游两侧导管桩额迎水面45°位置左右,这与上游结构物引起的横流与该处绕流的叠加有关。

对比图6-21和图6-20可以发现,水深较浅和水深较深时,水平方向上,风电基础周围的绕流特征基本上差不多,只是在垂直方向上,主桩背后的上升流依然保持在近底层,而两侧导管桩背后的上升流在水深较浅时消失了,这与导管桩顶部的高速低压水流消失有着直接的关系。

图6-22所示,与$\alpha=0°$时相似,水平方向上,在上游导管桩和主桩的迎水面均形成了明显的下切水流和马蹄涡,下游导管桩由于受到上游主桩和横桩的掩护,没有显著的下切水流,且其周围挤压水流流速明显小于上游导管桩。由于不规则的涡脱,结构物下游水流流速无论是方向还是大小都非常散乱。导管桩的最大流速出现在迎水面60°左右以及横桩的连接处附近,主桩的最大流速出现在横桩连接处。在上游两侧横桩的下游出现了带状流速分布,这与横桩的尾涡涡脱有密切的联系。当水流穿过主桩与导管桩之间的空隙时,水流压缩流速增加。主桩和导管桩的分离点仍出现在迎水面下游145°位置附近。

垂直方向上,三根导管桩的背水也出现了上升流现象。而在主桩之后斜桩以下横桩之上的水域流态变得更加复杂,表现为两个稳定的反向旋涡,靠近水面的旋涡为逆时针旋转,而靠近水底的相反,受其影响横桩以下的流域形成了一个与水流方向相反的反向回流,如图6-22d)所示。

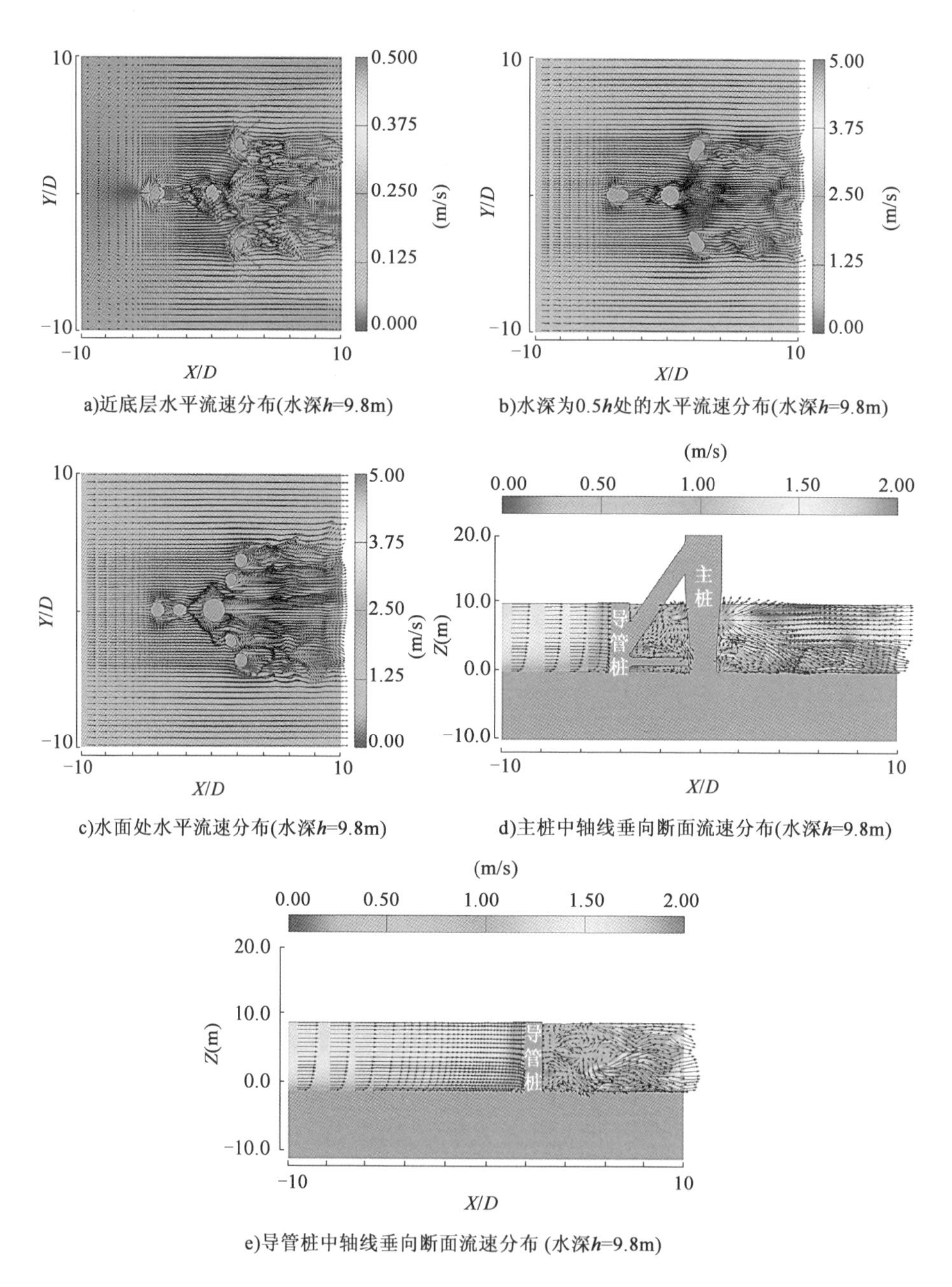

图6-21　水流交角 $\alpha=0°$ 三桩导管架基础周围流速分布
（来流平均流速1.5m/s）

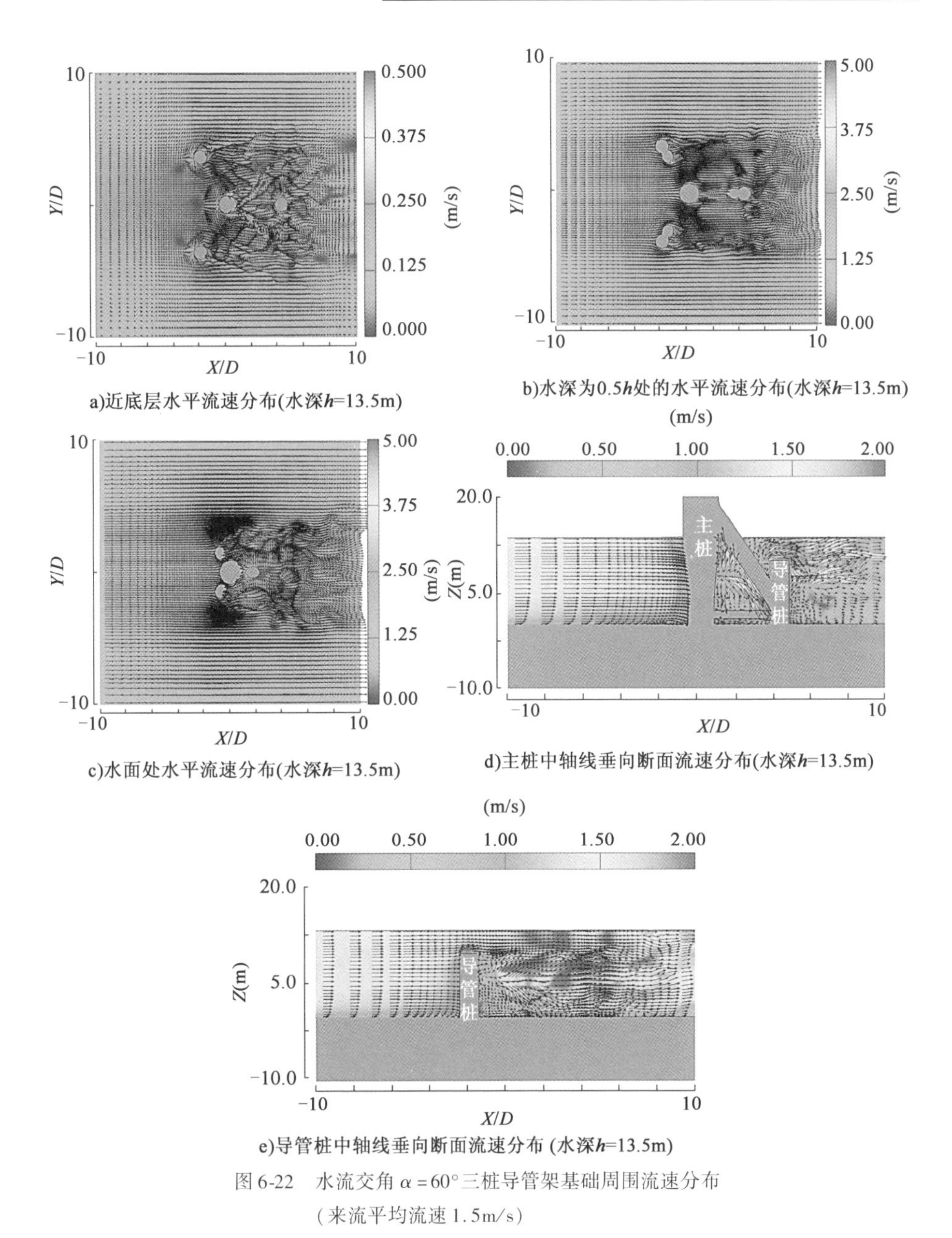

图 6-22　水流交角 $\alpha=60°$ 三桩导管架基础周围流速分布
(来流平均流速 1.5m/s)

与图 6-22 相比,图 6-23 中浅水条件下,水平方向上的流速分布特征与导管桩全部淹没的情况没有差异。垂直方向上,桩前的下降水流和马蹄涡与深水一致,中轴线断面主桩与导管桩之间同样出现了两个反向旋涡以及横桩以下的反向流。只是在导管桩背水面的上升流消失，特别是在上游两侧的导管桩背后还出现了下降流，这与导管桩与主桩之间的斜桩和横桩的位置具有很大关系，大量的水流从斜桩下方穿流而过使得导管桩下游近底层流速增加，从而形成下降流。

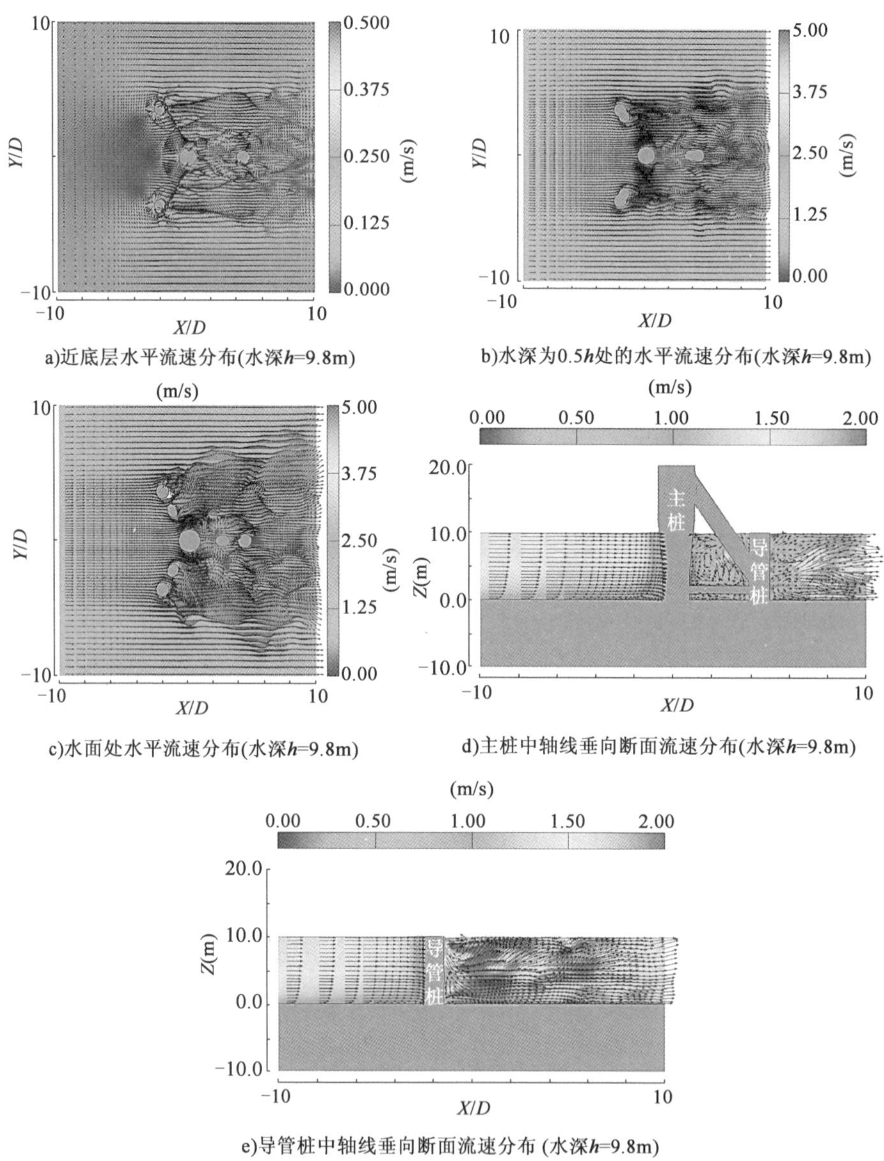

a)近底层水平流速分布(水深h=9.8m)

b)水深为0.5h处的水平流速分布(水深h=9.8m)

c)水面处水平流速分布(水深h=9.8m)

d)主桩中轴线垂向断面流速分布(水深h=9.8m)

e)导管桩中轴线垂向断面流速分布 (水深h=9.8m)

图6-23　水流交角 $\alpha=60°$ 三桩导管架基础周围流速分布（来流平均流速1.5m/s）

图6-24展示了水流交角为30°时,深水条件下风电基础周围绕流情况。水平方向上,除了在导管桩和主桩以及其连接处呈现流速增加以外,横桩下方的水

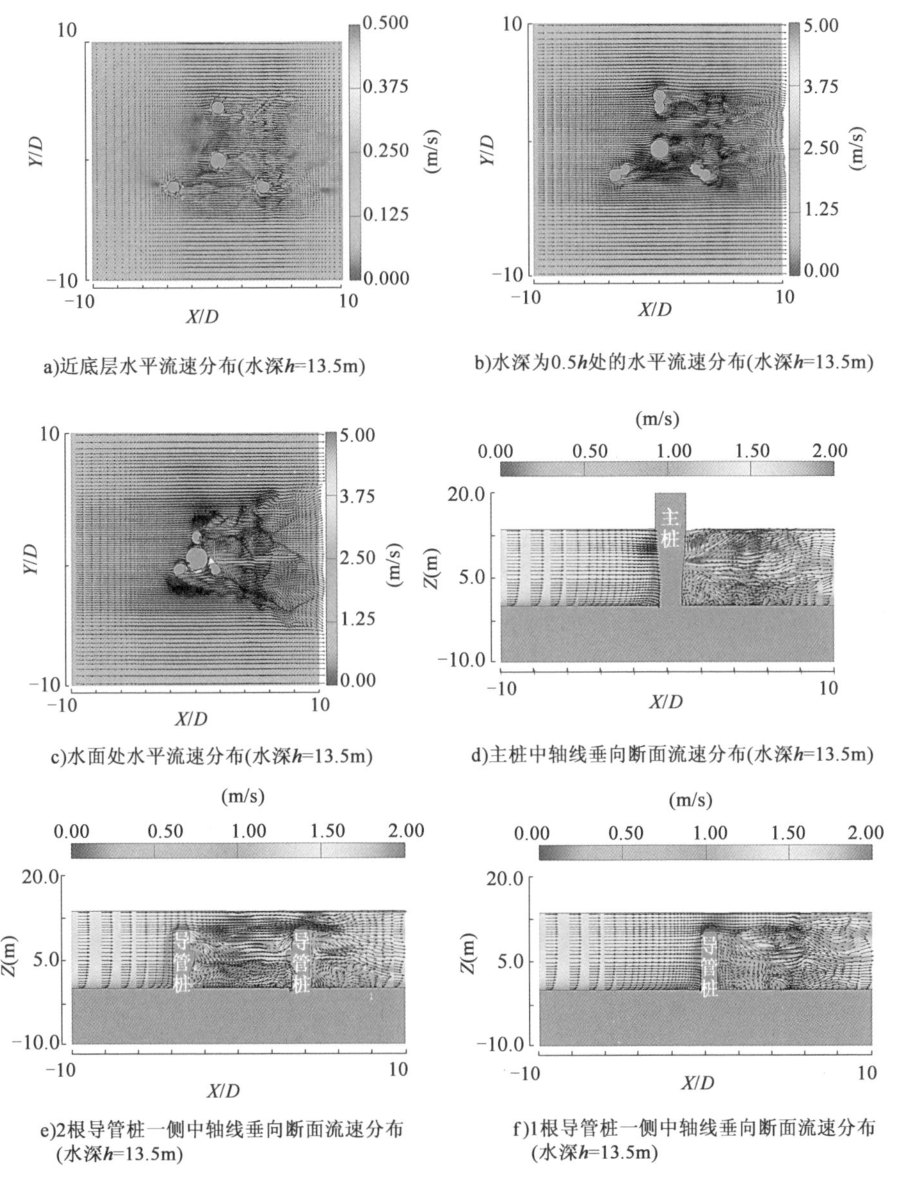

图6-24 水流交角 $\alpha=30°$ 三桩导管架基础周围流速分布(来流平均流速1.5m/s)

流加速也非常显著,特别是在该水流交角下,基础在垂直于水流的断面投影并不对称。双排导管桩一侧与主桩之间的距离较近,部分水流受上游导管桩和斜桩的影响,导流至单导管桩一侧,因此单桩一侧流速稍大。结构物下游同样出现了横桩尾涡涡脱引起的带状流速分布。

垂直方向上,导管桩桩前依旧出现了下切水流和马蹄涡,背后出现了上升水流。

浅水条件时三桩导管架基础周围的流速分布非常一致,如图 6-25 所示。双排导管桩一侧两桩中间的流速相对淹没时有增强的趋势,这是因为浅水时水流无法通过桩顶下泄的缘故,水流只能从斜桩、横桩、导管桩和主桩构成的框架内流过。

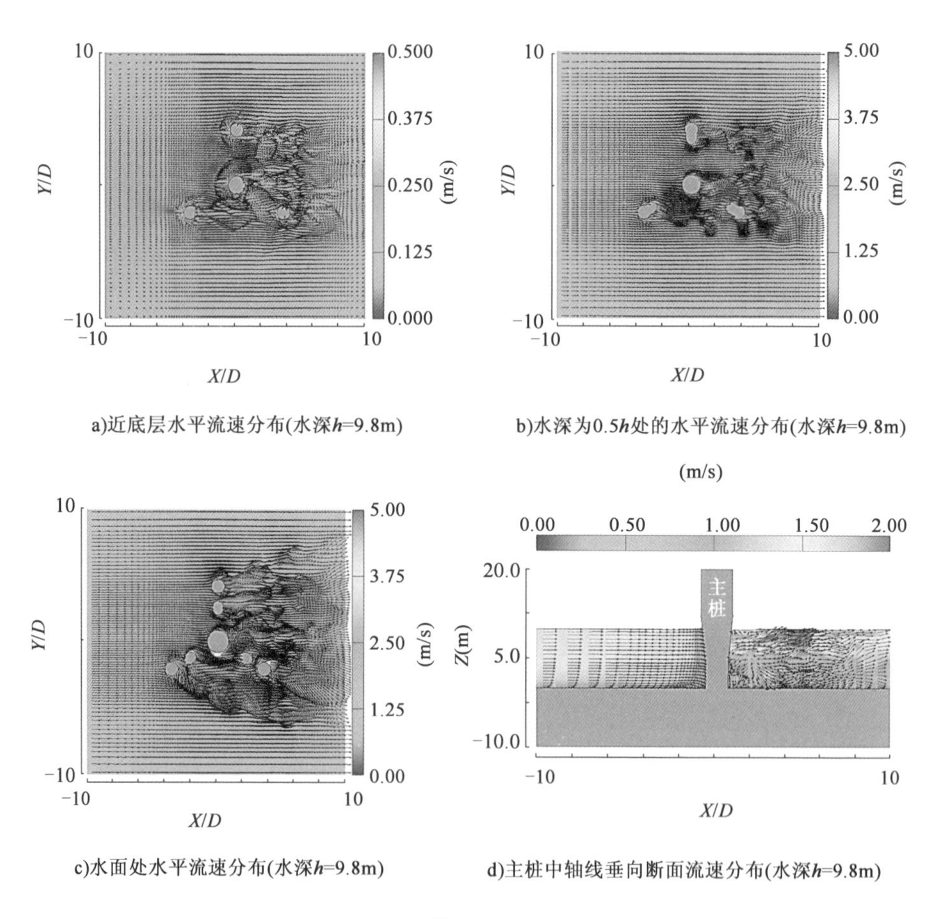

a)近底层水平流速分布(水深h=9.8m)

b)水深为0.5h处的水平流速分布(水深h=9.8m)

c)水面处水平流速分布(水深h=9.8m)

d)主桩中轴线垂向断面流速分布(水深h=9.8m)

图 6-25

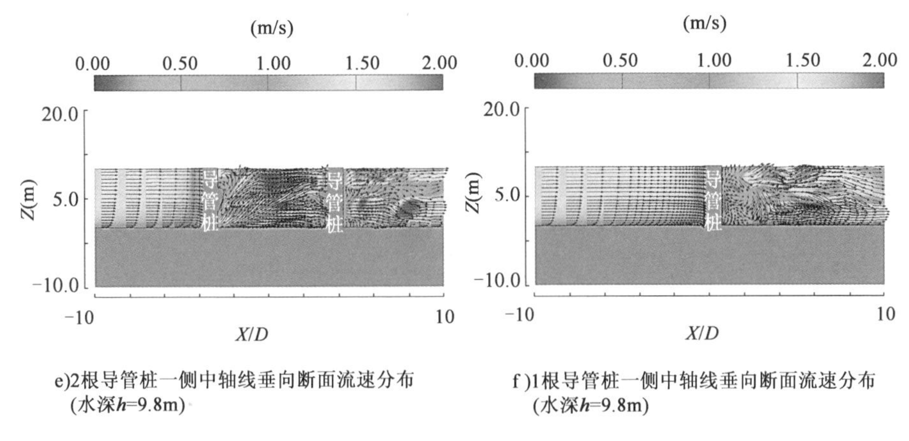

e)2根导管桩一侧中轴线垂向断面流速分布(水深h=9.8m)

f)1根导管桩一侧中轴线垂向断面流速分布(水深h=9.8m)

图6-25　水流交角$\alpha=30°$三桩导管架基础周围流速分布
(来流平均流速1.5m/s)

总体而言,在三种水流交角条件下,三桩导管架风电基础在深水状态(导管桩全部淹没)和浅水状态(导管桩全部露出水面)周围的绕流状态基本一致,只是导管桩背水面水流有所变化。深水状态时,受桩顶高速低压水流影响,导管桩背水面一般呈现上升流状态;浅水状态时,导管桩背水面受涡脱影响,不仅存在水平旋涡还存在垂直旋涡,因此流动比较散乱。

6.3.2　三桩导管架风电基础底床切应力分布

如图6-26所示,水流交角$\alpha=0°$时风电基础周围的底床拖曳力放大的区域主要集中在导管桩周围以及下游横桩底部。虽然最大拖曳力放大点出现在基础下游,但是由于涡脱的不规则性,这些点的位置将随机出现,并不固定,而且只能维持一段时间,表现为不断有不同强度的旋涡从不同方向向床面清扫。较为稳定的拖曳力放大区域出现在下游横桩下方和与导管桩、主桩的连接处,这与横桩压缩水流以及导管桩绕流相关。同时可以发现下游导管桩周围的拖曳力明显大于上游导管桩。

如图6-27所示,当水流交角转变成60°时,最大水流拖曳力仍然出现在上游结构部分引发的涡脱影响范围。比较稳定的拖曳力放大区域出现在上游横桩与主桩的连接处,同时受到主桩的掩护作用,下游导管桩周围的拖曳力明显小于上游。

当水流交角转变为30°时,如图6-28所示,与之前的两种入流角度相同,水流对底床最大的拖曳力出现在横桩下方,特别是横桩与导管桩的连接处。同时单根导管桩一侧圆桩周围的拖曳力明显大于双排导管桩一侧。

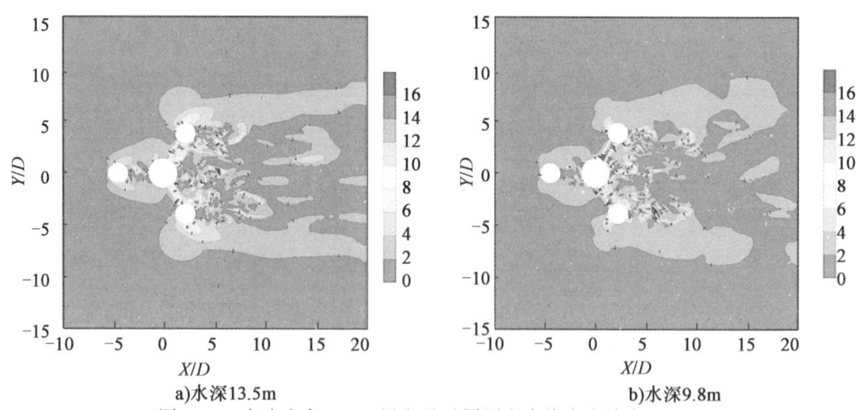

图 6-26　水流交角 $\alpha=0°$ 风电基础周围底床拖曳力放大 τ/τ_{∞}

注：τ_{∞} 为未受风电基础影响的水流对底床的拖曳力。

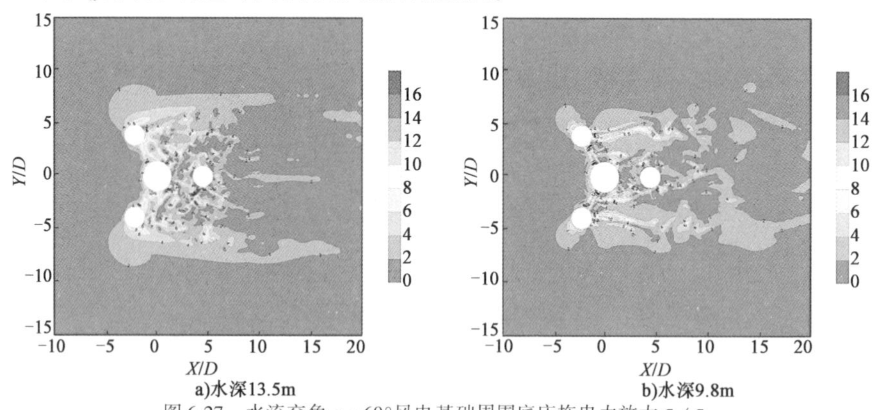

图 6-27　水流交角 $\alpha=60°$ 风电基础周围底床拖曳力放大 τ/τ_{∞}

注：τ_{∞} 为未受风电基础影响的水流对底床的拖曳力。

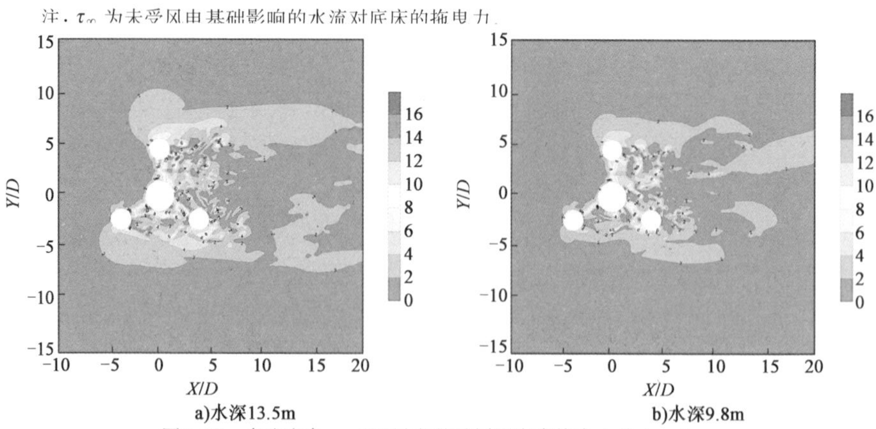

图 6-28　水流交角 $\alpha=30°$ 风电基础周围底床拖曳力放大 τ/τ_{∞}

注：τ_{∞} 为未受风电基础影响的水流对底床的拖曳力。

总体而言,三种水流交角条件下,最大底床拖曳力一般出现在结构物的下游,这是由于绕流涡脱导致的,其大小和位置都不固定。而相对较大的拖曳力主要分布在横桩下方以及横桩与导管桩或主桩的连接处。当三桩导管架沿流线对称布置时,两根导管桩一侧的拖曳力往往大于单根导管桩的一侧的拖曳力;但是当水流交角为30°时情况相反。对比深水(导管桩全部淹没)和浅水(导管桩全部露出水面)的情况可以发现,虽然拖曳力放大倍数分布趋势基本一致,但是在深水条件下结构物周围拖曳力的增大范围明显大于浅水条件。可见在相同的断面平均流速的前提下,三桩导管架基础对底床拖曳力影响范围随着水深的增加而扩大。

6.3.3 恒定流条件下三桩导管架风电基础冲刷

(1)数值模型设置与结果

由于三桩导管架风电基础广泛地应用于江苏沿海,因此在模拟计算原型的冲刷过程时,底床泥沙采用2012年由国家科技支撑计划(2012BAB03B01)主持的江苏沿海底床粒径野外调查的实测数据。结合江苏沿海总共33个测量点的数据,得到平均中值粒径 d_{50} 在0.113mm左右,因此在后续的数值冲刷模型中,全部底床终止粒径 $d_{50}=0.113\text{mm}$。在实际情况中,导管桩桩顶超出底床床面约10m,随着潮位的变化,可能出现高潮位导管桩淹没,低潮位导管桩露出的情况。因此,在恒定流计算时水深采取3种:3.8m、10m和16.2m,其中当水深为3.8m时,导管桩完全露出水面;当水深为10m时,导管桩顶部与水面齐平;当水深为16.2m时,导管桩部分完全淹没,同时该水深也是风电基础的设计高水位。选取3种流速:0.5m/s、1.5m/s和2.5m/s。底床泥沙的起动流速根据Van Rijn[75]的计算公式,3种水深条件下的断面平均临界起动流速 V_c 分别为0.365m/s,0.395m/s和0.41m/s,均小于三种流速,因此模拟的冲刷过程为动床冲刷。同时还需要考虑3种水流交角:0°、30°和90°。

虽然Sumer[27]的研究中指出,恒定流动床冲刷时间尺度为,$T=\frac{D^2}{[g(s-1)d_{50}^2]^{\frac{1}{2}}}\cdot\frac{1}{2000}\frac{\delta}{D}\theta^{-2.2}$,冲刷深度可由公式 $\frac{d_s(t)}{d_s}=1-\exp\left(-\frac{t}{T}\right)$ 计算,但是以上时间尺度计算方法全部来自单桩,对于复杂结构形式的冲刷而言,其适用性有待讨论。因此,将数值模型模拟的冲刷时间统一设为60min,假设冲刷深度随时间的发展规律仍符合 $\frac{d_s(t)}{d_s}=1-\exp\left(-\frac{t}{T}\right)$,此时未知数为平衡冲刷深度 d_s 和时间尺度 T,则可以过 $d_s(t=30\text{min})$ 和 $d_s(t=60\text{min})$ 联立二元一

次方程组，求解即可得到 d_s 和 T。全部 27 种恒定流水动力条件（3 种水深 ×3 种流速 ×3 种水流交角）的冲刷结果如表 6-1 所示。

恒定流条件下三桩导管架基础冲刷结果（d_{50} = 0.113mm） 表 6-1

实验编号	水流交角 α(°)	水深 (m)	流速 (m/s)	水力半径 R	谢才系数 C	V/V_c	d_s(t = 30min) (m)	d_s(t = 60min) (m)	恒定流条件下时间尺度 T(s)	d_s (m)
1	0	3.8	0.5	3.8	92.3	1.37	0.242	0.369	2737	0.504
2	0	3.8	1.5	3.8	92.3	4.11	3	3.64	1164	3.81
3	0	3.8	2.5	3.8	92.3	6.84	4.84	5.82	1126	6.07
4	0	10	0.5	10	99.9	1.27	0.169	0.294	5881	0.637
5	0	10	1.5	10	99.9	3.8	3.44	3.99	982	4.09
6	0	10	2.5	10	99.9	6.33	5.15	6.22	1145	6.5
7	0	16.2	0.5	16.2	103.7	1.22	0.3	0.41	1792	0.473
8	0	16.2	1.5	16.2	103.7	3.66	3.905	4.77	1194	5.02
9	0	16.2	2.5	16.2	103.7	6.1	4.75	6.54	1843	7.62
10	30	3.8	0.5	3.8	92.3	1.37	0.3	0.476	3326	0.72
11	30	3.8	1.5	3.8	92.3	4.11	2.96	3.66	1248	3.88
12	30	3.8	2.5	3.8	92.3	6.84	4.955	5.72	963	5.86
13	30	10	0.5	10	99.9	1.27	0.546	0.549	721	0.595
14	30	10	1.5	10	99.9	3.8	3.19	4.29	1683	4.86
15	30	10	2.5	10	99.9	6.33	6.7	7.91	1052	8.177
16	30	16.2	0.5	16.2	103.7	1.22	0.477	0.575	1137	0.6
17	30	16.2	1.5	16.2	103.7	3.66	3.27	4.12	1336	4.42
18	30	16.2	2.5	16.2	103.7	6.1	5.75	6.37	808	6.44
19	60	3.8	0.5	3.8	92.3	1.37	0.328	0.5	2781	0.689
20	60	3.8	1.5	3.8	92.3	4.11	3.026	3.87	1409	4.2
21	60	3.8	2.5	3.8	92.3	6.84	5.62	6.01	675	6.04
22	60	10	0.5	10	99.9	1.27	0.513	0.528	500	0.53
23	60	10	1.5	10	99.9	3.8	3.12	4.01	1435	4.37
24	60	10	2.5	10	99.9	6.33	5.84	6.14	606	6.16
25	60	16.2	0.5	16.2	103.7	1.22	0.44	0.577	1539	0.64
26	60	16.2	1.5	16.2	103.7	3.66	3.528	4.8	1765	5.52
27	60	16.2	2.5	16.2	103.7	6.1	5.68	6.86	1145	7.17

(2)恒定流条件下风电基础冲刷发展

如图6-29所示,当水流交角为0°时,冲刷坑主要分布在主桩下方、主桩与下

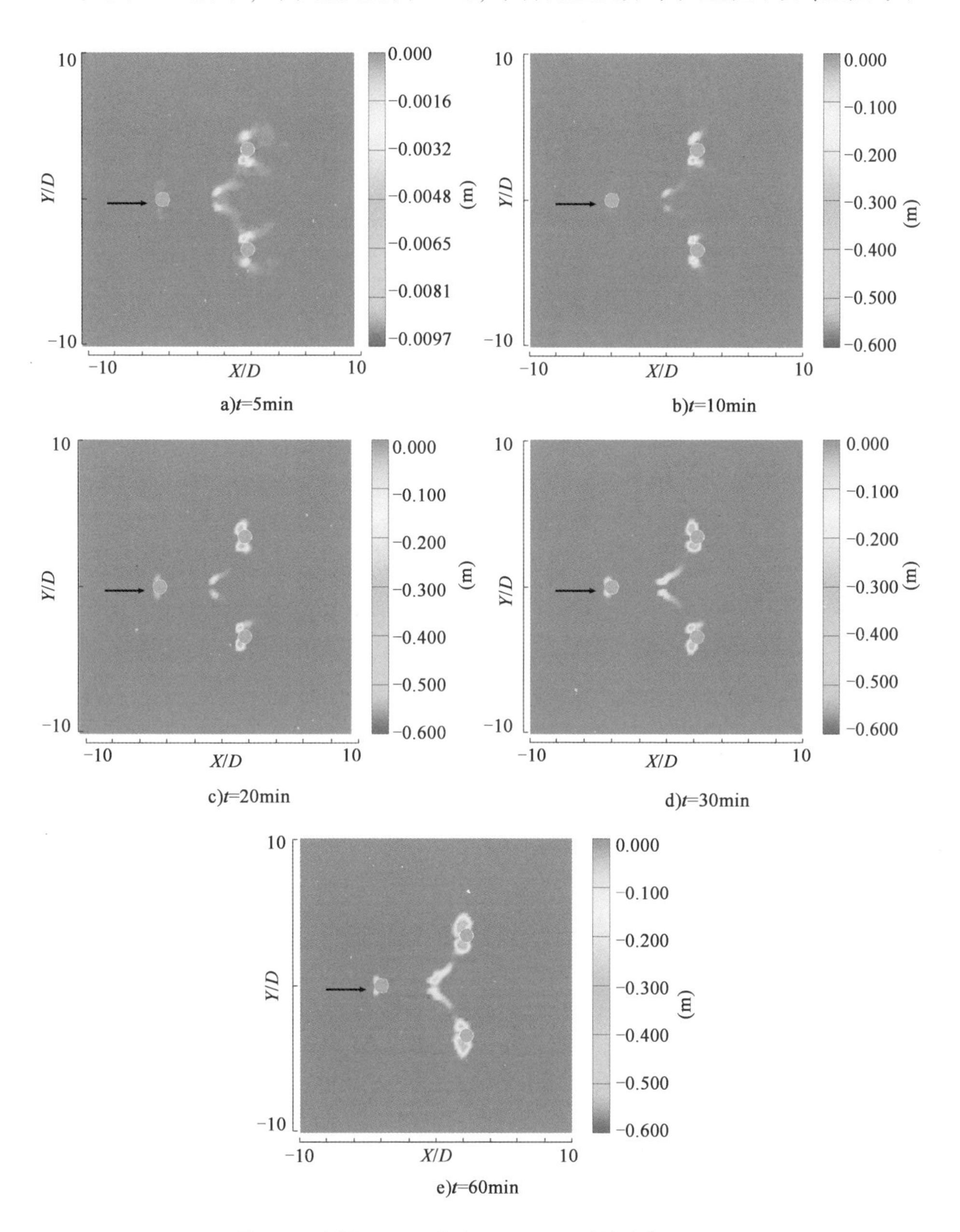

图6-29 水深$h=10$m,流速$V=0.5$m/s,水流交角$\alpha=0°$

游导管桩连接处以及全部导管桩的迎水面。最大冲刷深度出现在下游导管桩迎水面斜前方以及与横梁连接处。这与第5章恒定流条件下粗颗粒底床(d_{50} =0.85mm)风电基础物理模型冲刷实验的结果非常一致。

冲刷坑首先在主桩下方以及导管桩两侧产生,随着时间的增加,导管桩两侧的冲坑逐渐向迎水面发展。下游横桩下方的冲刷深度不断增加,使得主桩冲刷坑与下游导管桩冲刷坑逐渐贯通。

当水流交角 $\alpha=30°$ 时,如图6-30所示,冲刷坑主要分布在三个导管桩的迎水面以及主桩下方。最大冲刷深度出现在单侧横桩与导管桩以及主桩的连接点处,这是由桩基两侧的束水效果和横桩对水流的垂向下压的共同作用导致的。

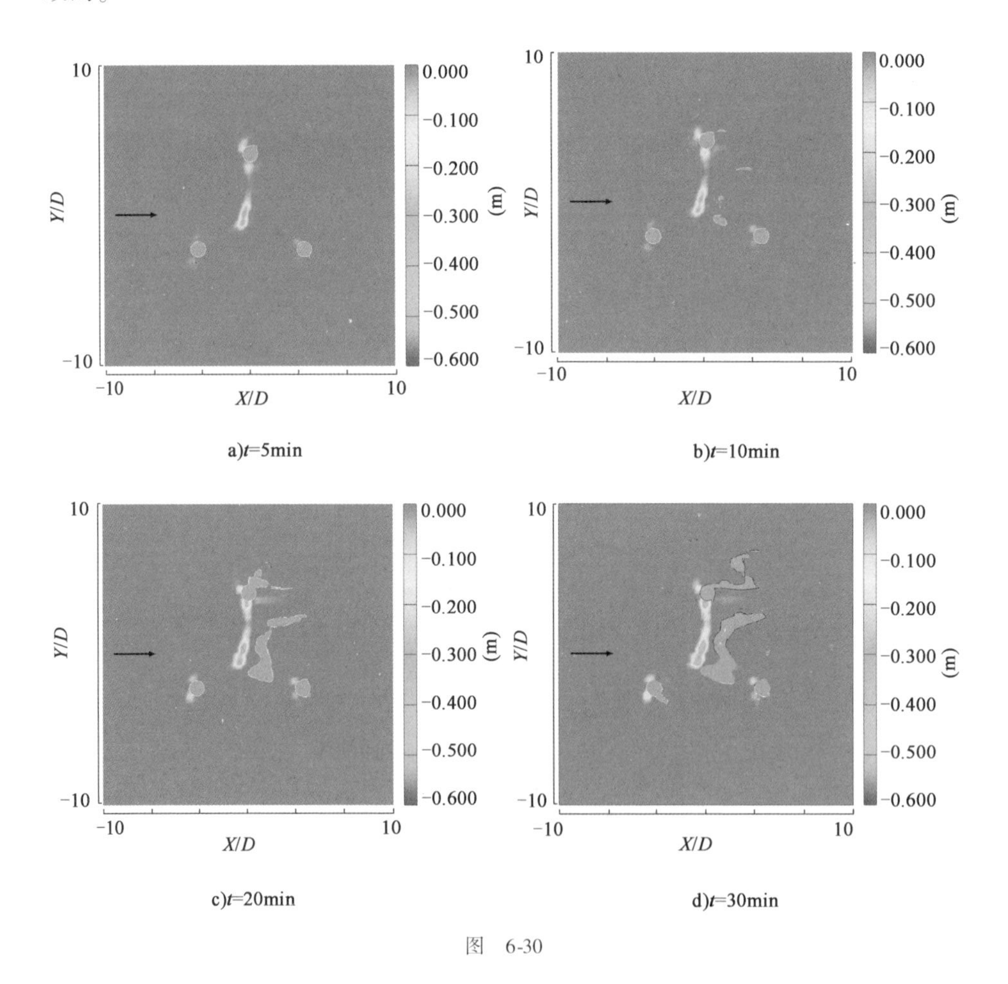

a)t=5min　b)t=10min　c)t=20min　d)t=30min

图　6-30

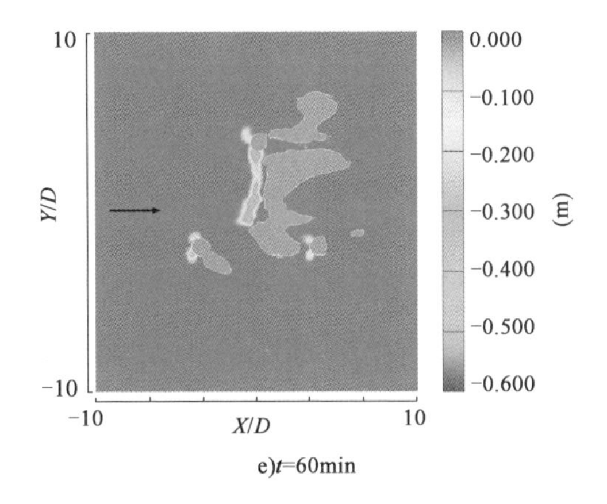

e)t=60min

图 6-30　水深 $h=10\mathrm{m}$,流速 $V=0.5\mathrm{m/s}$,水流交角 $\alpha=30°$

与 $\alpha=0°$ 水流交角情况比较类似,冲刷坑首先出现在导管桩两侧和主桩下方,随着冲刷时间的增加,单侧横桩下方的冲刷沟逐渐形成,将主桩冲坑与单侧导管桩冲坑连通。受到上游导管桩和主桩的掩护作用,下游导管桩周围的冲刷坑发展相对缓慢。

当水流交角 $\alpha=60°$ 时,如图 6-31 所示,冲刷坑首先在主桩下方、上游导管桩迎水面以及上游横桩下方出现,并且逐渐加深。被冲起的泥沙运动到下游堆积,形成带状沉积带,随着冲刷的进一步发展,带状沉积带也逐渐后退。受到主桩的掩护作用,$\alpha=60°$ 时下游导管桩在初始时刻不但不会受到冲刷,上游下移的泥沙还可能堆积在其周围,随着冲刷坑发展到一定程度,下游导管桩才会受到冲刷影响。

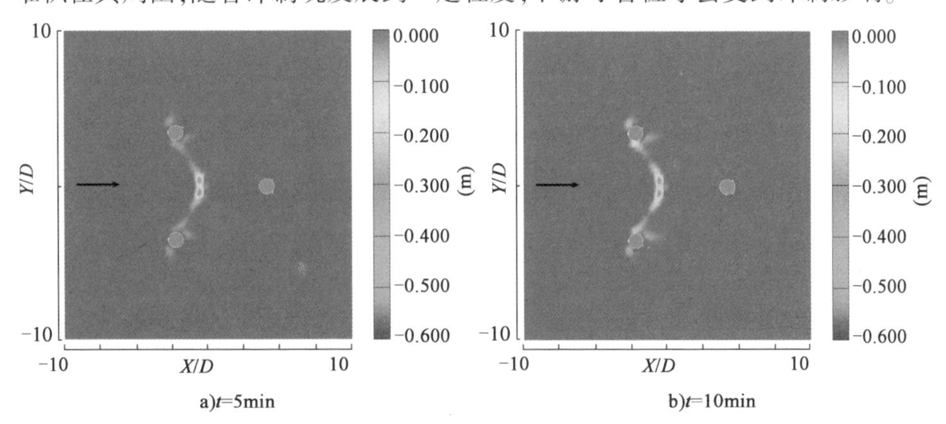

a)t=5min　　b)t=10min

图　6-31

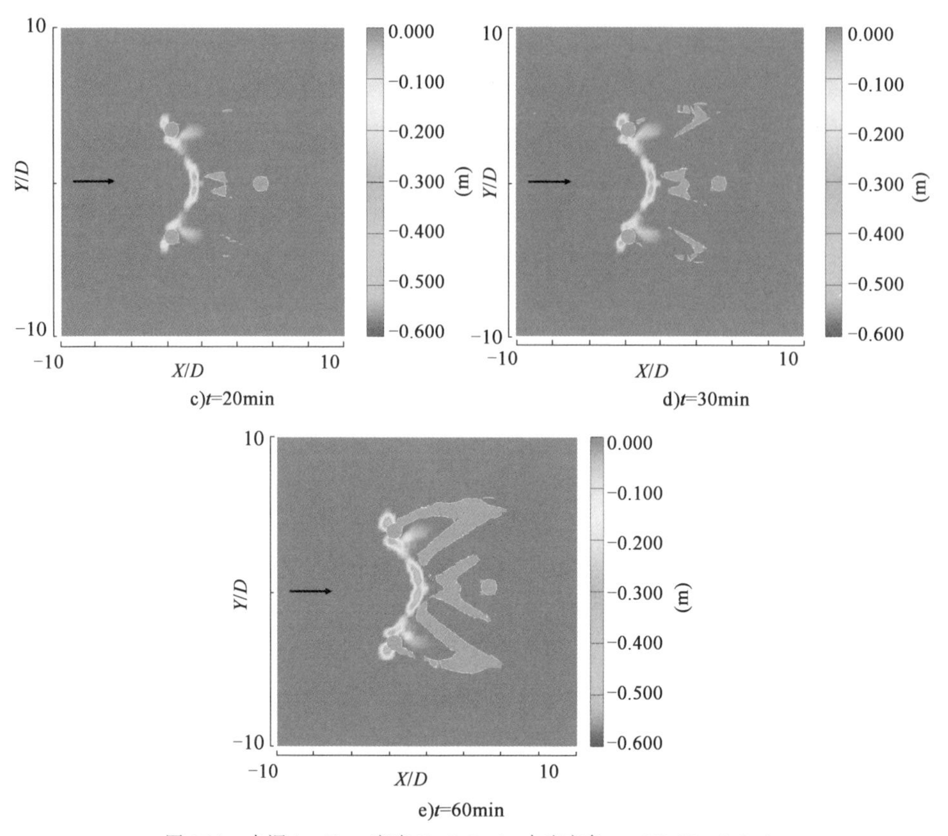

图6-31　水深 $h=10\text{m}$,流速 $V=0.5\text{m/s}$,水流交角 $\alpha=60°$($D=2.8\text{m}$)

(3)恒定流条件下三桩导管架风电基础冲刷时间尺度

由于Sumer[27]得到的动床条件下的冲刷时间尺度公式 $=\dfrac{D^2}{[g(s-1)d_{50}^2]^{0.5}}\cdot\dfrac{1}{2000}\dfrac{\delta}{D}\theta^{-2.2}$ 主要针对单桩的情况,其中 δ 为水流边界层厚度,D 为圆桩直径,θ 为水流对底床产生的相对切应力。鉴于三桩导管架风电基础的形式非常复杂,单桩时间尺度公式将不再适用。

在恒定流条件下,影响风电基础冲刷时间的因素主要为两个:①基础周围所能形成的最大冲刷深度,这一因素控制着总体冲刷量的大小;②水流对底床的拖曳力强度,这一因素主要影响冲刷速率的快慢。基于以上冲刷原理,构建风电基础的恒定流条件冲刷时间尺度,如图6-32所示。根据数学模型试验结果,时间尺度公式可以写成:

$$T = 1264\left(\frac{d_s}{D \cdot \theta}\right)^{0.752} \approx 7.79 \times 10^{-4} \frac{D^2}{\left[g\left(\frac{\rho_s}{\rho} - 1\right)d_{50}^3\right]^{0.5}}\left(\frac{d_s}{D \cdot \theta}\right)^{0.752} \tag{6-30}$$

D 为导管桩直径,在数值模型中,由于只采用了一种底床粒径 $d_{50}=0.113\text{mm}$,因此 $\frac{D^2}{\left[g\left(\frac{\rho_s}{\rho} - 1\right)d_{50}^3\right]^{0.5}} \approx 1.62 \times 10^6$。

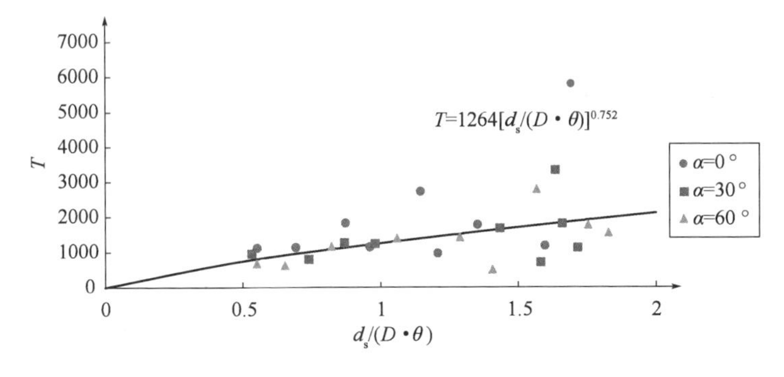

图 6-32　三桩导管架风电基础恒定流条件下的冲刷时间尺度

(4)恒定流条件下风电基础冲刷深度随水深和流速的变化

将表 6.1 中的实验结果无量纲化得到冲深度随相对流速 V/V_c 的变化,如图 6-33 所示。

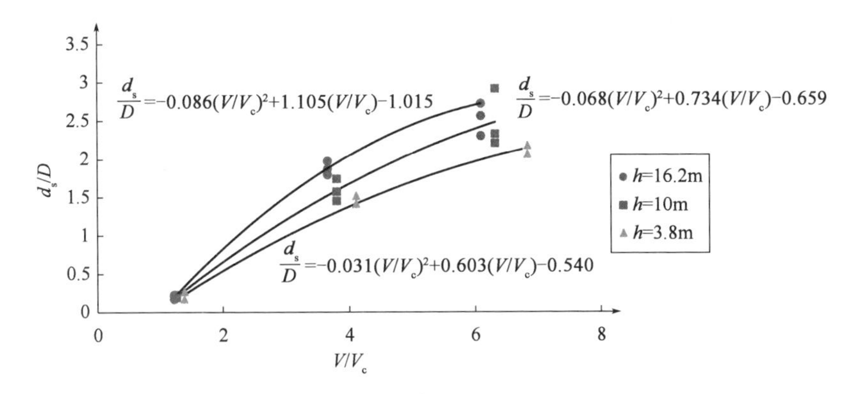

图 6-33　三桩导管架风电场风电基础冲刷深度随流速变化($V>V_c$,动床冲刷)

随着水深的增加,风电基础的最大冲刷深度增长速度也在加快。综合三种水流交角的冲刷结果可以发现,恒定流条件下三桩导管架风电基础的局部冲刷

深度随着相对流速 V/V_c 和水深的增加而增大。拟合的恒定流冲刷计算公式如下：

$$\frac{d_s}{D} = A\cdot\left(\frac{V}{V_c}\right)^2 + B\cdot\left(\frac{V}{V_c}\right) + C \qquad \left(1.27 \leqslant \frac{V}{V_c} \leqslant 6.84, 1.35 \leqslant \frac{h}{D} \leqslant 5.78\right) \tag{6-31}$$

其中，

$$A = -0.002\left(\frac{h'}{D}\right)^2 - 0.012\left(\frac{h'}{D}\right) - 0.068$$

$$B = 0.025\left(\frac{h'}{D}\right)^2 + 0.113\left(\frac{h'}{D}\right) + 0.734$$

$$C = -0.024\left(\frac{h'}{D}\right)^2 - 0.107\left(\frac{h'}{D}\right) - 0.659$$

d_s 为恒定流条件下底床中值粒径 $d_{50}=0.113\text{mm}$ 均匀沙条件下的最大冲刷深度，D 为导管桩直径，V 为来流平均流速，V_c 为底床临界起动流速，$h' = h - h_{导管桩顶}$ 为相对于导管桩桩顶的水深。

(5)不同水流交角对风电基础冲刷的影响

如图 6-34 所示，与第 5 章中粗颗粒底床局部冲刷的实验结果类似，水流交角对细颗粒底床($d_{50}=0.113\text{mm}$)的冲刷的影响效果并不显著，这与三种水流交角的阻水宽度一致有关。

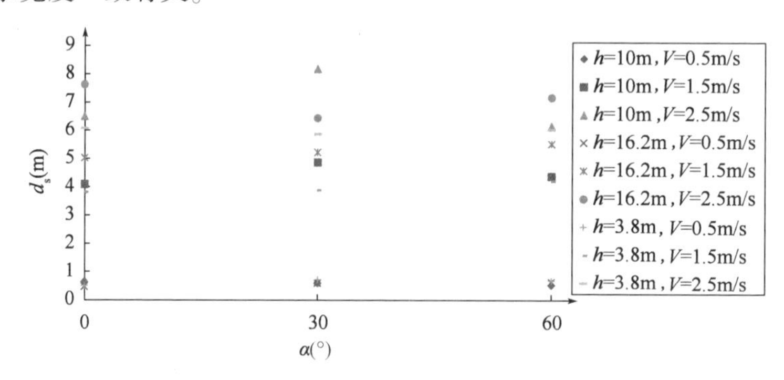

图 6-34　恒定流条件下水流交角对最大冲刷深度的影响

与粗颗粒底床恒定流冲刷类似，细颗粒底床的最大冲刷深度仍然出现在导管桩。对于细颗粒底床($d_{50}=0.113\text{mm}$)动床冲刷 $1.27 \leqslant V/V_c \leqslant 6.84$ 而言，最大的冲刷深度在水深 $h = 16.2\text{m}$，$h/D = 5.78$，流速 $V = 2.5\text{m/s} = 6.1V_c$ 时取得 $\frac{d_s}{D} = 2.92$，由于底床粒径属于可以产生沙纹的泥沙范围，所以其最大冲刷深度

将在动床冲刷范围取得。同时这一计算值小于第5章通过物理模型实验得到的粗颗粒底床（d_{50} = 0.85mm，无沙纹产生）临界起动流速时的最大冲刷深度 $d_s = 3.84D$。可见，在不考虑波浪作用的情况下，三桩导管架风电基础冲刷深度上限已经达到 $3.84D$（D 为导管桩直径），如果考虑波浪协助泥沙起动的效果，实际海洋中，波流共同作用下这一比例可能更大，将远远超过现行规范中提到的 $1.3D \sim 2.5D$。

（6）恒定流条件下风电基础冲刷形状系数

将表6-1的模拟冲刷深度结果 $d_{s(三桩导管架)}$ 与由式（2-29）计算得到的单独导管桩冲刷冲刷深度 $d_{s(导管桩)}$ 进行比较，如图6-35所示。即：

$$\frac{d_{s(三桩导管架)}}{D} = K_{\xi} \cdot \frac{d_{s[式(2\text{-}29)计算导管桩]}}{D} \tag{6-32}$$

$$K_{\xi} = -0.0179h'^2 + 0.0303h' + 0.2504$$

$$\sigma_{K_{\xi}} = 0.1$$

其中，$h' = \dfrac{h - h_{导管桩顶}}{D}$，当形状系数取 $K_{\xi} + \sigma_{K_{\xi}}$ 时全部恒定流冲刷数值模拟结构均小于式（6-32）的计算值。

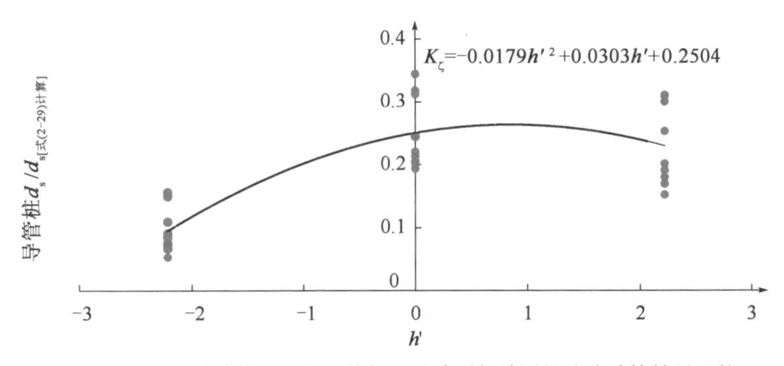

图6-35 恒定流作用下数值模拟三桩导管架基础冲刷与单圆桩公式计算结果比较（D = 2.8m）

6.3.4 波浪条件下三桩导管架风电基础冲刷

（1）数值模型设置与结果

一般波浪条件下的结构物冲刷比较复杂，这与波浪的瞬变性有着很大的关系。特别是对尺寸较大的建筑物，绕流水质点运动轨迹难以准确观测，冲刷和淤积现象往往在其周围交替出现，冲刷位置不易预测。为了了解不同水深 h、波高 H 和周期 T_w 对三桩导管架风电基础局部冲刷深度的影响，基于经过验证的波浪冲刷数值模型基础上，进行不同波浪条件下的冲刷实验，实验设计组次和结果如表6-2（沙波影响已扣除）所示。根据陈国平[30]的研究，波浪作用个数在1000～

2000 时，冲刷深度相当于最终的冲刷深度的 40% ~ 60%，因此全部实验组次的持续时间均为 $1000T_w$。根据 Sumer[25] 的研究，波浪作用下的冲刷过程仍然可以用公式 $\frac{d_s(t)}{d_s} = 1 - \exp\left(-\frac{t}{T'}\right)$ 计算，T' 为波浪作用下局部冲刷的时间尺度。可以通过联立 $d_s(t = 500T_w)$ 和 $d_s(t = 1000T_w)$ 方程组求解最终的 T' 和 d_s。

波浪单独作用下三桩导管架风电基础冲刷结果(d_{50} = 0.113mm)　　表 6-2

实验编号	风电基础安置角度	波高 H(m)	水深 h(m)	波周期 T_w(s)	波浪作用下局部冲刷时间尺度 T'(s)	KC	$d_s(t = 500T_w)$(m)	$d_s(t = 1000T_w)$(m)	d_s(m)
1	0	0.5	10	3.2	2819	0.02	0.2	0.31	0.46
2	0	1	10	3.2	723	0.04	0.74	0.82	0.83
3	0	0.5	10	4	4608	0.09	0.12	0.19	0.33
4	0	1	10	4	3655	0.18	0.43	0.68	1.02
5	0	0.5	10	4.2	1445	0.12	0.17	0.21	0.23
6	0	1.5	10	4.2	1115	0.35	1.05	1.21	1.24
7	0	0.5	10	4.8	1284	0.18	0.17	0.2	0.2
8	0	1	10	4.8	2603	0.36	0.57	0.79	0.94
9	0	1.5	10	4.8	2821	0.54	0.95	1.18	1.25
10	0	0.5	10	6	9852	0.33	0.12	0.21	0.45
11	0	1	10	6	10134	0.65	0.3	0.404	0.92
12	0	1.5	10	6	2506	0.98	0.96	1.25	1.38
13	0	0.5	10	8	3141	0.56	0.095	0.122	0.13
14	0	1	10	8	3459	1.11	0.7	0.92	1.02
15	0	1.5	10	8	1368	1.67	1.13	1.19	1.2
16	0	0.5	3.8	8	7103	1.06	0.421	0.66	0.98
17	0	1	3.8	8	2342	2.12	1.1	1.3	1.34
18	0	0.5	16.2	8	3224	0.37	0.02	0.03	0.03
19	0	1	16.2	8	2741	0.73	0.21	0.26	0.28
20	0	1.5	16.2	8	2438	1.11	0.49	0.59	0.61
21	30	0.5	10	8	3096	0.56	0.14	0.18	0.19
22	30	1	10	8	4081	1.11	0.64	0.88	1.02

续上表

实验编号	风电基础安置角度	波高 H(m)	水深 h(m)	波周期 T_w(s)	波浪作用下局部冲刷时间尺度 T'(s)	KC	$d_s(t=500T_w)$(m)	$d_s(t=1000T_w)$(m)	d_s(m)
23	30	1.5	10	8	2147	1.67	1.03	1.19	1.22
24	30	0.5	3.8	8	5249	1.06	0.41	0.6	0.89
25	30	1	3.8	8	2432	2.12	0.98	1.17	1.22
26	30	0.5	16.2	8	4339	0.37	0.06	0.09	0.11
27	30	1	16.2	8	2501	0.74	0.25	0.3	0.31
28	30	1.5	16.2	8	3354	1.11	0.38	0.49	0.54
29	60	0.5	3.8	8	7103	1.06	0.4	0.62	0.9
30	60	1	3.8	8	2342	2.12	1.08	1.17	1.18
31	60	0.5	10	8	3141	0.56	0.15	0.2	0.21
32	60	1	10	8	1874	1.11	0.93	1.04	1.05
33	60	1.5	10	8	2180	1.67	1	1.16	1.19
34	60	0.5	16.2	8	3393	0.37	0.08	0.11	0.12
35	60	1	16.2	8	2665	0.74	0.25	0.31	0.32
36	60	1.5	16.2	8	1892	1.11	0.44	0.49	0.5

(2)波浪作用下风电基础冲刷发展

如图6-36所示,对于$\alpha=0°$,冲刷坑首先出现在主桩下方以及主桩与导管桩的连接处,随着冲刷坑的不断扩大,主桩冲刷坑与下游导管桩冲刷坑相互贯通。并且在下游导管桩上游一定距离处出现了与下游横桩平行的冲刷坑,这可能与波浪在下游斜桩前产生反射有关。同时,在三个导管桩的下游均发现淤积情况。最大冲刷深度出现在主桩下方靠近下游位置。

当风电基础安置角度为30°时,如图6-37所示。冲刷坑首先出现在主桩与单一导管桩一侧周围,并且迅速相互贯通。随着该侧冲刷坑的逐渐增大,其具有向上游发展的趋势。双导管桩一侧受到上下游泥沙输运的影响,仅在导管桩两侧形成轻微的冲刷坑。风电基础周围的床面主要呈“淤—冲—淤”的马鞍形。最大冲刷深度出现在主桩下方靠近单侧导管桩一侧。

当三桩导管架风电基础角度转变为60°时(图6-38),冲刷最先出现在主桩以及和上游导管桩的连接处,随着冲刷的推移,主桩冲刷坑与上游导管桩冲刷坑融为一体。下游导管桩受主桩的掩护作用，只在其两侧形成较浅的冲坑。和 $\alpha = 30°$ 时类似，基础周围呈中间冲两侧淤积的马鞍形，最大冲刷深度出现在主桩下方。

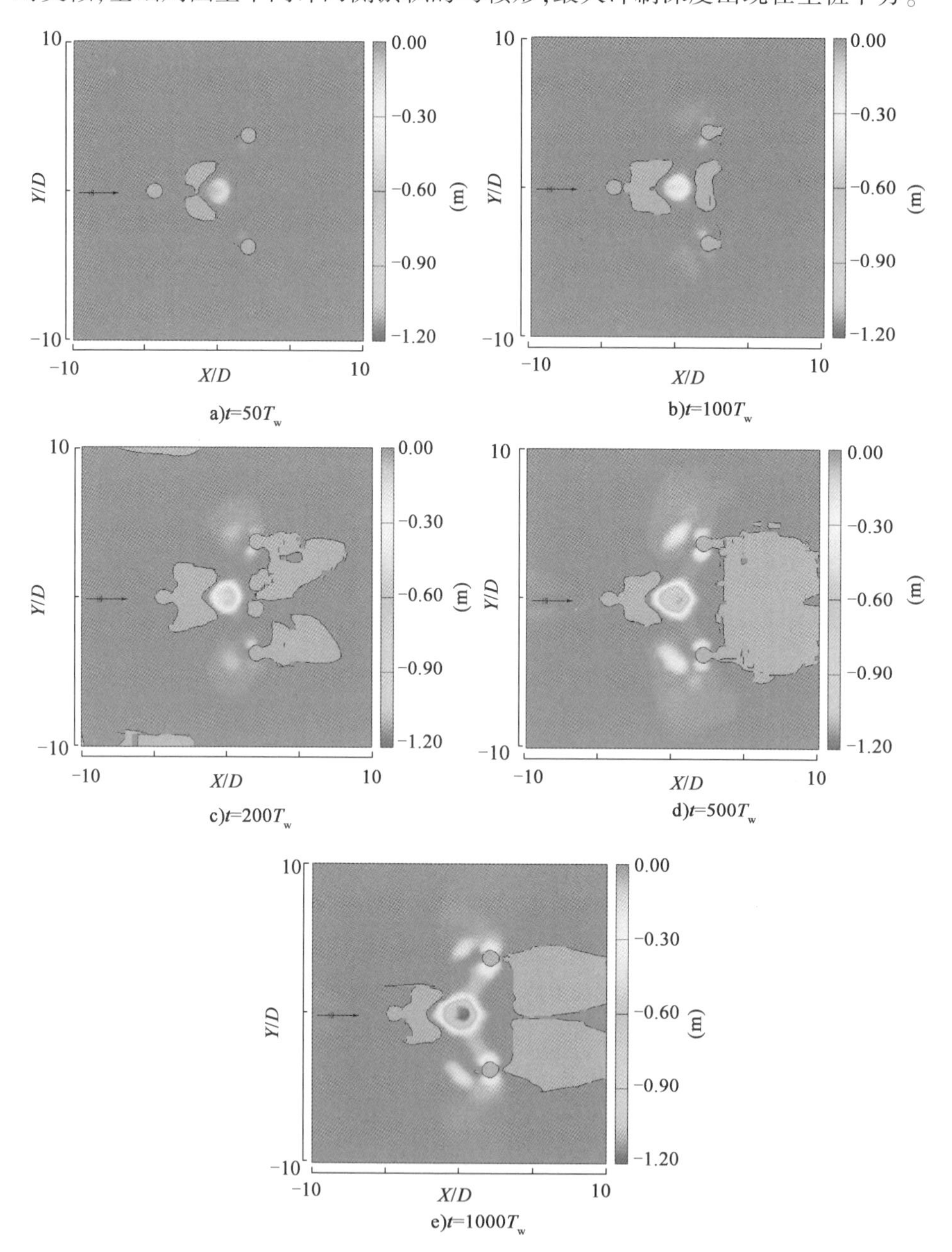

图 6-36　$\alpha = 0°$，水深 $h = 10\text{m}$，波高 $H = 1.5\text{m}$，周期 $T_w = 8\text{s}$

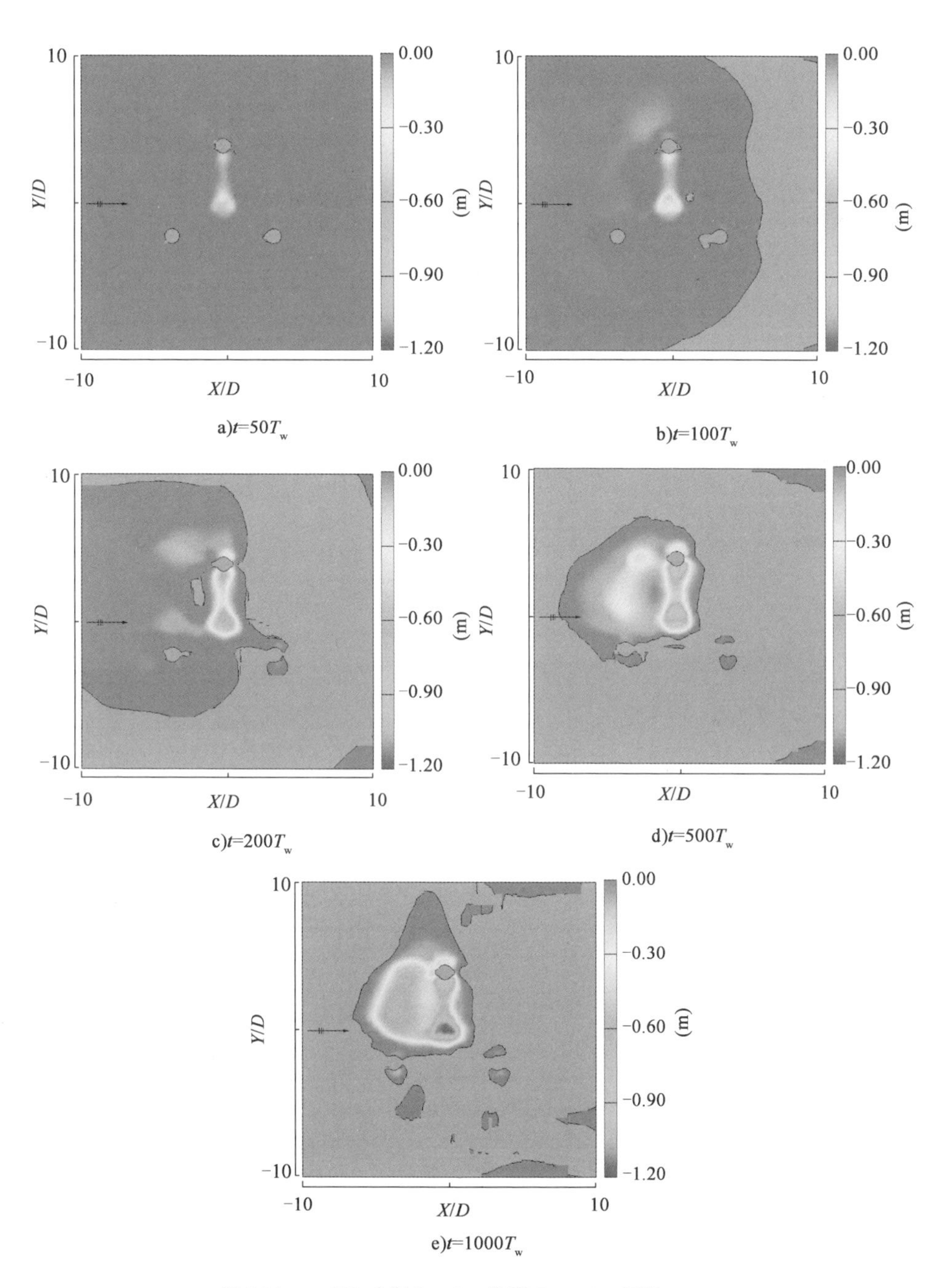

图 6-37 $\alpha=30°$，水深 $h=10$m，波高 $H=1.5$m，周期 $T_w=8$s

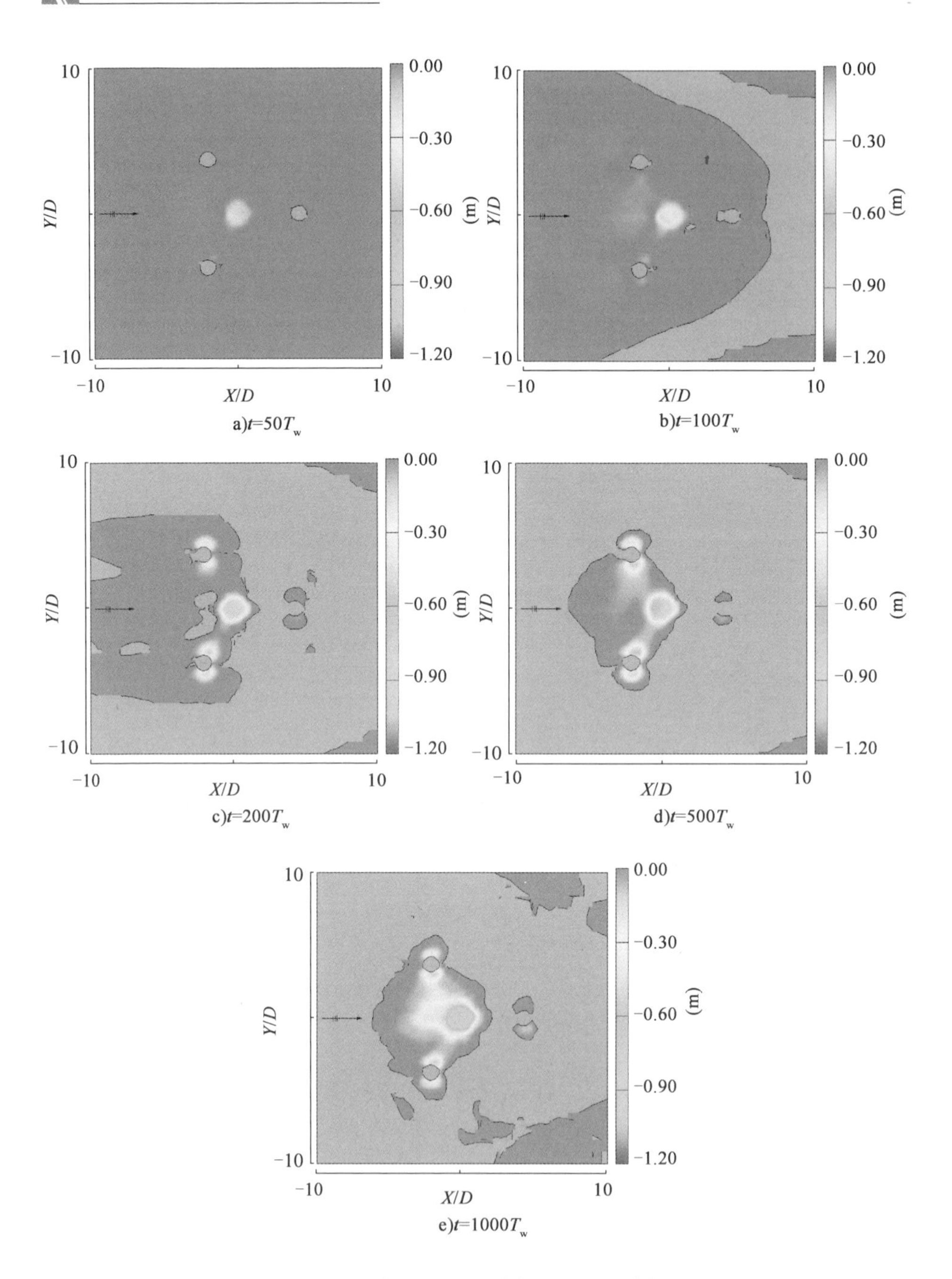

a) $t=50T_w$

b) $t=100T_w$

c) $t=200T_w$

d) $t=500T_w$

e) $t=1000T_w$

图 6-38　$\alpha=60°$，水深 $h=10\text{m}$，波高 $H=1.5\text{m}$，周期 $T_w=8\text{s}$

可见,在水深 $h=10$m、波高 $H=1.5$m、周期$T_w=8$s 的单色波条件下,三桩导管架风电基础的最大冲刷深度位置均发生在主桩附近,这与 Stahlmann[105]波浪冲刷物理模型实验观察到的结果一致。但是,并非所有波浪条件下的最大冲刷深度都出现类似的冲刷特点,如图 6-39 ~ 图 6-41 所示。当波浪条件为水深 $h=3.8$m、波高 $H=0.5$m、周期 $T=8$s 时,最大冲刷位置出现在导管桩附近,其冲刷特点更接近于恒定流条件下的冲刷。

当 $\alpha=0°$时,如图 6-39 所示,冲刷坑出现在导管桩的迎波面和主桩下方,而且下游导管桩周围的冲刷较上游显著,这与恒定流条件下的冲刷规律较为一致。随着波浪次数的增加,导管桩和主桩下方的冲刷坑深度和范围逐渐增大,最终连为一体。

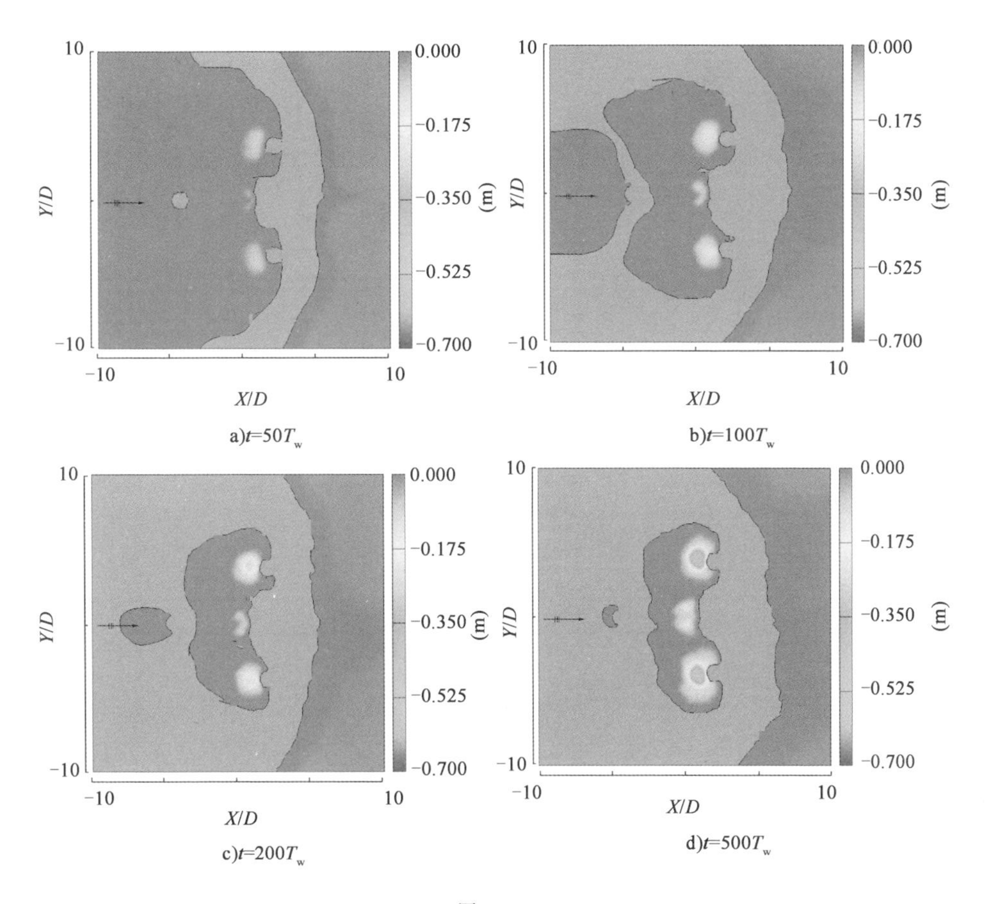

a)$t=50T_w$　b)$t=100T_w$　c)$t=200T_w$　d)$t=500T_w$

图 6-39

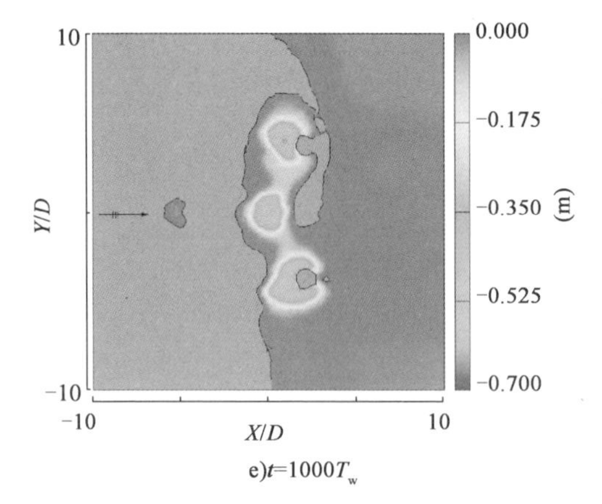

e) $t=1000T_w$

图 6-39 $\alpha=0°$,水深 $h=3.8\text{m}$,波高 $H=0.5\text{m}$,周期 $T_w=8\text{s}$

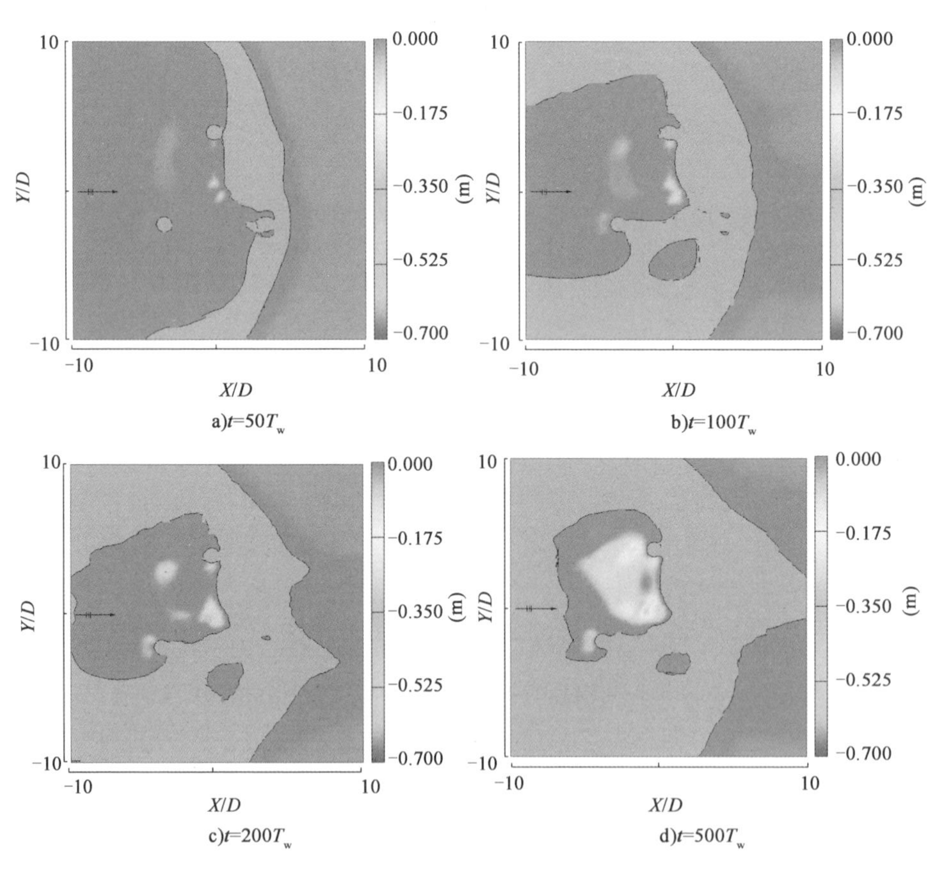

a) $t=50T_w$

b) $t=100T_w$

c) $t=200T_w$

d) $t=500T_w$

图 6-40

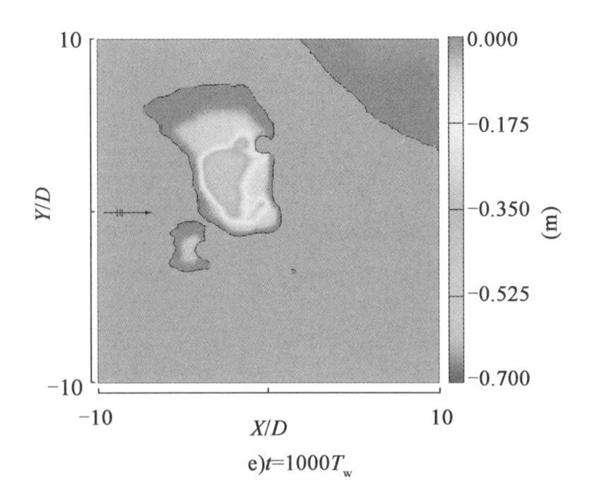

e)t=1000T_w

图 6-40　$\alpha=30°$,水深 $h=3.8$m,波高 $H=0.5$m,周期$T_w=8$s

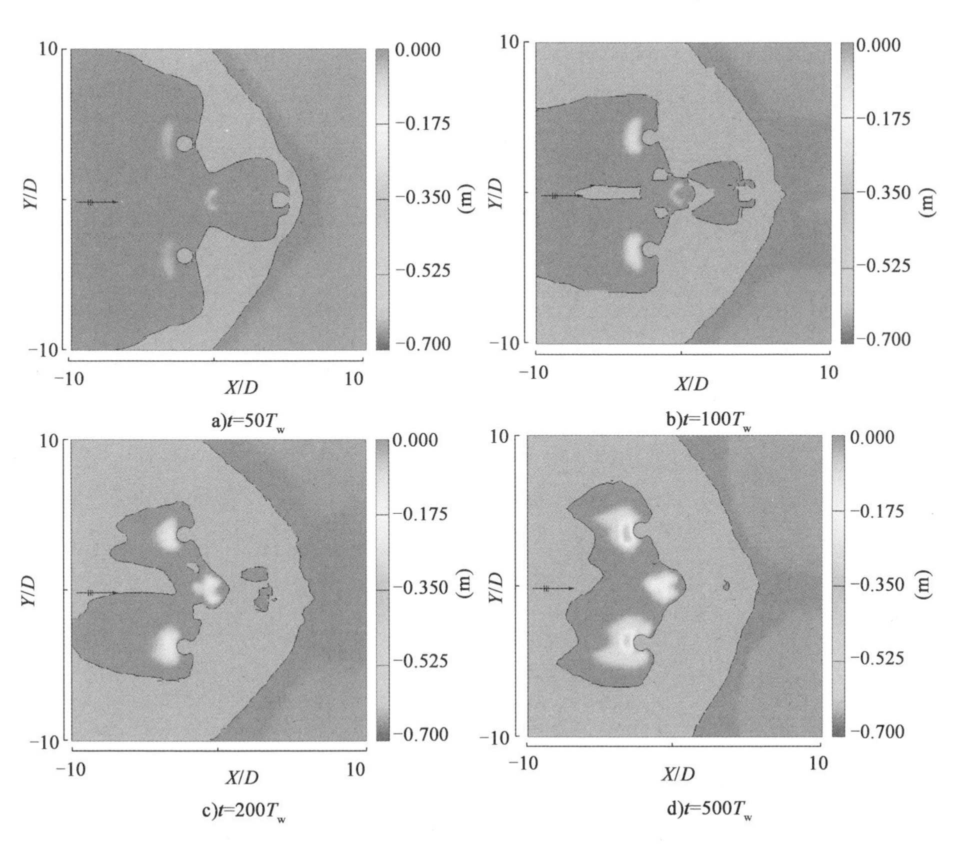

a)t=50T_w

b)t=100T_w

c)t=200T_w

d)t=500T_w

图　6-41

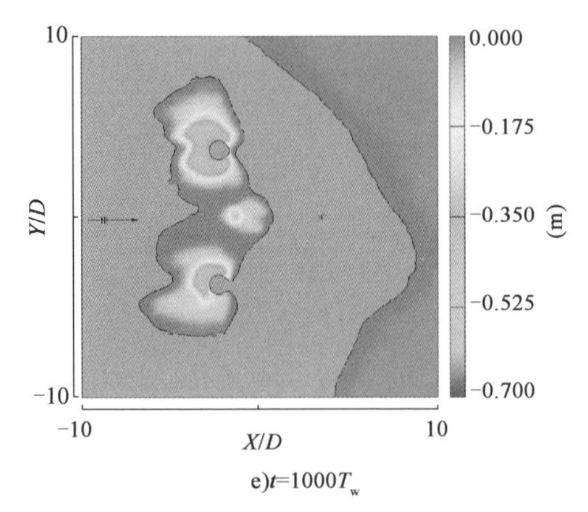

图 6-41　$\alpha = 60°$，水深 $h = 3.8$m，波高 $H = 0.5$m，周期 $T_w = 8$s

如图 6-40 所示，当波浪来向夹角 $\alpha = 30°$时，冲刷坑主要集中在上游、单侧导管桩，主桩下方以及单侧横桩上游位置，而下游导管桩周围则发生淤积现象。在 1000 个波之后，风电基础上下游分别产生了淤积沙丘，风电基础周围的底床高度形成了一个明显“马鞍形”。

当 $\alpha = 60°$时（图 6-41），冲刷主要发生在上游导管桩与主桩下方，并在上游导管桩的掩护区形成两个对称的淤积堆。随着冲刷时间的增加，冲刷坑的深度和范围也将继续增大。

因此在波浪单独作用下，冲刷坑深度和最大冲深位置均与波要素有一定的关系。特别是最大冲刷深度位置的改变非常可能导致冲刷坑范围的变化，在布置护底防范措施时应充分考虑可能的最不利冲刷范围，以确保护底的防护效果。

（3）波浪作用下风电基础冲刷时间尺度

如图 6-42 所示，与单桩情况类似，波浪单独作用下的时间尺度 T'随着 KC/θ_w 的增加而增大。不同水流交角条件下，$\ln T'$ 比较接近，这说明角度对冲刷尺度的影响并不显著。最大的区别表现在：单桩条件下，根据 Sumer[27]，时间尺度 $T' = \frac{D^2}{[g(s-1)d_{50}^3]^{0.5}} 10^{-6} \left(\frac{KC}{\theta_w}\right)^3$；三桩导管架风电基础条件下，波浪单独作用下的冲刷时间尺度可以写成：

$$\ln T' = 0.57\ln\left(\frac{KC}{\theta_w}\right) + 7.24$$

即：

$$T' = 859.35 \frac{D^2}{[g(s-1)\ d_{50}^3]^{0.5}} 10^{-6} \left(\frac{KC}{\theta_w}\right)^{0.57} = k_{tw1} \cdot \frac{D^2}{[g(s-1)\ d_{50}^3]^{0.5}} 10^{-6} \left(\frac{KC}{\theta_w}\right)^{3 \cdot k_{tw2}} \tag{6-33}$$

其中，$k_{tw1}=859.35$，$k_{tw2}=5.26$，为系数。$\theta_w=\dfrac{U_{fm}^2}{g\left(\dfrac{\rho_s-\rho}{\rho}\right)d_{50}}$，$U_{fm}=\sqrt{\dfrac{f_w}{2}}U_m$，

$U_m=\dfrac{\pi H}{T_w}\cdot\dfrac{1}{\sin(kh)}$，$k=\dfrac{2\pi}{L_w}$，$L_w=\dfrac{gT_w^2}{2\pi}\tanh(kh)$，$KC=\dfrac{U_mT_w}{D}$，$D$ 为导管桩直径，

$s=\dfrac{\rho_s}{\rho}$，g 为重力加速度。

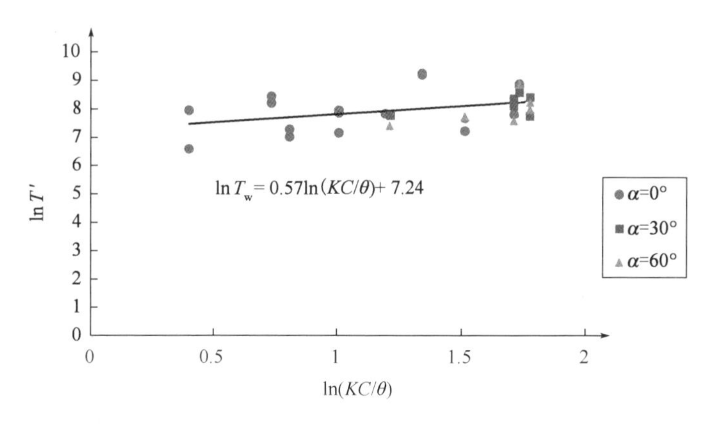

图 6-42　波浪单独作用下冲刷时间尺度随 KC/θ_w 的变化

(4)波浪单独作用条件下风电基础冲刷深度随 KC 的变化

当 $\alpha=0°$，水深为 10m 时，不同波高 H、周期 T_w 条件下三桩导管架风电基础局部冲刷结果如图 6-43 所示。随着 KC 的增加，不同波高条件下的局部冲刷深度 d_s 基本上在各自固定值波动，显然这个固定值与波高 H 有关。根据 Sumer[27]

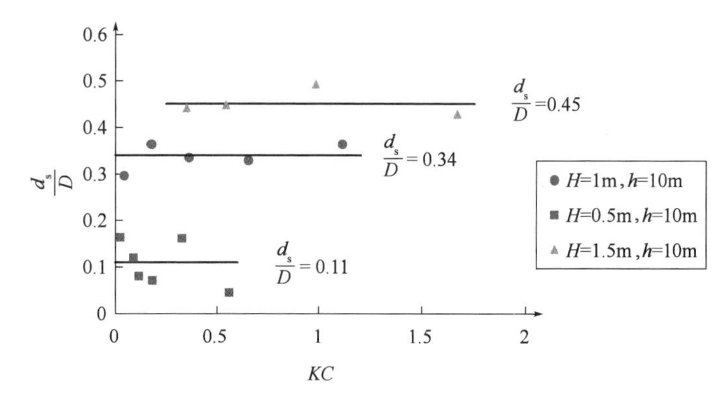

图 6-43　风电基础冲刷深度随 KC 变化($\alpha=0°$，$h=10\text{m}$，$D=2.8\text{m}$)

的波浪作用下冲刷实验，对于小直径单圆桩（$D/L_w < 0.2$）而言，只有当 KC 超过 6 时，才会产生桩前的马蹄涡和桩后涡脱。随着 KC 的不断增加，冲刷深度先增加然后趋于一个稳定值。相比 KC 而言，三桩导管架风电基础的冲刷深度受波高 H 的影响更为明显。在数值模拟的实验条件下，三桩导管架风电基础的冲刷深度没有表现出与 KC 一起增加的过程，KC 在 0.5 之前基本上已经达到了稳定。引起这一差异的因素可能是三桩导管架风电基础的特殊结构形式形成的桩群效果导致了桩基周围水流紊动的增加，强大的紊动此时已经成为桩基周围泥沙起动的主要因素。

（5）风电基础安置角度对冲刷的影响

通过图 6-44 可以看出，水流交角 α 对冲刷深度的影响并不大，不同水深 h、波高 H 条件下，不但三种水流交角的冲刷深度结果非常接近，而且相互之间的大小关系并不稳定。这与三种水流交角条件下，风电基础的阻水面积一致有关。

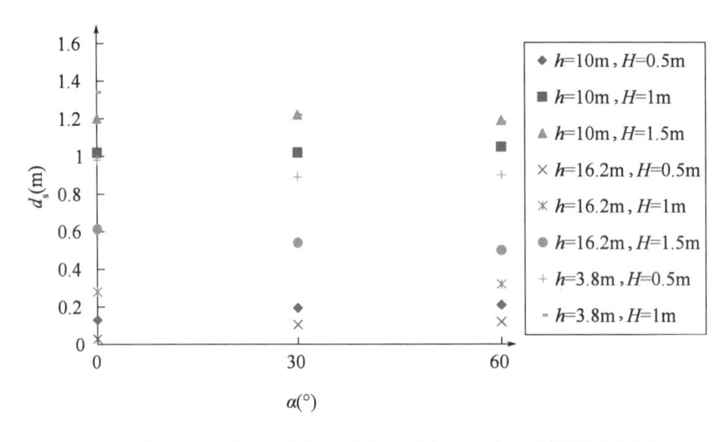

图 6-44　波浪作用下三桩导管架风电基础安置角度对冲刷深度的影响

（6）波浪作用下风电基础冲刷形状系数

根据第 5 章得到的波浪条件下半经验半理论单圆桩冲刷公式，将波浪单独作用下数值模拟得到的三桩导管架风电基础冲刷结果与相同波浪条件下单根导管桩（$D = 2.8\text{m}$，桩顶始终露出水面）的冲刷计算结果进行比较，结果如图 6-45 所示。

则最大冲刷深度可由以下公式计算（$d_{50} = 0.113\text{mm}$）：

$$\frac{d_{s(\text{三桩导管架})}}{D} = K_{\xi} \cdot \frac{d_{s[\text{式(4-9)计算导管桩}]}}{D}$$

$$K_{\xi} = 4.5$$

$$\sigma_{K_{\xi}} = 0.2 \tag{6-34}$$

d_s为波浪单独作用下的三桩导管架风电基础的最大冲刷深度,$K_{\xi}=4.5$ 为形状系数,D 为导管桩直径,g 为重力加速度,ρ 为水流密度,ρ_s为底床泥沙密度,H 为波高 T_w为波周期,$T' = \frac{D^2}{\left[g\left(\frac{\rho_s-\rho}{\rho}\right)d_{50}^3\right]^{\frac{1}{2}}}10^{-6}\left(\frac{KC}{\theta_w}\right)^3$ 为波浪作用下单圆桩冲刷时间尺度,$KC=\frac{U_m T_w}{D}$,U_m 为近底层水质点运动速度最大值,θ 为相对切应力,L_w 为波长,h 为水深,$k = 2\pi/L_w$ 为波数,当形状系数取 $K_{\xi}+\sigma_{K_{\xi}}$ 时,数值模拟冲刷数据全部小于式(6-34)的计算值。

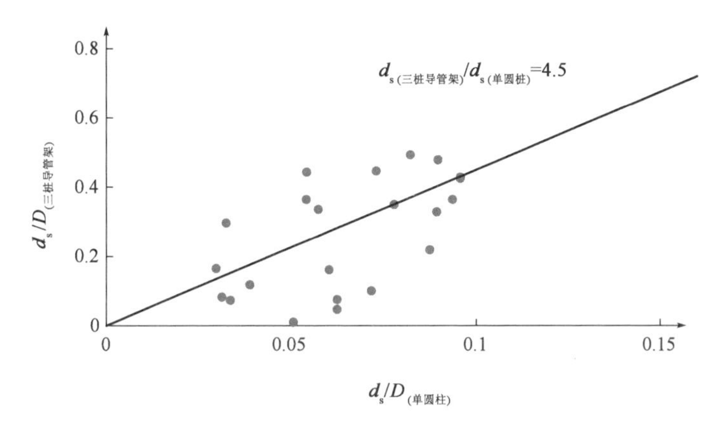

图 6-45 纯波浪作用下数值模拟三桩导管架基础冲刷与单圆桩公式计算结果比较($D=2.8$m)

6.3.5 波流共同作用下风电基础的冲刷

(1)数值模型设置和结果

为了了解不同水深 h、波高 H、周期T_w和流速 V 对三桩导管架风电基础冲刷深度的影响,进行不同波浪和水流组合条件下的冲刷数值模拟。实验设计组次和结果如表 6-3(沙波影响已扣除)所示,全部组次中波流同向。假设在波流共同作用下,结构物的冲刷过程仍然可以用公式 $\frac{d_s(t)}{d_s} = 1-\exp\left(-\frac{t}{T^*}\right)$ 计算,T^* 为波流共同作用下局部冲刷的时间尺度。可以通过联立 $d_s(t=500T_w)$ 和$d_s(t=1000T_w)$ 方程组求解最终的 T^* 和 d_s。

波流共同作用下三桩导管架风电基础冲刷结果(d_{50} =0.113mm)　表6-3

实验编号	水流交角 α (°)	波高 H (m)	水深 h (m)	流速 V (m/s)	周期 T_w (s)	d_s(t = 30min) (m)	d_s(t = 60min) (m)	d_s (m)	T^* (s)
1	60	1	10	1	8	2.17	2.94	3.36	1735
2	60	1	16.2	1	8	3.29	4.03	4.25	1211
3	60	1	10	1.5	8	3.91	4.80	5.06	1216
4	60	1	16.2	1.5	8	4.00	5.30	5.93	1601
5	60	1	3.8	1.5	8	4.14	5.10	5.39	1232
6	0	1	3.8	1	8	2.02	2.66	2.96	1566
7	0	1	10	1	8	2.18	2.97	3.42	1771
8	0	1	10	1.5	8	3.80	4.76	5.08	1308
9	0	1	16.2	1.5	8	4.07	5.26	5.75	1457
10	0	1	3.8	1.5	8	3.83	4.85	5.22	1361
11	0	1	10	2.5	8	5.93	7.36	7.82	1271
12	0	1	10	1.5	6	3.59	4.63	4.87	1195
13	0	1	10	1.5	4.8	4	4.6	4.71	949
14	0	1	10	1.5	4.2	4.13	4.8	4.93	990
15	0	1	10	1.5	3.2	2.96	3.66	3.88	1248
16	0	1.5	10	1.5	8	4.60	5.36	5.51	1000
17	0	0.5	10	1.5	8	3.62	4.39	4.60	1128
18	30	1	3.8	1	8	2.44	3.25	3.65	1632
19	30	1	16.2	1	8	2.33	3.19	3.69	1804
20	30	1	10	1.5	8	3.68	5.06	5.89	1834
21	30	1	16.2	1.5	8	3.54	4.83	5.02	1103
22	30	1	3.8	1.5	8	3.6	4.86	5.54	1715

(2)波流共同作用下风电基础冲刷坑发展

当水流交角为0°时,如图6-46所示,冲刷坑首先在三根导管桩周围、主桩下方以及横桩下方生成。随着冲刷时间的增加,下游横桩下方以及下游导管桩内侧冲深显著增加。最大冲刷深度出现在下游导管桩内侧。

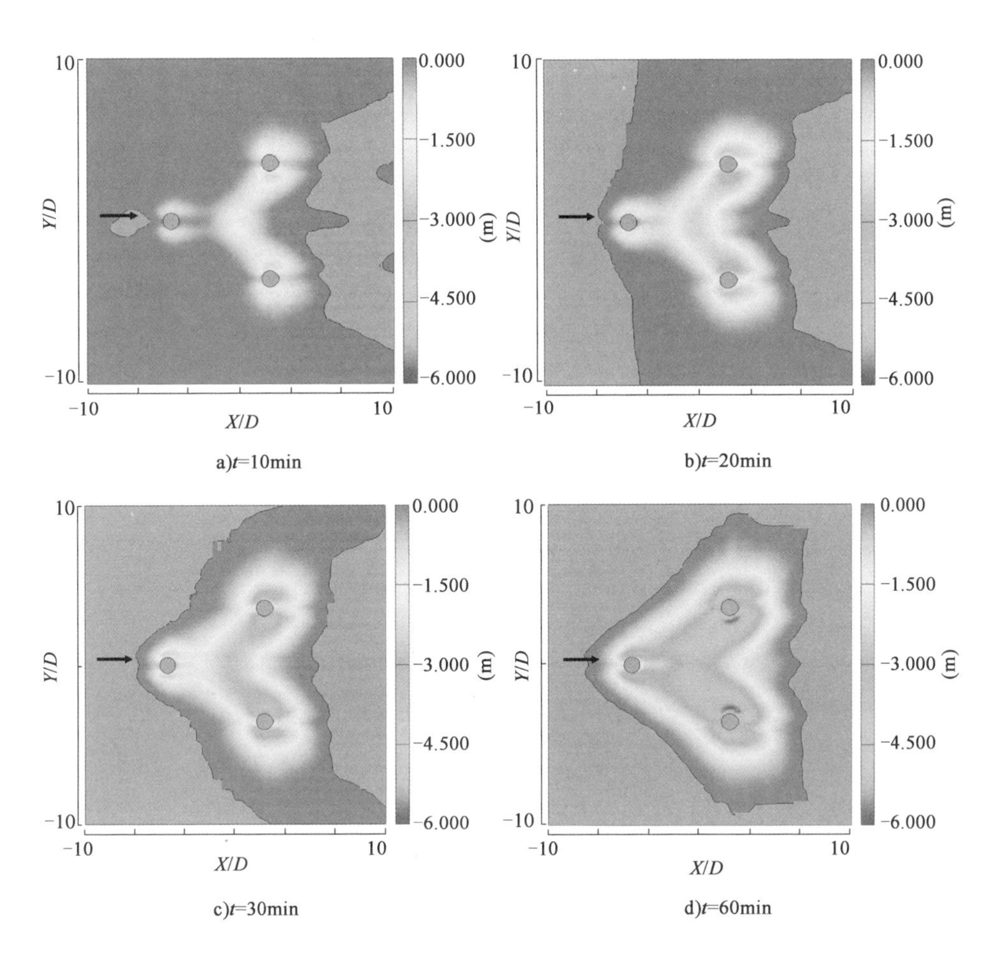

图 6-46　水流交角 $\alpha=0°$时冲刷坑随时间发展

注:水深 $h=10\text{m}$,流速 $V=1.5\text{m/s}$,波高 $H=1\text{m}$。

如图 6-47 所示,当水流交角 $\alpha=30°$时,较深的冲刷坑首先出现在主桩下方和单侧横桩下方,随后冲刷坑扩大到整个风电基础周围。此时,最大冲刷深度从一侧导管桩附近迁移到上游导管桩。下游导管桩受到上游导管桩掩护作用,冲刷相对不明显。

当水流交角 $\alpha=60°$时,如图 6-48 所示,冲刷坑主要在上游导管桩内侧和主桩下方周围生成。随着冲刷时间的推移,冲刷坑不断扩大并且向下游导管桩发展,最大冲刷深度出现在上游导管桩内侧和主桩下方。

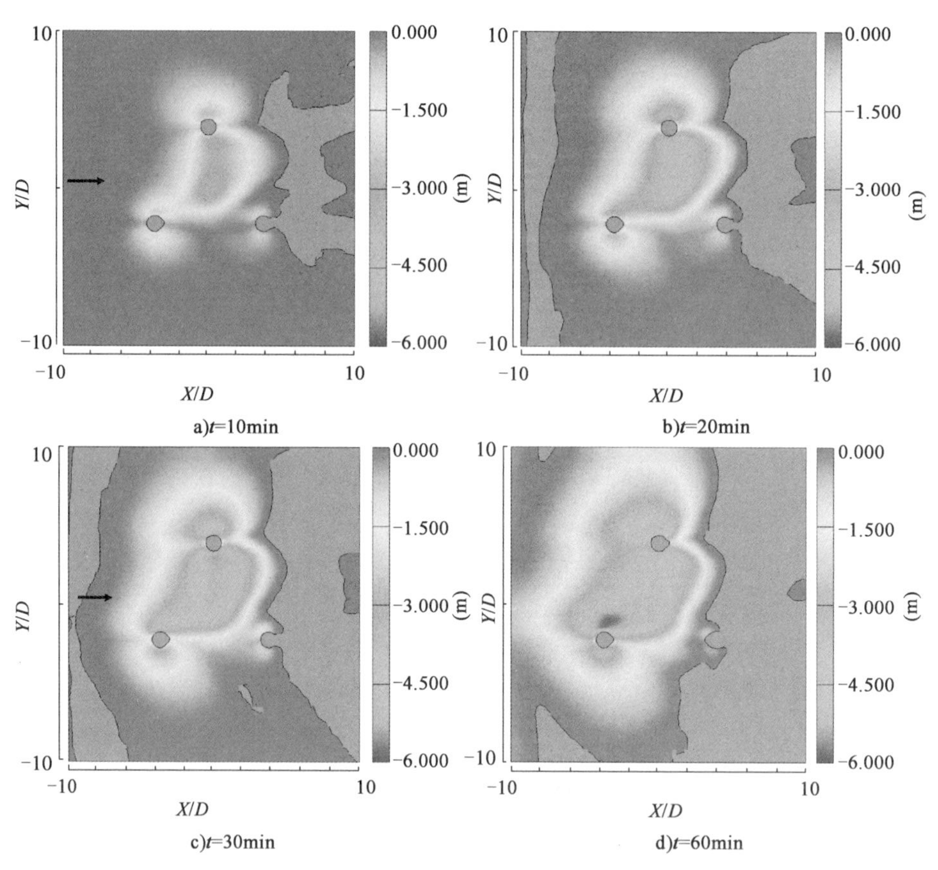

a)t=10min

b)t=20min

c)t=30min

d)t=60min

图 6-47　水流交角 $\alpha = 30°$时冲刷坑随时间发展

注:水深 $h = 10$m,流速 $V = 1.5$m/s,波高 $H = 1$m。

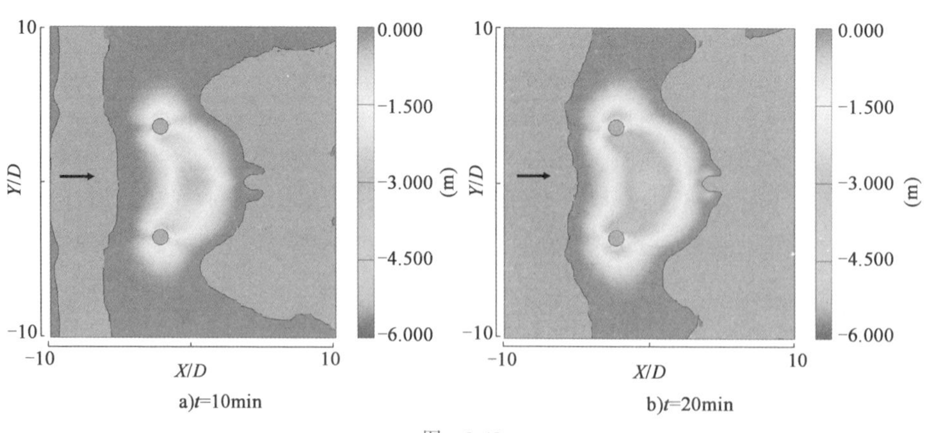

a)t=10min

b)t=20min

图　6-48

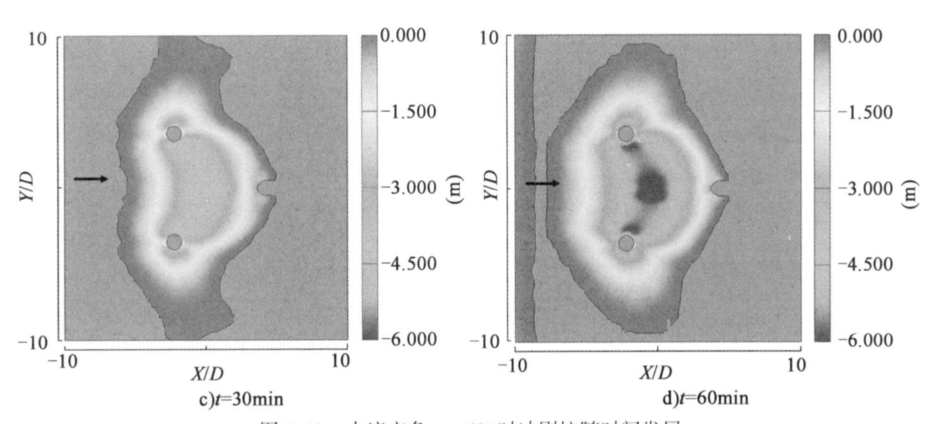

图 6-48 水流交角 $\alpha=60°$时冲刷坑随时间发展

注：水深 $h=10\text{m}$，流速 $V=1.5\text{m/s}$，波高 $H=1\text{m}$。

(3)波流共同作用下风电基础冲刷时间尺度

如图 6-49 所示，在波流共同作用下，三桩导管架风电基础的最大冲刷深度将随着$\dfrac{(U_{\text{m}}+v_*)T_{\text{w}}}{D(\theta+\theta_{\text{w}})}$的增加而增大，其中$U_{\text{m}}$为波浪引起的底床水质点最大流速，$v_*$为水流引起的底床拖曳力，$T_{\text{w}}$为波浪周期，$D=2.8\text{m}$为导管桩直径，$\theta$为水流单独作用下对底床的拖曳力参数，$\theta_{\text{w}}$为波浪单独作用下的拖曳力参数。$\dfrac{(U_{\text{m}}+v_*)T_{\text{w}}}{D}$表达了波浪和水流淘刷泥沙量的能力，$\theta+\theta_{\text{w}}$体现了冲刷坑的发展速度。因此，拟合得到的波流共同作用下的冲刷时间尺度为：

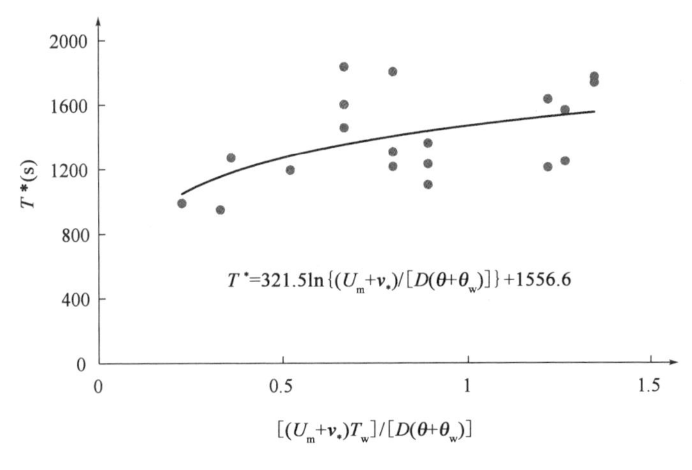

图 6-49 波流共同作用下冲刷时间尺度

$$T^{*}=321.5\ln\left[\frac{(U_{\mathrm{m}}+v_{*})T_{\mathrm{w}}}{D(\theta+\theta_{\mathrm{w}})}\right]+1556.6 \tag{6-35}$$

$$\theta_{\mathrm{w}}=\frac{U_{\mathrm{fm}}^{2}}{g\left(\frac{\rho_{\mathrm{s}}-\rho}{\rho}\right)d_{50}},U_{\mathrm{fm}}=\sqrt{\frac{f_{\mathrm{w}}}{2}}U_{\mathrm{m}},U_{\mathrm{m}}=\frac{\pi H}{T_{\mathrm{w}}}\cdot\frac{1}{\sin(kh)},$$

$$k=\frac{2\pi}{L_{\mathrm{w}}},L_{\mathrm{w}}=\frac{gT_{\mathrm{w}}^{2}}{2\pi}\tanh(kh),\theta=\frac{v_{*}^{2}}{g\left(\frac{\rho_{\mathrm{s}}-\rho}{\rho}\right)d_{50}},v_{*}=V\sqrt{g}/C,C=\frac{\sqrt{g}}{k}\ln\left(\frac{12R}{K_{\mathrm{s}}}\right)$$

其中，d_{50}为底床中值粒径，f_{w}为波浪作用下摩阻系数，可按照4.3节中提及的Swart[98]计算，v_{*}为摩阻流速，V单纯水流条件下的垂线平均流速，C为谢才系数，$k=0.4$为卡门常数，R为水力半径，K_{s}为底床粗糙度，可取$3d_{90}$，g为重力加速度。

(4)波流共同作用下风电基础冲刷深度随水动力因素变化

①波高H对冲刷深度的影响。

从图6-50中可以看出，当其余水动力条件一定时，波流共同作用下的三桩导管架风电基础最大冲刷深度将随着入射波高的增加而增加。这是由于波高H的增加使得波动能量增加，相同水深h条件下，近底层最大水质点流速U_{m}增大，带来更强劲的底床拖曳力，使得更多泥沙进入起动状态被水流带走，最终形成更深的冲刷坑。

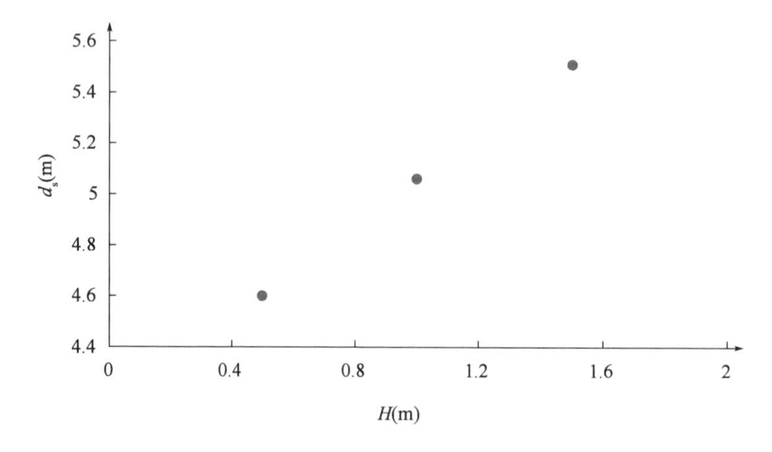

图6-50　冲刷深度随波高变化

注：水深$h=10$m，流速$V=1.5$m/s，周期$T_{\mathrm{w}}=8$s，水流交角$\alpha=0°$。

②周期T_{w}对冲刷深度的影响。

如图6-51所示，在波流共同作用下，随波周期T_{w}的变化，三桩导管架风电基

础的冲刷深度并没有表现明显的变化趋势。这说明对于细颗粒底床周期并不是影响风电基础冲刷的主要因素。

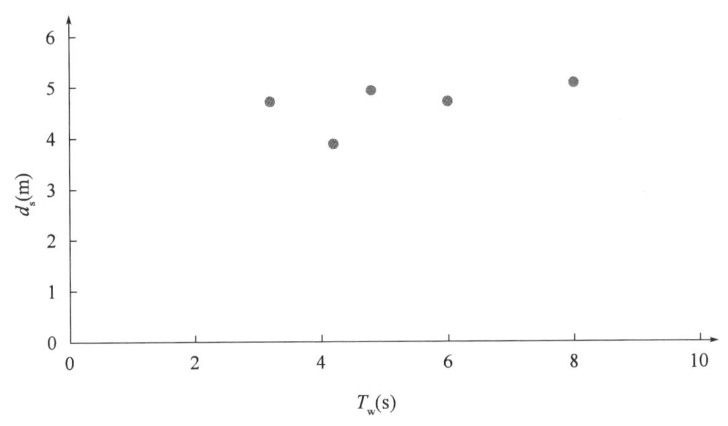

图 6-51 冲刷深度随波周期T_w的变化

注:水深 $h=10$m,流速 $V=1.5$m/s,波高 $H=1$m,水流交角 $\alpha=0°$。

③水深 h 对冲刷深度的影响。

从图 6-52 可以看出,水深 h 对波流共同作用下风电基础冲刷深度的影响比较复杂。一方面,对于恒定流冲刷而言,流速 V 一定时,由于水流能量的增加,冲刷深度将随着水深 h 的增加而增大;另一方面,对于波浪冲刷而言,相同波高 H 下,水深越大,底床水质点的运动轨迹速度相对越小,冲刷深度将随着水深 h 的增加而减小。由于模型计算中选用的水深跨度较大(3.8m、10m 和 16.2m),两种冲刷方式的组合效果与水深的关系并不是简单的增减关系。

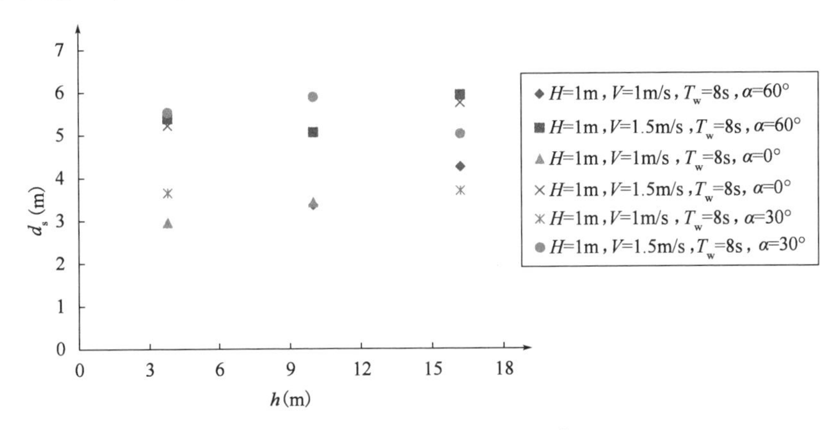

图 6-52 冲刷深度随水深 h 的变化

注:周期$T_w=8$s,流速 $V=1.5$m/s,波高 $H=1$m,水流交角 $\alpha=0°$。

④流速 V 对冲刷深度的影响。

与恒定流冲刷类似，图 6-53 中显示，随着流速 V 的增加三桩导管架风电基础的冲刷深度也在不断增大。并且在不同水深条件下，冲刷冲刷深度d_s随流速 V 增加的斜率比较接近。这说明相对于水深 h 而言，流速 V 对冲刷深度的影响作用更加显著。

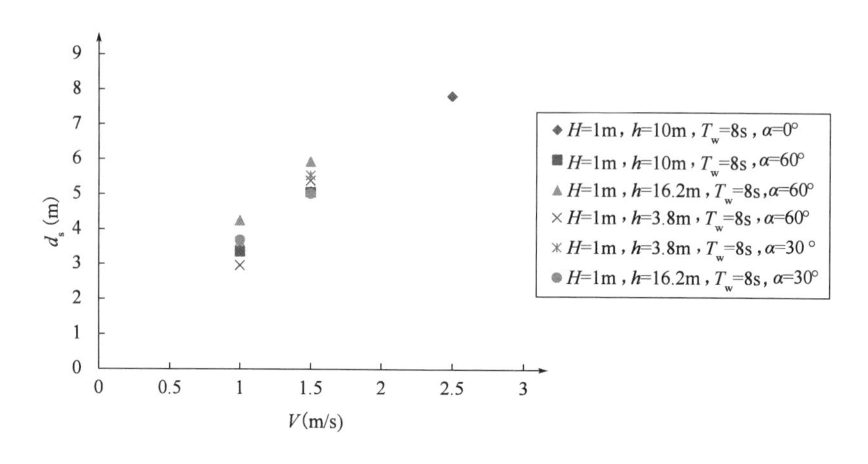

图 6-53 冲刷深度随流速 V 的变化

⑤水流交角 α 对冲刷深度的影响。

与第 5 章粗颗粒底床（d_{50} = 0.85mm）的实验结果比较类似，如图 6-54 所示，在细颗粒底床冲刷数值模拟中，由于三种水流交角（0°、30°和 60°）的阻水面积比较接近，三种角度的冲刷深度差距不大。

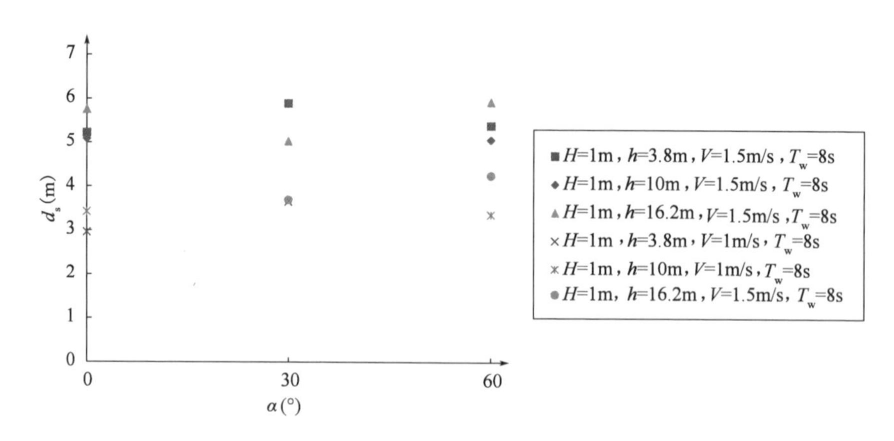

图 6-54 冲刷深度随水流交角 α 的变化

在波流共同作用下，当 $\alpha=0°$ 时，60min 后最大冲刷深度出现在下游导管桩内侧；当 $\alpha=60°$ 时，60min 后最大冲刷深度出现在主桩下方和上游导管桩内侧；当 $\alpha=30°$ 时，60min 后最大冲刷深度一般出现在主桩与单侧导管桩横桩的两个连接处，还可能出现在上游导管桩。

(5)波流共同作用下风电基础冲刷形状系数

将表 6-3 的模拟冲刷深度结果 $d_{s(三桩导管架)}$ 与由式(4-15)计算得到的单独导管桩冲刷冲刷深度 $d_{s(导管桩)}$ 进行比较，如图 6-55 所示。即：

$$\frac{d_{s(三桩导管架)}}{D}=K_{\xi}\cdot\frac{d_{s[式(4.15)计算导管桩]}}{D}$$

$$K_{\xi}=8.3$$

$$\sigma_{K\xi}=1.28 \tag{6-36}$$

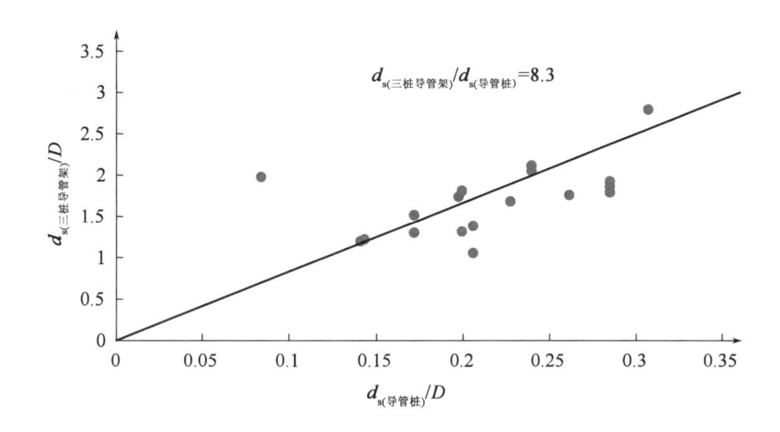

图 6-55 三桩导管架风电基础冲刷与单独导管桩公式计算结果比较

$$T^*=\begin{cases}\dfrac{T^*(U_{cw}=0.3)-10^{-6}\left(\dfrac{KC}{\theta_w}\right)^3}{0.3}U_{cw}+\dfrac{0.3\times10^{-6}\left(\dfrac{KC}{\theta_w}\right)^3}{0.3} & (U_{cw}<0.3)\\ k_{15}U_{cw}^2+k_{16}U_{cw}+k_{17} & (0.3\leqslant U_{cw}\leqslant0.7)\\ \dfrac{\dfrac{1}{2000}\dfrac{\delta}{D}\theta^{-2.2}-T^*(U_{cw}=0.7)}{0.3}U_{cw}+\dfrac{T^*(U_{cw}=0.7)-0.7\times\dfrac{1}{2000}\dfrac{\delta}{D}\theta^{-2.2}}{0.3} & (U_{cw}>0.7)\end{cases}$$

$$k_{15}=74310\theta_w^2-15755\theta_w+457.11$$

$$k_{16} = -72051\theta_w^2 + 15750\theta_w - 564.87$$

$$k_{17} = 15849\theta_w^2 - 3791.2\theta_w + 228.29$$

$$U_{cw} = \frac{v_*}{v_* + U_m}, \theta_w = \frac{U_{fm}^2}{g\left(\frac{\rho_s - \rho}{\rho}\right)d_{50}}, U_{fm} = \sqrt{\frac{f_w}{2}}U_m, U_m = \frac{\pi H}{T_w} \cdot \frac{1}{\sin(kh)},$$

$$k = \frac{2\pi}{L_w}, L_w = \frac{gT_w^2}{2\pi}\tanh(kh), \theta = \frac{v_*^2}{g\left(\frac{\rho_s - \rho}{\rho}\right)d_{50}}, v_* = V\sqrt{g}/C, C = \frac{\sqrt{g}}{k}\ln\left(\frac{12R}{K_s}\right)$$

其中,d_s为波流共同作用下的三桩导管架风电基础的最大冲刷深度,$K_\xi = 8.3$ 为形状系数,d_{50}为底床中值粒径,U_m为波浪作用下近底水质点轨迹速度最大值,v_*为摩阻流速,θ 为波浪作用下底床相对切应力,U_{fm}为波浪作用下底床摩阻流速,f_w为波浪作用下摩阻系数,V 单纯水流条件下的垂线平均流速,C 为谢才系数,$k = 0.4$ 为卡门常数,R 为水力半径,K_s为底床粗糙度,可取 $3d_{90}$,g 为重力加速度。平衡冲刷时间$t_e = 4.605T^*$ 可根据波流共同作用下的冲刷时间尺度 T^*,通过式(4-5)计算。

6.3.6 海啸作用下风电基础的冲刷

(1)江苏沿海海啸波波形规律

21 世纪以来,仅在短短的十几年时间当中,全球范围内就发生了 8 次非常严重的海啸灾害(2001 年秘鲁,2004 年苏门答腊,2006 年爪哇岛,2007 年所罗门群岛,2009 年萨摩亚群岛,2010 年所罗门群岛,2010 年智利,2011 年日本),导致 20 万~30 万人丧生或失踪,造成了极大的损失。其中 2 次海啸发生在印度洋,6 次发生在太平洋海域。最近的一次海啸发生在日本的东北部,北京时间 2011 年 3 月 11 日 13 时 46 分,位于日本宫城县以东太平洋海域(37.7°N, 143.0°E)发成里氏 9.0 级地震,震源深度为 20km,15865 人遇难,3084 人失踪,6035 人受伤。

当海啸波趋向近岸浅水时波形发生变化,具体表现为波长变小、波高增加,实际上,海啸波高在近岸很大程度上取决于海底地形、坡度和海岸线的形状与走向。喇叭口或漏斗形的海岸地形有利于波能折射聚集,海啸将大幅提高。

以往有关江苏沿海海啸波的研究较少,作者[111]通过对 2011 年日本东北地震海啸的数值模拟,首次发现了江苏沿海海啸波的特殊现象:除江苏南方辐射沙洲岸段和北方海州湾附近海域海啸波最大波高出现在波列前端之外,其余将近 3/4 的江苏沿海区域海啸波最大波高均出现在波列中部。造成这种现象的主要原因是黄海和东海海域特殊的地形条件影响了海啸波的传播和波形。陆岸反射

虽然对海啸波波形具有一定的调整作用,但是受限于入射波波形和测站与岸线相对位置等因素的影响,并不能成为主导因素。科氏力对江苏沿海海啸波传播的影响作用最为微弱,不是造成这种现象的主要原因。

以上结论虽然是以日本东北地震海啸为例获得的,但是作为诸多经由冲绳海槽登陆中国东海大陆架的海啸之一,对于其他以相同途径登陆中国近海的海啸波具有借鉴意义。

由于日本本土岛链对我国沿海的掩护作用,2011 年日本海啸在江苏沿海的实测波高较小,很难对风电基础冲刷造成影响。为了研究海啸波对三桩导管架风电基础冲刷可能造成的影响,根据不同水深,通过在三维冲刷数值模型的入流边界处提供一个较大的孤立波的方式来模拟较为不利的海啸波冲刷情况。

(2)数值模型设置与结果

沿用经过验证的数值模型,并在入流边界(距风电基础 50m 处)制造孤立波,用以模拟海啸波对冲刷深度的影响。模拟时间 t 设置为 30s,以确保海啸可以完全传播离开整个计算区域。为了讨论三桩导管架风电基础在海啸作用下的冲刷特点,考虑不同水深、波高、流速以及基础安置角度的条件下,风电基础周围的冲刷分布,具体实验条件组次安排如表 6-4 所示。

海啸作用下三桩导管架风电基础冲刷($d_{50}=0.113$mm)　　表 6-4

实验编号	水深(m)	入流边界处海啸波高 $H_{海啸}$(m)	流速 V(m/s)	风电基础安置角度 α(°)	冲刷深度 d_s(m)
1	3.8	1	0	0	0.022
2	3.8	5	0	0	0.128
3	6.9	4	0	0	0.158
4	6.9	10	0	0	0.189
5	10	6	0	0	0.333
6	10	14	0	0	0.446
7	13.1	10	0	0	0.542
8	13.1	19.6	0	0	1.26
9	16.2	5	0	0	0.305
10	16.2	17	0	0	0.69
11	3.8	1	0	30	0.052
12	3.8	5	0	30	0.146
13	6.9	4	0	30	0.176

续上表

实 验 编 号	水深 (m)	入流边界处 海啸波高 $H_{海啸}$(m)	流速 V (m/s)	风电基础 安置角度 α(°)	冲刷深度d_s (m)
14	6.9	10	0	30	0.246
15	10	6	0	30	0.341
16	10	14	0	30	0.402
17	13.1	10	0	30	0.533
18	13.1	19.6	0	30	0.579
19	16.2	5	0	30	0.349
20	16.2	17	0	30	0.743
21	3.8	1	0	60	0.048
22	3.8	5	0	60	0.103
23	6.9	4	0	60	0.184
24	6.9	10	0	60	0.445
25	10	6	0	60	0.408
26	10	14	0	60	0.432
27	13.1	10	0	60	0.64
28	13.1	19.6	0	60	0.78
29	16.2	5	0	60	0.432
30	16.2	17	0	60	0.91
31	3.8	1	0.5	60	0.104
32	3.8	1	1.5	60	0.636
33	3.8	1	2.5	60	1.22
34	3.8	3	0	60	0.077
35	3.8	3	0.5	60	0.201
36	3.8	3	1.5	60	0.665
37	3.8	3	2.5	60	1.29
38	3.8	5	0.5	60	0.309
39	3.8	5	1.5	60	0.671
40	3.8	5	2.5	60	1.32
41	6.9	4	0.5	60	0.271

续上表

实验编号	水深（m）	入流边界处海啸波高 $H_{海啸}$（m）	流速 V（m/s）	风电基础安置角度 α（°）	冲刷深度 d_s（m）
42	6.9	4	1.5	60	0.472
43	6.9	4	2.5	60	1.3
44	6.9	7	0	60	0.378
45	6.9	7	0.5	60	0.485
46	6.9	7	1.5	60	0.719
47	6.9	7	2.5	60	1.42
48	6.9	10	0	60	0.455
49	6.9	10	0.5	60	0.587
50	6.9	10	1.5	60	0.726
51	6.9	10	2.5	60	1.42
52	10	6	0.5	60	0.541
53	10	6	1.5	60	0.98
54	10	6	2.5	60	1.6
55	10	10	0	60	0.41
56	10	10	0.5	60	0.632
57	10	10	1.5	60	1.01
58	10	10	2.5	60	1.61
59	10	14	0.5	60	0.648
60	10	14	1.5	60	1.11
61	10	14	2.5	60	1.64
62	13.1	10	0.5	60	0.736
63	13.1	10	1.5	60	1.1
64	13.1	10	2.5	60	1.75
65	13.1	13.1	0	60	0.733
66	13.1	13.1	0.5	60	0.744
67	13.1	13.1	1.5	60	1.1
68	13.1	13.1	2.5	60	1.76
69	13.1	19.6	0.5	60	0.797

续上表

实验编号	水深 (m)	入流边界处海啸波高 $H_{海啸}$(m)	流速 V (m/s)	风电基础安置角度 α(°)	冲刷深度 d_s (m)
70	13.1	19.6	1.5	60	1.12
71	13.1	19.6	2.5	60	1.78
72	16.2	5	0.5	60	0.565
73	16.2	5	1.5	60	1.1
74	16.2	5	2.5	60	1.8
75	16.2	10	0	60	0.734
76	16.2	10	0.5	60	0.92
77	16.2	10	1.5	60	1.26
78	16.2	10	2.5	60	1.82
79	16.2	17	0.5	60	0.99
80	16.2	17	1.5	60	1.35
81	16.2	17	2.5	60	1.88

(3)海啸条件下风电基础冲刷坑特征

当海啸波传入极浅水域后，波形会发生破碎，重力势能转化为水质点的动能冲向海岸，对于人工建筑物产生冲刷。如图6-56所示，在海啸作用下，三桩导管架风电基础的最大冲刷深度均出现在主桩下方。主桩冲刷坑与导管桩冲刷坑通过横桩下方的冲刷槽相联通。

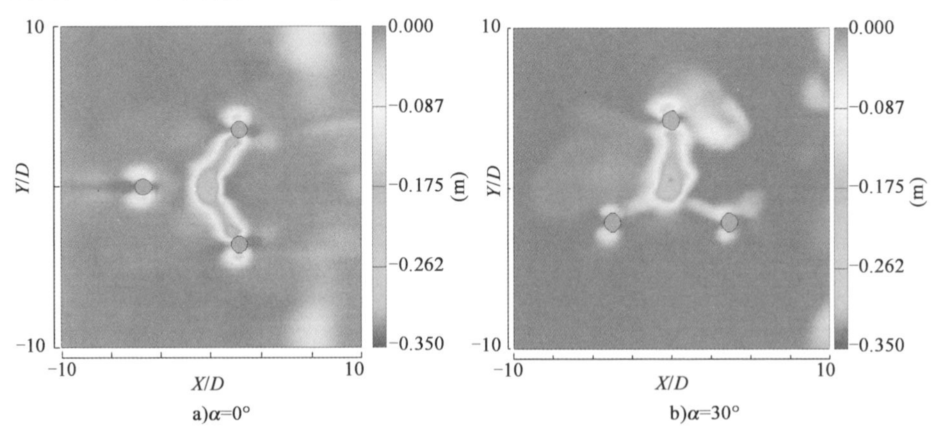

图 6-56

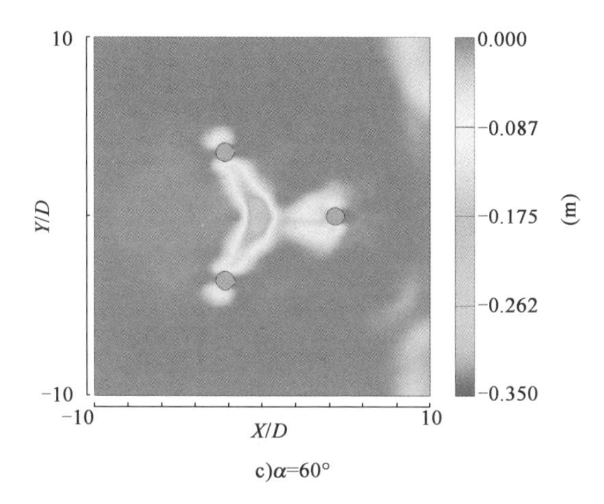

c)α=60°

图 6-56 水深 $h=10\text{m}$,海啸波高$H_{海啸}=14\text{m}$ 三桩导管架风电基础冲刷坑形态

(4)海啸波高、水深和水流流速对冲刷深度的影响

图 6-57 为海啸单独作用下(水流流速 $V=0$)三桩导管架风电基础的最大冲刷深度。可以看出,冲刷深度将随着入射海啸波高的增加而近似线性增加,这与入射波波能与波高正相关有关。同时,在相同入射波高的情况下,水深越大冲刷深度也更大。对于中值粒径$d_{50}=0.113\text{mm}$ 的均匀底床,三桩导管架风电基础在海啸条件下的冲刷深度可以写成:

$$d_s=0.04866H_{海啸}-0.073\sigma_{d_s}=0.333 \tag{6-37}$$

其中,$H_{海啸}$为距三桩导管架风电基础 50m 处的入射海啸波高,式(6-37)的适用范围为 $1\text{m}\leqslant H_{海啸}\leqslant 19.6\text{m}$,当海啸冲刷深度取到$d_s+\sigma_{d_s}$时,全部实验点均小于式(6-37)的计算值。

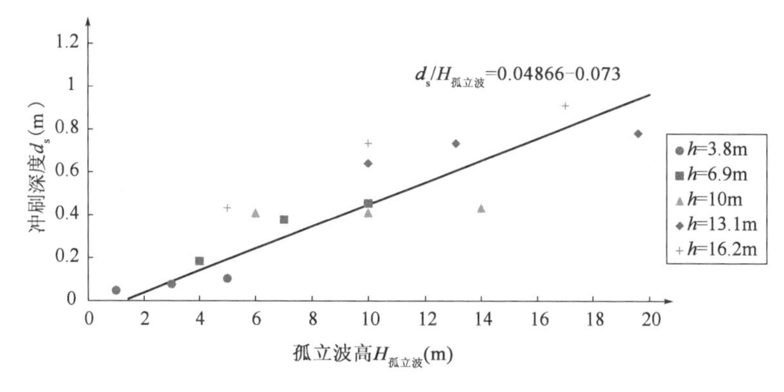

图 6-57 海啸高对冲刷深度的影响

为了了解水流流速对海啸风电机基础冲刷的影响,在入流边界处制造海啸的同时施加一个与海啸传播方向一致的水平流速。图 6-58 表现了最大冲刷深度随水流流速变化的发展趋势。总体而言,当水深一定时,冲刷深度随着水流流速的增加而逐渐增大。当来流平均流速 $V=0$ 时,即海啸单独作用时,相同水深条件下,波高对冲刷深度的影响比较显著;而当来流流速提高到 2.5m/s 时,由波高引起的冲刷深度差异趋于减小。这是因为当流速较小时,海啸高成为主导控制冲刷深度的主要因素;而当流速相对较大时,水流成为主导冲刷深度的主要因素;而处于两者之间的情况属于过渡阶段。

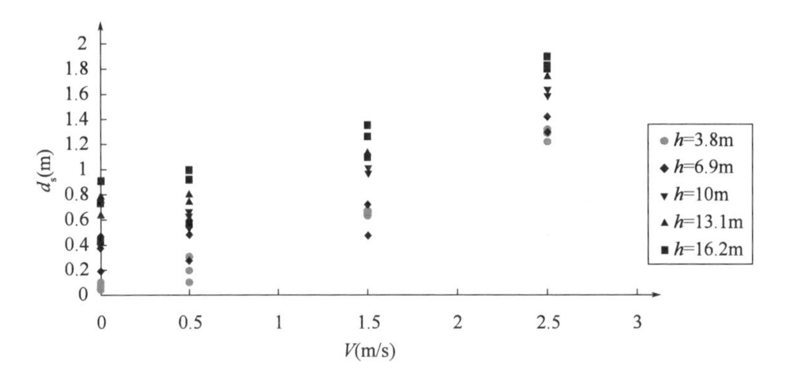

图 6-58 海啸和流速共同作用对风电基础冲刷深度的影响

(5)风电基础安置角度对冲刷深度的影响

如图 6-59 所示,海啸单独作用下,三桩导管架风电基础的安置角度对冲刷深度的影响非常复杂,没有明显的、一致性的规律。这与之前恒定流,波浪单独作用下的冲刷结果较为一致。

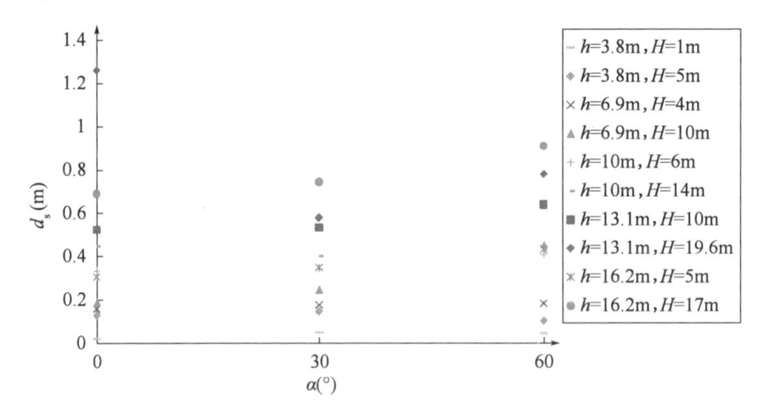

图 6-59 海啸作用下三桩导管架风电基础安置角度对冲刷深度的影响

6.4 小　结

建立了可靠的三维泥沙冲刷数值模型,并且进行了大量的数值模拟实验,主要结果如下。

(1)基础周围绕流:在恒定流条件下,处于迎水面的构件(导管桩和主桩)迎水面均出现了马蹄涡。在绕流过程中,基础两侧水流受到挤压,流速增大。同时,水流在结构物表面发生分离,并在三桩导管架风电基础下游出现了强烈的不规则涡脱。当水深超过导管桩桩顶,导管桩完全淹没时,由于导管桩桩顶的流速较大,压强较小,在导管桩背水面出现了明显的上升流现象;当导管桩桩顶露出水面时,该现象消失。

(2)基础周围底床拖曳力放大:无论是在导管桩淹没还是露出的情况下,基础周围底床水流拖曳力增大的分布大体一致,主要集中在导管桩和主桩的迎水面和两侧,以及横桩下方,特别是横桩与导管桩或者主桩的连接点处。在基础下游,由于强烈的涡脱,也会给底床带来强烈的拖曳力。不同的是,深水条件下造成拖曳力增加的范围明显大于浅水的情况。

(3)恒定流条件下风电基础冲刷:对于$d_{50}=0.113$mm的均匀底床进行了模拟实验,实验条件包括三种水深(3.8m、10m和16.2m)、三种流速(0.5m/s、1.5m/s和2.5m/s)以及三种水流交角(0°、30°和60°)。实验结果表示,所有组次中最大冲刷深度可达3.375D,D为导管桩直径。与粗颗粒底床(d_{50}=0.85mm)相似,恒定流细颗粒底床冲刷的条件下,冲刷60min后最大冲刷深度同样发生在导管桩附近。最大冲刷深度随水深和流速的增加而逐渐扩大,随水流角度的变化没有明显的规律。冲刷时间尺度和最大冲刷深度可分别由式(6-29)和式(6-30)计算。

(4)波浪单独作用下风电基础冲刷:分别考虑三种水深(3.8m、10m和16.2m)、三种波高(0.5m、1m和1.5m)以及五种周期(3s、4.2s、4.8s、6s和8s)。模拟结果显示,与恒定流不同,波浪单独作用下,冲刷1000 T_w后三桩导管架风电基础的最大冲刷深度可能会出现两种形式:①主桩下方;②导管桩上游。最大冲刷深度随波高和水深的增加而增大,但是来自波向的影响并不显著。冲刷时间尺度和最大冲刷深度可由式(6-31)和式(6-32)计算。

(5)波流共同作用下三桩导管架风电基础冲刷:分别考虑三种水深(3.8m、10m和16.2m)、三种流速(1m/s、1.5m/s和2.5m/s)、三种波高(0.5m、1m和1.5m)、五种波周期(3.2s、4.2s、4.8s、6s和8s)以及三种水流交角(0°、30°和

60°)。模拟结果显示,冲刷60min后,水流交角为0°时,最大冲刷深度出现在下游导管桩内侧;水流交角为30°时,最大冲刷深度出现在横桩与单侧导管桩以及主桩连接处或者上游导管桩附近;水流交角为60°时,最大冲刷深度出现在主桩下方以及上游导管桩内侧。波流共同作用下,三桩导管架风电基础的冲刷深度将随着波高 H、流速 V 的增加而增大,但是与周期 T_w、水流交角的关系并不明显。对于恒定流基础冲刷而言,流速 V 一定时,冲刷深度一般随水深 h 的增加而增大,而对于波浪导致的基础冲刷而言,冲刷深度一般随水深 h 的增加而减小,综合以上两种因素,在波流共同作用下,冲刷深度与水深 h 的关系比较复杂。冲刷时间尺度和最大冲刷深度可由式(6-35)和式(6-36)计算。

(6)海啸作用下三桩导管架风电基础冲刷:数值模拟条件采用五种水深(3.8m、6.9m、10m、13.1m 和 16.2m),每种水深对应两种海啸波高,四种流速(0m/s、0.5m/s、1.5m/s 和 2.5m/s),$d_{50}=0.113$mm,模拟初始时刻底床水平。实验表明,当海啸产生后,随着其不断向前传播,当水深极浅时,波高逐渐减小,而波高水团内的水质点流速不断增大。总体而言,海啸作用下的冲刷深度将随着水深和波高的增加而增加。与恒定流和波浪单独作用情况类似,海啸单独作用时,波向对冲刷深度的影响没有明显的规律。无论入流边界是否提供流速,风电基础的最大冲刷深度均出现在主桩下方。

当水流流速为0时,由海啸造成的三桩导管架风电基础冲刷深度可近似的与波高呈线性关系,由式(6-37)计算。

如果在入流边界叠加一个流速到海啸上,基础周围的最大冲刷深度将随着流速的增加而逐渐增大。而且对于同一水深条件下,不同海啸波高导致的冲刷深度差异将随着流速的增加而逐渐减小。

7 结论和展望

7.1 结　论

本书通过对不同水动力条件下圆桩冲刷过程的理论分析和三桩导管架风电基础的冲刷物理模型实验以及数值模拟，得到以下结论：

(1)在对以往桩基、桥墩引起的绕流和冲刷问题系统的研究之上，基于Stokes定理建立了恒定流条件下的桩前马蹄涡冲刷公式，并根据大量实测资料分别通过拟合得到了黏性土底床和非黏性土底床的半经验半理论局部冲刷公式。新建立的冲刷计算公式不仅在动床条件下考虑了床面形式的影响，还考虑底床泥沙粒径级配的影响。而且通过理论分析得到桩基雷诺数 Re 不仅与桩后涡脱紊动情况有关，还可以体现桩前垂向环量和马蹄涡旋度的大小，可以直接影响桩基的冲刷深度。

(2)回填作用是潮流引起的基础冲刷相对于恒定流冲刷较小的主要原因，可分为由水流转向引起和由动床推移质输沙引起两种形式。当潮流最大流速小于底床泥沙的临界起动流速时，仅发生水流转向引发的回填；当潮流最大流速大于底床泥沙的临界起动流速时，两种回填方式同时存在，并随着相对流速的增加，逐渐以推移质输沙引起的回填为主。潮流冲刷折减系数并非是一个固定值，而是与相对潮周期和相对流速有关。当潮流最大流速超过底床临界起动流速时，随着相对潮周期和相对流速的增加，潮流引起的局部冲刷深度将越来越接近涨(落)急时刻恒定流条件下导致的平衡冲刷深度。当潮流最大流速小于或等于底床临界起动流速时，可按照第一个半潮周期结束时的冲刷深度的1.1倍近似估计平衡冲刷深度。并提出了查图法和微分迭代法对潮流引起的局部冲刷进行预测，结果与实验数据吻合良好。

(3)从能量守恒的角度出发，分别提出了适用于波浪单独作用和波流共同作用下单圆桩局部冲刷的半经验半理论公式。与以往的公式相比，一方面，两个公式均同时适用于大、小直径圆桩，适用性更加普遍；另一方面，公式中各物理量之间的逻辑关系更加清晰，而且准确度更高。

(4)通过物理模型实验结果可得，在恒定流条件下，无论是粗颗粒底床还是细颗粒底床,三桩导管架风电基础的最大冲刷深度始终发生在导管桩附近。并且随着水流流速和水深的增加,风电基础的最大冲刷深度也随之增大。恒定流冲刷实验的最大冲刷深度达到3.2倍导管桩直径。按照清水冲刷深度与流速的线性关系,这一比值将在临界起动流速时达到最大值3.84。无论是哪一种冲刷深度都将远远超过我国以及国际现行的风电基础设计规程中建议的单桩冲刷比值1.3和2.5。

(5)冲刷深度随水流交角的变化规律并不明显,但是在大水深高流速情况下水流交角为60°时随着最大冲刷位置的改变,最大冲刷深度已经显示出超过其他两种角度(0°和30°)的趋势。

(6)无论是波浪单独作用还是波流共同作用时,细颗粒底床三桩导管架风电基础的最大冲刷深度均发生在主桩周围。单独波浪作用条件下,水深和周期相同时风电基础冲刷深度将随着波高的增加而增大;波流共同作用时,随着流速的增加,不同波高引起的冲刷深度差异将逐渐减小。

(7)当水流交角60°时,恒定流条件下,风电基础对于顺流流速的影响范围远大于其他两个方向上的流速。

(8)针对实测的江苏沿海的底床泥沙,建立了江苏海上风电基础冲刷数值模型。

(9)在恒定流条件下,与粗颗粒底床相似,恒定流细颗粒底床冲刷的条件下,最大冲刷深度同样发生在导管桩附近。最大冲刷深度随水深和流速的增加而逐渐扩大,随水流角度的变化没有明显的规律。最大冲刷深度可达3.375倍导管桩直径。

(10)波浪单独作用下,三桩导管架风电基础的最大冲刷深度可能会出现两种形式:①主桩下方;②导管桩上游。最大冲刷深度随波高和水深的增加而增大,但是波向的影响并不显著。

(11)波流共同作用下,水流交角为0°时,最大冲刷深度出现在下游导管桩内侧;水流交角为30°时,最大冲刷深度出现在横桩与单侧导管桩以及主桩连接处或者上游导管桩附近;水流交角为60°时,最大冲刷深度出现在主桩下方以及上游导管桩内侧。三桩导管架风电基础的最大冲刷深度将随着波高,流速的增加而增大,但是与周期,水流交角的关系并不明显。对于恒定流基础冲刷而言,流速一定时,冲刷深度一般随水深的增加而增大,而对于波浪导致的基础冲刷而言,冲刷深度一般随水深的增加而减小,综合以上两种因素,在波流共同作用下,冲刷深度与水深的关系比较复杂。

(12)海啸作用下,当海啸产生后,随着其不断向前传播,当水深极浅时,波高逐渐减小,而波高水团内的水质点流速不断增大。冲刷深度将随着水深和波高的增加而增加。与恒定流和波浪单独作用情况类似,海啸单独作用时,波向对冲刷深度的影响没有明显的规律。无论入流边界是否提供流速,风电基础的最大冲刷深度均出现在主桩下方。如果在入流边界叠加一个流速到海啸上,基础周围的最大冲刷深度将随着流速的增加而逐渐增大。而且对于同一水深条件下,不同海啸波高导致的冲刷深度差异将随着流速的增加而逐渐减小。

(13)同时还提出了不同水动力条件下,三桩导管架风电基础最大冲刷深度、冲刷时间尺度以及冲刷深度随时间发展的计算方法。

7.2 展　　望

对于海洋环境下,涉水结构物的冲刷还可以在以下几个方面进行更深入的研究和探讨:

(1)涉水建筑物基础周围的冲刷过程是一个非常复杂的三维过程,目前大部分研究成果主要是针对恒定流条件下非黏性底床的单桩冲刷,对于黏性底床,由于其所需的冲刷时间较长,影响其冲刷结果的物理因素较多且不易严格控制,研究成果相对较少。实际上,我国大部分沿海属于淤泥质海岸,底床粒径很细,已经具有一定的黏性,因此今后非常需要对黏性土底床的基础冲刷进行更多的实验研究。

(2)在实际工程中,单圆桩的基础形式并不能够满足所有设计需要。出于总体考量,桩群、多桩承台、变截面桩等基础形式也经常得到应用。在今后的研究中,可以通过系列实验,针对不同形式的风电基础提出相应冲刷深度预测方法。

(3)在海洋中的结构物不仅要面对潮流的作用,还要承担波浪的影响。由于波浪水质点运动的复杂性,其冲刷机理仍然没有被系统的了解。因此,在波浪作用下,结构物的冲刷过程和受力分析仍然是将来的重点研究方向。

(4)为了防止冲刷带来的危害,通常的做法是在建筑物基础周围一定范围设置防护措施,如抛石、护垫等。比较不同类型、材质保护措施的防护效果,提出合理的防护范围,是解决风电基础冲刷乃至涉水建筑物基础冲刷的主要方法,也是实际工程中最为关心的问题之一。在今后的研究中,可通过一系列的模型实验来确定这一部分的指导规范。

(5)目前研究桥墩、桩基冲刷的方法主要为两种:数值模型和物理模型。三维数值模型一般耗时较长,需要大型计算机集群并行计算,因此对计算机的运算能力具有一定要求。物理模型由于存在比尺效应,模型实验的结果应用到实际工程中时往往偏小。因此如何提高基础冲刷三维数值模型的计算效率,分析了解物理模型所带来的比尺效应也是未来研究的方向。

(6)本书在推导半经验半理论公式时采用的是实验室冲刷实验的数据,在今后的研究中如能掌握实测工程的冲刷数据,则应加入实测资料,来完善拟合公式。

附　　录

公式推导符号说明

d_s——桩基冲刷的平衡冲刷深度

$d_s(t)$——t 时刻对应的冲刷深度

$d_{s(回填)}$——潮流条件下的回填深度

$d_{s(潮流)}$——潮流条件下桩基的平衡冲刷深度

V——来流垂线平均流速

h——水深

v_0——近底层流速

H——结构物在水中的高度

B——结构物阻水宽度

D——圆桩直径

K_ξ——形状系数

K_σ、K_ξ——分别代表底床粒径级配系数和墩型系数

K_t——潮流引起的局部冲刷折减系数

d_{50}——底床泥沙中值粒径

V_c——泥沙起动流速

σ_g——反映粒径级配的参数

Γ_{abcdea}——速度沿路径 $abcdea$ 的积分

v 和 w——水平方向和垂直方向的流速

L_0——圆柱对上游流速的影响范围

R_0——圆柱直径

C——谢才系数

R——水力半径

g——重力加速度

K_s——床面糙率

v_*、v_{*c}——分别为摩阻流速和临界起动摩阻流速

$v_{z=h}$——水面处流速

Re、Fr——分别为雷诺数和弗劳德数

ν——运动黏度

p——压强

ρ、ρ_s——分别为水和泥沙的密度

τ——水流引起的切应力

v'——马蹄涡外围线速度

k'——来自马蹄涡以外的涡量

φ——水下休止角

d_{50}——泥沙中值粒径

d_{16}、d_{84}——分别代表有16%和84%的泥沙粒径小于该粒径

r 和 r_s——为水和泥沙的重度

Δ——沙纹、沙波等床面形式的高度

σ_{d_s}——泥沙冲刷深度的偏差

T'——波浪单独作用下的冲刷时间尺度

k——波数，$k=\frac{2\pi}{L_w}$

L_w——波长

T_w——波周期

W——克服泥沙重力做功

t_e平衡冲刷时间

E——冲刷坑水平范围

P——波能流

V_{max}——一个潮周期内最大的垂线平均流速

T_{tide}——潮周期

$d_{s(恒定流)}$——潮周期中的某一水流条件如果保持恒定可能造成的最大的冲刷深度

f_w——波浪作用下摩阻系数

U_{fm}——波浪作用下底床摩阻流速

U_m——波浪作用下近底水质点轨迹速度最大值

H——波高

θ_w——未经桩基扰动波浪单独作用时对底床的相对切应力

θ——未经桩基扰动的恒定流单独作用时对底床的相对切应力
T^*——波流共同作用下的冲刷时间尺度
δ——边界层厚度
α——水流交角
E_x——沿水流方向主桩中心到冲刷坑边缘的最大冲刷距离
E_y——垂直于水流方向主桩中心到冲刷坑边缘的最大冲刷距离
$H_{海啸}$——入射海啸波高
$k_{斜坡}$、$k_1 \sim k_{17}$——待定系数

潮流条件下圆桩冲刷：微分迭代法

T_{tide}——潮周期
n_0——T_{tide}的分割段数
n——计算步数
d_{sn}——第 n 步时的桩基冲刷深度
V_n——第 n 步时的潮流流速
h_n——第 n 步时的水深
$d'_{s(n+1)}$——第 $n+1$ 步时的预判冲刷深度
g_{b}——底床推移质输沙率
ΔS——回填高度
V_{c}——底床泥沙垂线平均起动流速
v_*——摩阻流速
C——谢才系数
ΔV——回填体积
g——重力加速度
φ——水下休止角
D——圆桩直径

具体迭代步骤见附图。

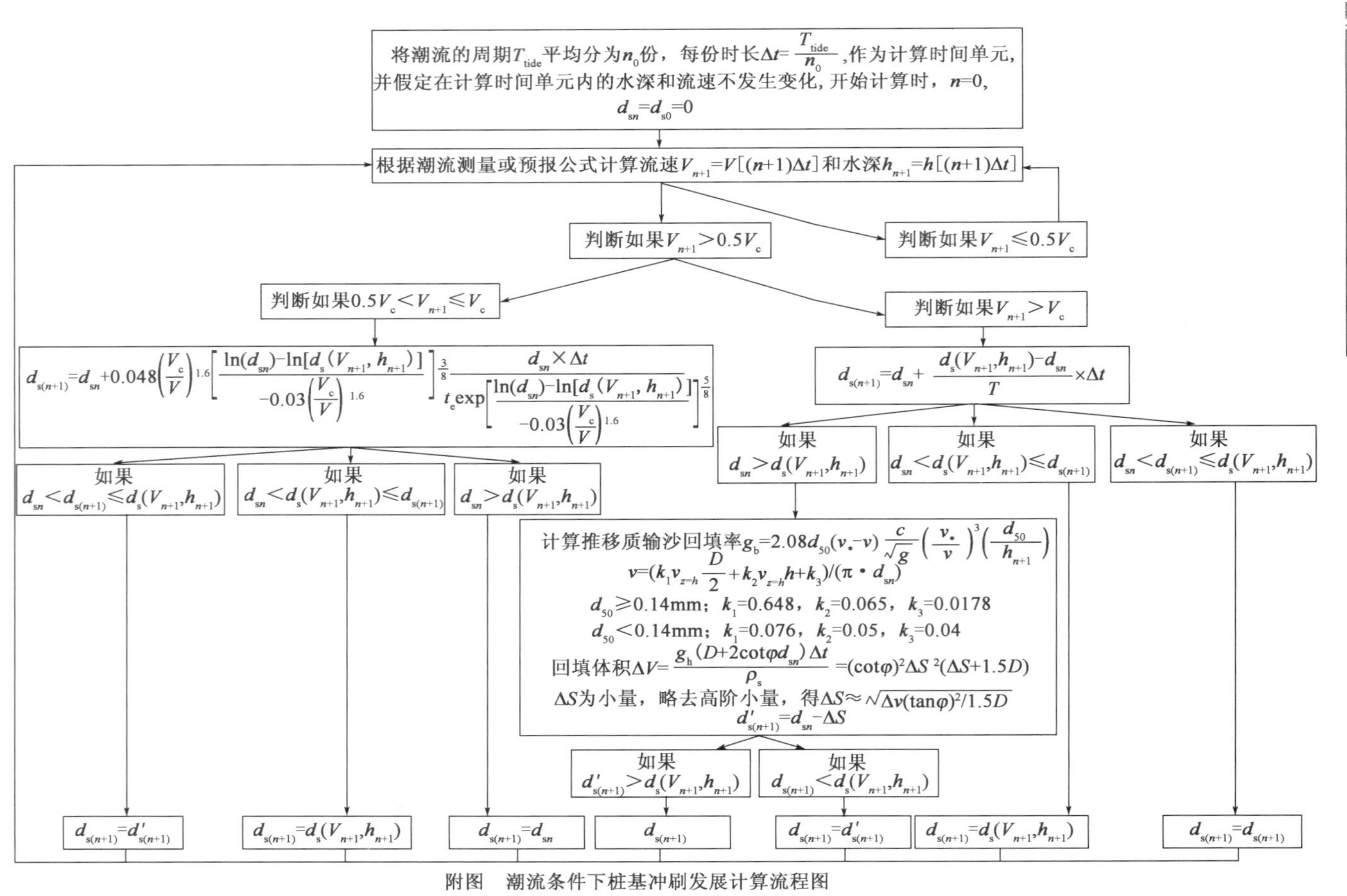

附图　潮流条件下桩基冲刷发展计算流程图

参 考 文 献

[1] 中华人民共和国行业标准. 公路工程水文勘测设计规范:JTG C30—2015[S]. 北京:人民交通出版社股份有限公司, 2015.

[2] Schwind R. The three-diensional boundary layer near a strut[R]. Massachusetts: Gas Turbine Lab, MIT, 1962.

[3] Baker C J. The laminar horseshoe vortex[J]. Journal of Fluid Mechanics, 1979, 95(2):347-367.

[4] Baker C J. The turbulent horseshoe vortex[J]. Journal of Wind Engineering & Industrial Aerodynamics, 1980, 6(1):9-23.

[5] Chee R K W. Live bed scour at bridge piers[D]. Auckland, New Zealand: University of Auckland, 1982.

[6] Breusers H and Raudkivi A. Scouring[M]. Balkema, Rotterdam, Netherlands: Crc Press, 1991.

[7] Ettema R, Melville B W, Barkdoll B. Scale effect in pier-scour experiments[J]. Journal of hydraulic engineering, 1998, 124(6):639-642.

[8] Etterma R. Scour at bridge piers[D]. Auckland, New Zealand: University of Auckland, 1980.

[9] Krishamurthy M. Discussion on "Local Scour around Bridge Piers" by Shen H W, Schneider V R, Karaki S[J]. Journal of Hydraulic Engineering, 1970, 96(7):1637-1638.

[10] Melville B W, Sutherland A J. Design Method for Local Scour at Bridge Piers. Journal of Hydraulic Engineering[J]. 1988, 114(10):1210-1226.

[11] Chiew Y M. Local Scour at bridge piers[D]. Auckland, New Zealand: University of Auckland, 1984.

[12] Sheppard D M, Budianto Ontowirjo, Gang Zhao. Local Scour Near Single Piles in Steady Currents[R]. USA: ASCE Water Resources Engineering Conference, 1999.

[13] Baker R E. Local scour at bridge piers in non-uniform sediment[D]. Auckland, New Zealand: University of Auckland, 1986.

[14] Laursen E M, Toch A. Scour around bridge piers and abutments[R]. Iowa State: Iowa Instituteof Hydraulic Research State University of Iowa, 1957.

[15] 王冬梅,程和琴,李茂田,等. 长江口沙波分布区桥墩局部冲刷深度计算公

式的改进[J]. 海洋工程,2012,30(2):58-65.

[16] 张景新,刘桦. 潮流作用下床面最大局部冲刷深度计算[C]//第二十届全国水动力学研讨会文集. 北京:海洋出版社,2007.

[17] 王佳飞,张景新,刘桦. 潮流条件下单桩冲刷形态的实验研究[J]. 力学季刊,2011,32(4):547-555.

[18] 韩海骞. 潮流作用下桥墩局部冲刷研究[D]. 杭州:浙江大学,2006.

[19] 韩玉芳,陈志昌. Experimental Study on Local Scour Around Bridge Piers in Tidal Current[J]. 中国海洋工程(英文版),2004,18(4):669-676.

[20] 卢中一,高正荣,黄建维,等. 墩基局部冲刷中潮流与单向水流的试验比较[C]//第七届全国水动力学学术会议暨第十九届全国水动力学研讨会文集(下册). 北京:海洋出版社,2005.

[21] 李梦龙. 潮流作用下的桥墩局部冲刷研究[D]. 天津:天津大学,2012.

[22] 黄建维,郭颖. 波浪作用下海上墩式建筑物周围局部冲刷的试验研究[J]. 海洋工程,1994,12(4):30-41.

[23] Xie S L. Scouring patterns in front of vertical breakwaters and their influences on the stability of the foundation of the breakwaters[D]. Netherland: Delft University of Technology,1981.

[24] 高学平. 直立堤前的冲刷形态及冲刷机理[J]. 海洋通报,1991,10(6):61-67.

[25] Sumer B M, Fredsøe J, Christiansen N. Scour around a vertical pile in waves[J]. Journal of Waterway, Port, Coastal and Ocean Engineering, 1992, 117(1):15-31.

[26] Sumer B M, Christiansen N, Fredsøe J. Influence of cross section on wave scour around piles[J]. Journal of Waterway, Port, Coastal and Ocean Engineering, 1993,119(5):477-495.

[27] Sumer B M, Fredsøe J. Scour around a pile in combined waves and current[J]. Journal of Hydraulic Engineering,2001,127(5):403-411.

[28] Sumer B M. Wave Scour around a Pile in Sand, Medium Dense, and Dense Silt[J]. Journal of Waterway Port Coastal & Ocean Engineering,2007,133(1):14-27.

[29] 陈兵,邵学,韩丽华,等. 海洋立管的局部冲刷实验[J]. 沈阳工业大学学报,2009,31(6):712-720.

[30] 陈国平,左其华,黄龙海. 波浪作用下大尺径圆柱周围局部冲刷[J]. 海洋

工程,2004,22(1):46-58.

[31] 周益人,陈国平. 不规则波作用下墩柱周围局部冲刷研究[J]. 泥沙研究,2007,1(5):17-23.

[32] Rance P J. The Potential for Scour around Large objects, Scour Pervention Techniques around offshore Structures[R]. Seminarheldin London: Society for Underwater Technology, 1986.

[33] Eadie R W, Herbich J B. Scour about a single, cylindrical pile due to combined random waves and a current[C]// Proc. 20th international conference on coastal engineering. Taipei, Taiwan: ASCE, 1986.

[34] 李林普,张日向. 波流作用下大直径圆柱体基底周围最大冲刷深度预测[J]. 大连理大学学报,2003,43(5):676-680.

[35] 曲立清,周益人,杨进先. 波流共同作用下大型桥墩周围局部冲刷实验研究[J]. 水运工程,2006,4(4):23-27.

[36] Sumer B M, Christiansen N, Fredsøe J. The horseshoe vortex and vortex shedding around a vertical wall-mounted cylinder exposed to waves[J]. Journal of Fluid Mechanics, 1997, 332(332): 41-70.

[37] Rudolph D, Bos K. Scour around a monopile under combined wave-current conditions and low KC-numbers[C]// Proceedings of the Sixth International Conferenceon Scour and Erosion. Paris: ASCE, 2012.

[38] Petersen T U, Sumer B M, Fredsøe J. Time scale of scour around a pile in combined waves and current[C]// Proceedings of the Sixth International Conferenceon Scour and Erosion. Paris: ASCE, 2012.

[39] Qi W G, Gao F P. Physical modeling of local scour development around a large-diameter monopile in combined waves and current[J]. Coastal Engineering, 2014, 83(83): 72-81.

[40] Li X J, Gao F P, Yang B, et al. Wave-induced Pore Pressure Responses and Soil Liquefaction around Pile Foundation[J]. International Journal of Offshore & Polar Engineering, 2011, 21(3): 233-239.

[41] Gormsen C, Larsen T. Time development of scour around offshore structures [D]. Denmark, Technical University of Denmark: 1984.

[42] Sumer B M, Fredsøe J. Wave scour around group of vertical piles[J]. Journal of Waterwa, Port, Coastal and Ocean Engineering, 1998, 124(5): 248-256.

[43] GL 2005 Guideline for the Certification of Offshore Wind Turbines[S].

Hamburg:Germanischer Lloyd Wind Energie GmbH,2005.

[44] DNV-OS-J101 Design of Offshore Wind Turbine Structures[S]. Norway:Det Norske Veritas AS,Høvik,2013.

[45] IEC 61400-3 Wind turbines epart 3:design requirements for offshore wind turbines[S]. UK,British Electrotechnical Committee,2009.

[46] Høgedal M, Hald T. Scour assessment and design for scour for monopile foundations for offshore wind farms[R]. Cpenhagen:Proceedings of Cpenhagen Offshore Wind Conference,2005.

[47] Breusers H N C, Nicollet G, Shen H W Local around cylindrical piers[J]. Journal of Hydraulic Res IAHR,1977,15(3):211-252.

[48] Den Boon J H, Suthland J, Whitehouse R, et al. Scour Behaviour and Scour Protection for Monopile Foundations of Offshore Wind Turbines [C] // Proceedings European Wind Energ Conference. London, UK: European Wind Energy Association [CD-ROM],2004.

[49] Whitehouse R J S. Marine Scour at Large Foundations[C] // Proceedings of Second International Conference on Scour and Erosion. Singapore: ICSE2,2004.

[50] Harris J M, Whitehouse R J S, Benson T. The time evolution of scour around offshore structures[J]. Maritime Engineering,2010,163(1):3-17.

[51] Whitehouse R J S, Sutherland J, O' Brien D. Seabed scour assessment for offshore windfarm [C] // Proceedings of the 3rd International Conference on Scour and Erosion. Gouda, Netherland: ASCE,2006.

[52] Whitehouse R J S, Harris J, Sutherland J, et al. The nature of scour development and scour protection at offshore windfarm foundations[J]. Marine Pollution Bulletin,2011,62(1):73-88.

[53] Zhao M, Zhu X, Cheng L, et al. Experimental study of local scour around subsea caissons in steady currents[J]. Fuel & Energy Abstracts,2012,60(1):30-40.

[54] Besio G, Losada M A. Sediment transport patterns at Trafalgar offshore windfarm [J]. Ocean Engineering,2008,35(7):653-665.

[55] León S P D, Bettencourt J H, Kjerstad N. Simulation of irregular waves in an offshore wind farm with a spectral wave model[J]. Continental Shelf Research, 2011,31(15):1541-1557.

[56] 赵雁飞. 海上风电支撑结构波浪力及基础冲刷的三维数值模拟研究[D].

天津:天津大学,2010.

[57] 张玮,王斌,夏海峰. 近海风电场风机桩群布局对海域水动力条件的影响[J]. 中国港湾建设,148(2):1-4.

[58] 阳磊. 潮间带风电场水动力及泥沙冲刷数值模拟[D]. 天津:天津大学,2010.

[59] Melville B W, Coleman S E. Bridge scour[M]. USA: Water Resources Publications,2000.

[60] Sumer B M, Fredsøe J. The mechanics of scour in the marine environment[M]. Singapore:World Scientific,2002.

[61] 钱宁,万兆惠. 泥沙运动力学[M]. 北京:科学出版社,2003.

[62] Johnson P A. Reliability-Based Pier Scour Engineering[J]. Journal of Hydraulic Engineering,1992,118(10):1344-1358.

[63] Briaud J-L,Ting F C K,Chen H C,et al. SRICOS:Prediction of scour rate in cohesive soils at bridge piers[J]. Journal of Geotechnical and Geoenvironmential Engineering,ASCE,1999,125(4):237-246.

[64] Briaud J-L,Chen H-C,Li Y,et al. Pier and Contraction Scour in Cohesive Soils[R]. Washington, D. C., USA: Texas A&M University College Station, TX,2004.

[65] Arneson L A,Zevenbergen L W,Lagasse P F,et al. Evaluating scour at bridges Fith Edition[R]. Colorado,USA:National Highway Institute,2012.

[66] Sheppard D M,Melville B W. Scour at Wide Piers and Long Skewed Piers[R]. Washington, D. C.: the American Association of State Highway and Transportation Officials in cooperation with the Federal Highway Administration,2011.

[67] Molinas A,Hosni M M. EFFECTS OF GRADATION AND COHESION ON BRIDGE SCOUR. VOLUME 4:EXPERIMENTAL STUDY OF SCOUR AROUND CIRCULAR PIERS IN COHESIVE SOILS[R]. Colorado USA: U. S. Department of Transportation Federal Highway Administration,1999.

[68] 蒋焕章. 关于局部冲刷发展过程及其稳定时间的探讨[J]. 公路交通科技,1992,9(3):40-46.

[69] 朱炳祥. 粘性土桥渡冲刷计算[J]. 武汉水利电力学院学报,1981(02):59-68.

[70] 周玉利,王亚玲. 桥墩局部冲刷深度的预测[J]. 西安公路交通大学学报,

1999,19(4):48-50.

[71] 张佰战,李付军.桥墩局部冲刷计算研究[J].中国铁道科学,2004,25(2):48-51.

[72] 詹义正,王军,谈广明,等.桥墩局部冲刷的试验研究[J].武汉大学学报,2006,39(6):1-9.

[73] Gudavalli S R. Prediction model for scour rate around bridge piers in cohesive soil on the basis of flume tests[D]. Texas,USA:Texas A&M Uinversity,1997.

[74] Sheppard D M,M ASCE,Miller W. Live-bed local pier scour experiments[J]. Journal of Hydraulic Engineering,2006,132(7):635-642.

[75] Van Rijn. Sediment transport, Part Ⅰ: bed load transport [J]. Journal of Hydraulic Engineering,1984,110(10):1431-1456.

[76] 李昌华,吴道文,夏云峰.平原细沙河流动床泥沙模型实验的模型相似律及设计方法[J].水利水运工程,3(1):1-8.

[77] Van Rijn. Sediment transport, Part 3: bed forms and alluvial roughness[J]. Journal of Hydraulic Engineering,1984,110(12):1733-1754.

[78] Dey S. Three-dimensional vortex flow field around a circular cylinder in a quasi-equilibrium scour hole[J]. Sadhana,1995,20(6):871-885.

[79] Christensen E D,Hansen E A,Solberg T,et al. Offshore wind turbines situated in areas with strong currents[R]. Danmark:Offshore Center Danmark,2006.

[80] Jianping Wang. Research on local scour at bridge pier under tidal action[A]. MATEC Web of Conferences,2015.

[81] 彭可可,方文针.潮流作用下群桩局部冲刷试验研究[J].铁道科学与工程学报,2012,9(2):105-109.

[82] Escarameia M, May R W P. Scour around structures in tidal flows[R]. Wallingford,UK:HR wallingford Group,1999.

[83] 王明会.河口地区潮流作用下桥墩局部冲刷深度研究[D].重庆:重庆交通大学,2014.

[84] McGovern D. The interaction of tidal currents with offshore wind turbine monopiles: an experimental study of flow,t turbulence,scour and reduction of scour around monopile[D]. UK:Lancaster University,2011.

[85] McGovern D,Ilic S,Folkard A,et al. Evolution of local scour around a collared monopile through tidal cycles[J]. Coastal Engineering,2012,1(33):1-11.

[86] McGovern D J,Ilic S,Folkard A M,et al. Time development of scour around a

cylinder in simulated tidal currents[J]. Journal of Hydraulic Engineering, 2014,140(6):04014014.

[87] Lueck R G, Lu Y. The logarithmic layer in a tidal channel[J]. Continental Shelf Research, 1997, 17(14):1785-1801.

[88] Melville B W, Chiew Y M. Time scale for local scour at bridge piers[J]. Journal of Hydraulic Engineering, 1999, 125(1):56-65.

[89] Nakagawa H K, Suzuki. Local scour around bridge pier in tidal current[J]. Coastal Engineering in Japan, 1975, 19:89-100.

[90] Oliveto G, Hager W H. Temporal evolution of clear-water pier and abutment scour[J]. Journal of Hydraulic Engineering, 2002, 128(9):811-820.

[91] Oliveto G, Hager W H. Further results to time dependent local scour at bridge element[J]. Journal of Hydraulic Engineering, 2005, 131(2):97-105.

[92] Oliveto. Temporal variation of local scour at bridge piers with complex geometries [C]//International Conference on Scour and Erosion. Paris: ASCE, 2012.

[93] Yanmaz A M. Temporal variation of clear water scour at cylindrical bridge piers [J]. Canadian Journal of Civil Engineering, 2006, 33(8):1098-1102.

[94] Kothyari U C, Hager W H, Oliveto G. Generalized approach for clear-water scour at bridge foundation elements[J]. Journal of Hydraulic Engineering, 2007, 133(11):1229-1240.

[95] Thomsen J M. Scour in a marine environment characterized by currents and waves[D]. Danmark: Aalborg University, 2006.

[96] Sumer B M, Fredsøe J. Wave scour around a large vertical circular cylinder [J]. Journal of Waterway, Port, Coastal and Ocean Engineering, 2001, 127 (3):125-134.

[97] Zanke U C E, Hsu T W, Roland A, et al. Equilibrium scour depths around piles in noncohesive sediments under currents and waves[J]. Coastal Engineering, 2011, 58(10):986-991.

[98] Swart D H. Offshore sediment transport and equilibrium beach profiles[R]. Delft, Netherland: Delft Hydraulics Laboratory, 1974.

[99] Yasser E Mostafa. Scour around single pile and pile groups subjected to waves and currents[J]. International Journal of Engineering Science and Technology, 2011, 3(11):8160-8178.

[100] 王汝凯. 神仙沟(桩 11)建油港的冲淤问题[J]. 海岸工程,1985,4(2):32-37.

[101] Sumer B M, Petersen T U, Locatelli L, et al. Backfilling of a Scour Hole around a Pile in Waves and Current[J]. Journal of Waterway Port Coastal & Ocean Engineering,2013,139(1):9-23.

[102] BSH 2007 Hydrographie: Standard-Konstruktive Ausführung von Offshore-Windenergieanlagen [S]. No. 7005, Bundesamt fur Seechiffahrt und Hydrographie, Hamburg: German Federal Maritime and Hydrographic Agency,2007.

[103] DIN EN 61400-3 Windenergieanlagen-Teil 3: Auslegung Anforderungen für Windenergieanlagen auf offener. Germany: Deutsches Istitutfür Normung e. V, 2009.

[104] Whitehouse R, Harris J, Sutherland J et al. An assessment of field data for scour at offshore wind turbine foundations [C] // Posceedings of the 4th International Conference on Scour and Erosion. Tokyo: ASCE, 2008.

[105] Stahlmann A. Experimental and Numerical Model of Scour at Offshore Wind Turbines. Germany: Franzius-Institute for Hydraulic, Estuarine and Coastal Engineering, Leibniz Universität Hannover, Hannover, 2013.

[106] Hannah C R. Scour at pile groups[R]. New Zealnd: University of Canterbury, 1978.

[107] Dey S, Raikar R V, Roy A. Scour at submerged cylindrical obstacles under steady flow [J]. Journal of Hydraulic Engineering, 2008, 134 (1): 105-109.

[108] Roulund A, Sumer B M, Fredsøe J, et al. Numerical and experimental investigation of flow and scour around a circular pile[J]. Journal of Fluid Mechanics, 2005, 534: 351-401.

[109] Mastbergen D R, Van den Berg J H. Breaching in fine sands and the generation of sustained turbidity currents in submarine canyons[J]. Sedimentology, 2003, 50: 625-637.

[110] Soulsby R L. Dynamics of Marine Sands[M]. Thomas Telford Publications, London, 1997.

[111] Chunguang Yuan, Yigang Wang, Huiming Huang, et al. Propagation Mechanisms of Incident Tsunami Wave in Jiangsu Coastal Area, Caused by Eastern Japan Earthquake on March 11, 2011[J]. 中国海洋工程(英文版), 2016, 30(1): 123-136.